高等职业教育(专科)"十三五"规划教材

试验统计方法

(第3版)

霍志军　尚文艳　主编

中国农业大学出版社
·北京·

内容简介

本书是高等职业教育技能型人才培养培训工程系列教材。本教材介绍了田间试验的有关概念、设计原理、常用的设计方法与实施步骤；介绍了试验资料的整理、基本特征数、概率及其分布以及统计假设测验的基本方法：t 测验、u 测验、F 测验、χ^2 测验；介绍了单因素与多因素试验结果的方差分析及双变数的直线回归与相关分析方法的应用。除每章后有小结与复习思考题之外，还有技能训练指导，且将计算机的常用办公软件 Excel 应用于生物统计中，作为加强学生实践技能的训练。

本书可作为高职高专院校、本科院校举办的职业技术学院、五年制高职、成人教育生物技术及相关专业的教材，也可供从事生物技术工作的人员参考。本书配有电子教案，欢迎选用本书的广大教师索取，编者电子邮箱：huo_zhijun@163.com。

图书在版编目(CIP)数据

试验统计方法/霍志军，尚文艳主编. —3 版. —北京：中国农业大学出版社，2018.1(2020.7 重印)

ISBN 978-7-5655-1956-7

Ⅰ.①试… Ⅱ.①霍…②尚… Ⅲ.①生物统计-统计方法 Ⅳ.①Q-332

中国版本图书馆 CIP 数据核字(2017)第 307340 号

书　名　试验统计方法　第 3 版
作　者　霍志军　尚文艳　主编

策划编辑　郭建鑫　　　　责任编辑　洪重光　郑万萍
封面设计　郑　川
出版发行　中国农业大学出版社
社　址　北京市海淀区圆明园西路 2 号　　　　邮政编码　100193
电　话　发行部 010-62818525,8625　　　　读者服务部 010-62732336
　　　　编辑部 010-62732617,2618　　　　出　版　部 010-62733440
网　址　http://www.caupress.cn　　　　**E-mail** cbsszs @ cau.edu.cn
经　销　新华书店
印　刷　涿州市星河印刷有限公司
版　次　2018 年 1 月第 3 版　2020 年 7 月第 2 次印刷
规　格　787×1 092　16 开本　14 印张　340 千字
定　价　38.00 元

编写人员
CONTRIBUTORS

主　编	霍志军	黑龙江农业职业技术学院
	尚文艳	河北旅游职业学院
副主编	孙东升	辽宁职业学院
	吴杏红	云南农业职业技术学院
参　编	黄荣利	河北旅游职业学院
	崔海明	河北旅游职业学院
	刘经才	黑龙江鹤岗市蔬园乡农技推广站
	焦占力	黑龙江省农业科学院农化研究所

前 言
PREFACE

高等职业教育在人才培养上，坚持“以服务为宗旨，以就业为导向，走产学研结合的发展道路”。作为与传统学科型高等教育双峰并峙的教育形式，高等职业教育必将在办学宗旨、教学方法与手段、教学管理、教学内容与课程体系，乃至在教材建设等诸多方面引发一场革命性变革。“试验统计方法”是植物生产类专业的专业基础课程，也是一门实践性较强的课程，很希望通过本书，能够为这一场利国利民的教育变革添砖加瓦。

根据教育部《关于加强高职高专教育教材建设的若干意见》(教高司[2000]19 号)的精神，本书以“必需、够用”作为本课程的编写标尺，经过参编同志的认真讨论，在把握高职高专学生层次所需教材的深、广度基础上，着重介绍田间试验和统计分析的基本知识和技能，有利于学生进行科学试验，为科学研究提供研究手段。本教材按“试验设计—试验实施—试验资料整理—资料分析—试验总结”的顺序组织内容，采用了由浅入深、循序渐进的总体思想来构建全书的内容，删除了数学公式的推导，将计算机常用的办公软件 Excel 应用于农业试验统计分析中，使得统计分析变得简单化。

全书由霍志军和尚文艳任主编，孙东升、吴杏红任副主编。第一章与第九章由霍志军与焦占力编写，第二章与第三章由尚文艳编写，第四章由孙东升编写，第五章由霍志军与刘经才共同编写，第六章由崔海明编写，第七章由黄荣利编写，第八章由吴杏红编写。全书由霍志军统稿。

本教材在编写过程中得到了有关职业技术学院的大力支持帮助，广泛参阅、引用了许多单位及各位专家、学者的著作、论文和教材内容，在此一并致以诚挚的谢意。

由于编写人员水平有限，书中难免有一些不足和错误之处，欢迎广大读者批评指正，以便我们今后修订、补充和完善。

编 者

2017 年 7 月

目录 CONTENTS

Chapter 1

第一章 试验设计

本章导读

知识目标：

了解试验的任务和特点；

掌握试验的种类；

掌握试验有关术语；

掌握试验误差及产生原因、控制途径。

技能目标：

正确掌握常用试验设计方法。

为了认识农作物的生长发育规律，指导和推动农业生产，必须开展农业科学研究工作。进行农业科学研究的主要手段是进行农业科学试验。在农业上，一个新品种、一项新技术、一种新产品的推广应用，都必须用一种科学的方法验证其优劣或鉴定其实用价值，这种科学的方法就是农业科学试验。农业科学试验的方法以田间试验为主，此外，还有温室试验、实验室试验等。

第一节 试验概述

一、试验内涵

农业科学试验是促进农业科学进步的重要手段。农业生产是在大田条件下进行生产的，受自然环境条件和栽培条件影响较大。农业科研成果在大田生产条件下的实践效果如何，如引进的新品种是否适应本地区；新选育的品种是否比原有品种更高产稳产；新产品（如新型肥料、新农药等）增产效果和改善品质效果是否明显；新的农业技术措施是否比原有的措施增产有效等等，都必须在田间条件下进行试验，才能为这些问题的解答和科学研究成果的评定提供可靠的科学依据。因此，田间试验在农业科学试验中的主要地位是其他试验不可替代的，是农业科学试验的主要形式。

二、试验任务

基本任务是在大田自然环境条件下研究新品种、新产品、新技术的增产效果，增加经济效益的理论、方法和技术，客观地评定具有各种优良特性的高产品种及其区域适应性，评定新产品的增产效果及对环境反应，正确地评判其最有效的增产技术措施及其适用范围，使农业科研成果合理地应用和推广，发挥其在农业生产上的重要作用，并为各级农业部门及农户提供科学决策和技术咨询，促进农业科研成果尽快转化为生产力。

三、试验种类

（一）按试验因素多少划分

1.单因素试验

只研究一个因素效应的试验叫单因素试验（single-factor experiment）。如小麦农药药效比较试验研究中，只有“药剂”这一个因素可以有不同的水平，其他的因素是相对一致的。单因素试验的优点是试验设计简单，统计分析比较容易。但也有缺点，因为与农作物生长发育有关的各个因素之间存在复杂的关系，而试验又只研究一个因素，不能了解几个因素间的相互关系。因此其应用范围小，有一定的局限性。

2.复因素试验

同时研究两个或两个以上因素的试验叫复因素试验（multiple-factor or factorial experiment)，也称多因素试验。例如，大豆品种与施肥量相结合的试验就是复因素试验。复因素试验的优点是不仅可以研究各个因素单方面的效应，而且还能研究因素间的相互作用，所以试验说明问题比较全面，比较切合实际。但设计上比较复杂，统计分析上比较烦琐，所以，因素数目和水平数不宜过多。

3. 综合试验

将各种丰产措施结合在一起以创造高产的试验形式，具有检验和示范作用的试验叫综合试验(comprehensive experiment)。这种试验简单易行，各地都可吸取当地和外地的丰产经验和科研成果，设计适合当地应用的丰产技术方案。这是推广丰产经验，提高作物产量的一种行之有效的方法。

(二)按试验研究内容划分

1. 品种试验

品种试验主要研究各种作物的引种、育种和良种繁育等问题。如品种比较试验，就是常用的品种试验，是将遗传性不同的品种置于相同的条件下，以选出产量、品质和抗性等方面适宜于当地推广应用的新品种。

2. 栽培试验

栽培试验主要研究各种栽培技术措施的增产作用，如播种期、播种量、播种方式等试验。

3. 肥料试验

肥料试验是研究肥料对作物营养、产量、品质及土壤肥力等作用的试验方法，如大豆配方施肥试验。

4. 农药试验

农药试验是研究农药对病虫草害防治效果的试验方法，如某种新型农药的药效试验。

(三)按试验规模划分

1. 单点试验

单点试验是指在一个地点上进行的试验，且试验结论也只局限于试验地点附近的有限地区。

2. 多点试验

多点试验是指在统一组织下，按统一设计的试验方案、统一的试验方法和统计方法，在许多地点同时进行的试验。

(四)按试验期限划分

1. 单季试验

单季试验是指试验期限仅为一个生产季节，如肥料用量试验常用此法。

2. 长期试验

长期试验是指试验期限多为几年或几个生产季节，如英国洛桑小麦长期定位试验，迄今已超过一个半世纪。

(五)按试验小区大小划分

1. 大区试验

试验小区面积一般在 330 m^2 以上的试验，多为示范性试验。其优点是试验地土壤和栽培条件接近于大田，试验结果能够较好地反映处理在生产上的表现。但由于小区面积较大，不能设置重复和精细管理，不宜在处理数比较多、精确性要求高的试验中采用。一般多在经过初步试验，明确了优良处理以后，进一步在生产条件下进行的生产示范性试验时采用。

2. 小区试验

试验小区面积一般在 10～60 m^2 的试验。大多数的试验为小区试验。其优点是小区面积小，能减少整个试验地的面积，容易做到在肥力均匀的地块进行试验和精细管理，并便于增加试验小区的重复次数，提高试验的精确性。

3. 微区试验

试验小区面积一般在 10 m^2 以下，一般适用于探索性试验或观察性试验。

四、试验特点

田间试验的研究对象和材料是生物体本身，任何农业新品种与新技术措施在应用到大田生产时，必须先进行田间试验。田间试验作为农业科学研究的主要途径，有其自身的特点，不同植物的试验又各有不同。

1. 试验应用面广

田间试验在大田土壤上进行，一般情况下，不破坏土壤的自然结构，不改变田间的气候状况，试验条件符合农业生产实际，便于推广应用。

2. 试验简单易行

试验单元是一定面积的小区，简单易行，能直接反映试验的效果。

3. 试验复杂性

在田间开放系统中，各种生长因子如光照、温度，甚至病虫等生物条件难以人为控制，不同部位试验小区的土壤理化性状的差异也无法消除。因此，田间试验误差大，只有通过合理的试验方法设计和认真细致地实施试验的每一个环节，并通过严密的统计分析，才能根据田间试验结果得出科学的结论。

五、试验要求

为保证田间试验的质量，使试验结果能够在提高农业生产和科学研究的水平上发挥作用，田间试验有以下几项基本要求：

1. 试验目的要明确

在进行田间试验时，在阅读文献与社会调查的基础上，明确选题，制订合理的试验方案，对试验的预期结果及其在农业生产和科学试验中的作用做到心中有数，这样才能有目的地解决当前生产实践和科学试验中亟待解决的问题，并兼顾将来可能出现的问题，避免盲目性，提高试验的效果。

2. 试验条件要有代表性

试验条件应能代表将来准备推广试验结果地区的自然条件（如试验地土壤种类、地势、土壤肥力、气候条件等）与生产条件（如轮作制度、农业结构、施肥水平等），这样有利于试验结果的推广应用。另外，在进行试验时，既要考虑代表目前的条件，还要注意到将来可能被广泛采用的条件，使试验结果既符合当前需要，又不落后于生产发展的要求，使试验有预见性。

3.试验结果要有可靠性

试验结果的可靠性包括准确性与精确性两个方面。准确性是指试验结果与被研究的理论真值相接近的程度，越是接近，则试验越准确。但一般试验中真值是未知的，故常设对照处理，来了解结果的相对准确程度。精确性是指同一处理的试验指标，在不同重复观察中所得数值彼此接近的程度，是可以计算的，由试验误差的大小决定。进行田间试验时，必须随时随地注意试验的精确性，一方面要力求避免发生人为的错误，另一方面要尽量降低由于各种偶然因素的影响而引起的试验误差，以提高试验的精确性。因此，为降低试验误差，必须严密地设计试验，严格地执行试验，合理地运用统计方法。

4.试验结果要有重演性

重演性是指在相似的条件下再次试验会得到相类似的试验结果。也就是说，一项试验结果在推广前，必须重复几年的试验，如果获得类似的结果，则说明试验结果有推广应用价值。要保证试验结果能够重演，首先要仔细明确地设定试验条件，使其具有代表性；其次可在各种试验条件下进行或重复做2～3年试验，以验证其结果是否重演。由于田间试验受复杂的自然环境条件的影响。因此，同一试验在不同年份可能有不同的试验结果，为此，必须记录气象因素的变化，搞好田间档案，并对作物生长发育进行观测记载，以便研究其间的关系，掌握其规律性。

第二节　试验方案设计

一、试验设计术语

1.试验因素

在农业与生物学研究中，不论农作物还是微生物，其生长、发育以及最终所表现的产量受多种因素的影响，其中有些属于自然因素，如光、温、湿、气、土、病、虫等；有些是属于栽培条件的，如肥料、水分、生长素、农药、除草剂等。科学试验时，必须在大多数因素固定的条件下才能研究一个或几个因素的作用，从变动一个或几个因素的不同处理中比较鉴别出最佳的一个或几个处理。这里被固定的因素在全试验中保持一致，组成了相对一致的试验条件；被变动并设有待比较的一组处理的因素称为试验因素(factor)，简称因素、因子或处理因素。

2.水平

试验因素量的不同级别或质的不同状态称为水平(level)。试验因素水平可以是定性的，如供试的不同品种，具有质的区别，称为质量水平；也可以是定量的，如喷施生长素的不同浓度，具有量的差异，称为数量水平。数量水平不同级别间的差异可以等间距，也可以不等间距。所以试验方案是由试验因素与其相应的水平组成的，其中包括有比较的标准水平。

3.试验处理

在试验小区上所实施的试验措施，称为试验处理(treatment)。单因素试验中，试验因素的每一个水平就是一个试验处理；复因素试验中，不同因素的水平相互组合即水平组合，构成一个试验处理。

4. 试验方案

根据试验目的和要求所拟定的进行比较的一组试验处理的总称，称为试验方案(experimental plan)。

5. 试验指标与效应

用于衡量试验效果的指示性状称为试验指标。一个试验中可以选用单指标，也可以选用多指标，这由专业知识对试验的要求来确定。例如农作物品种比较试验中，衡量品种优劣、适用或不适用，围绕育种目标需要考察生育期、丰产性、抗病性、抗虫性、耐逆性等多种指标。试验指标多时还要分清主次，以便抓住主要方面。试验因素对试验指标所起的增加或减少的作用称为试验效应(experimental effect)。例如，某水稻品种施肥量试验，施氮 10 kg/667 m^2 产量是 350 kg/667 m^2，施氮 15 kg/667 m^2 产量是 450 kg/667 m^2，则在施氮 10 kg/667 m^2 的基础上增施 5 kg 的效应即为 450－350＝100(kg/667 m^2)。

二、试验方案设计原则

试验设计主要目的是减少试验误差，提高试验精确度，使研究人员能从试验结果中获得正确的观测值，对试验误差进行正确的估计。为达此目的，田间试验设计应遵循以下三条基本原则。

1. 设置重复

在田间试验中，同一种处理种植的小区数即为重复(replication)次数。如每种处理种植了一个小区，则称为一次重复；如每种处理种植了两个小区，则称为二次重复。其中每一个小区称为一个试验单位(或称试验单元)。

重复最主要的作用是估计试验误差。试验误差是客观存在的，我们只能通过同一处理不同试验单位间的差异来估计。如果每一处理只有一个试验单位(即同一处理只有一个观测值)，那么同一处理内的差异则无法表现和获取，误差也就无法估计。而设置重复后，我们可以从同一处理不同重复间的差异估计试验误差，从而判断试验处理间差异的显著程度。

设置重复的另一个主要作用是降低试验误差，从而提高试验的精确度。已经证明试验误差与重复次数的平方根成反比。因此，重复多，则试验误差小。例如，有四次重复的试验，其误差仅是只有一次重复的同类试验的一半。但是重复不是越多越好，重复过多，会增加管理的难度，增加财力、人力的投入和土地的占地量。因而不同试验的重复次数的多少还要根据具体情况而定。

2. 随机排列

随机排列(random assortment)是指每次重复中的每个处理都有同等的机会被安排在任何一个试验小区上，而不带有任何的主观成见。设置重复可以为误差的估计提供条件，但是要想获得无偏的试验误差估计值，则要求我们对各个处理做到随机排列。因此随机排列与设置重复相结合，就能够提供无偏的试验误差估计值。

进行随机排列，可以采用抽签法、计算机产生随机数字或利用随机数字表(附表 1)。随机数字表的用法将在后面介绍。

3. 局部控制

在田间试验中，要将所有的非处理因素控制得均衡一致是很难做到的。但我们可以进行局部控制(local control),即将整个试验环境划分成若干个相对最为一致的小环境(称为区组或重复),再在每个小环境内分别设置一套完整的处理。由于在较小地段内试验环境条件等非处理因素较易控制。因此,便可以在整个试验环境中分范围分地段地控制土壤差异等非处理因素。如果试验地有较为明显的土壤差异,最好按肥力梯度划分区组,使区组内相对均匀一致,每一区组再按处理数目划分小区。这样,能影响试验误差的只限于区组内较小地段的细微土壤差异,而与增加重复扩大试验面积所增大的土壤差异无关。这种布置就是田间试验的"局部控制"原则。

综上所述,一个好的试验设计,必须根据设置重复、随机排列、局部控制这三个基本原则合理周密地做出安排。只有这样,我们才能在试验中得到最小的试验误差,获得真实的处理效应和无偏的试验误差估计。

田间试验设计三个基本原则的关系及作用如图 1-1 所示。

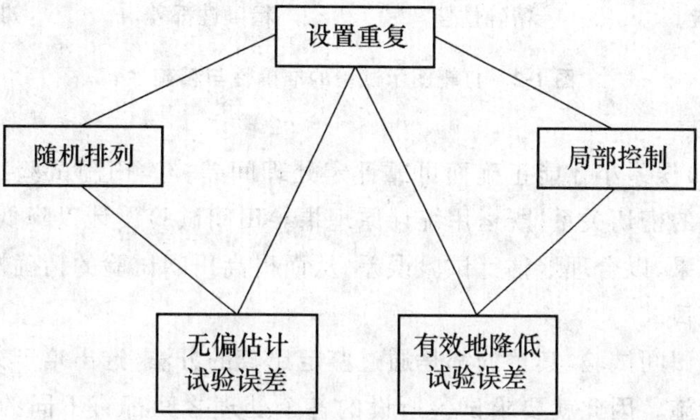

图 1-1　试验设计的三原则作用与关系

第三节　试验设计方法

一、误差来源及控制

田间试验的条件是复杂的,因为受很多不能完全控制的自然因素的影响,所以在进行田间试验时,要讲究设计方法和对试验数据进行正确统计分析,以便使试验得出准确的结果并做出正确的判断。

1. 试验误差概念

在田间试验中,试验处理有其真实效应,但总是受到许多非处理因素的干扰和影响,使试验处理的真实效应不能完全地反映出来。这样,从田间试验得到的所有观察值,既包含处理的真实效应,又包含许多其他因素的偶然影响。这种因非处理因素的偶然干扰和影响,而造成的试验结果与真值的偏差,称为试验误差(experimental error)或误差(error)。

试验误差是衡量试验精确度的依据,误差小表示精确度高,误差大则精确度低。

图 1-2 以打靶的情况来比喻准确性和精确性。以中心为理论真值，(a)表示 5 枪集中在中心，准而集中，具有最佳的准确性和精确性，说明试验误差最小；(b)表示 5 枪偏离中心有系统偏差但很集中，准确性差，而精确性甚佳；(c)表示 5 枪既打不到中心，又很分散，准确性和精确性均很差；(d)表示 5 枪很分散，但能围绕中心打，平均起来有一定准确性，但精确性很差。

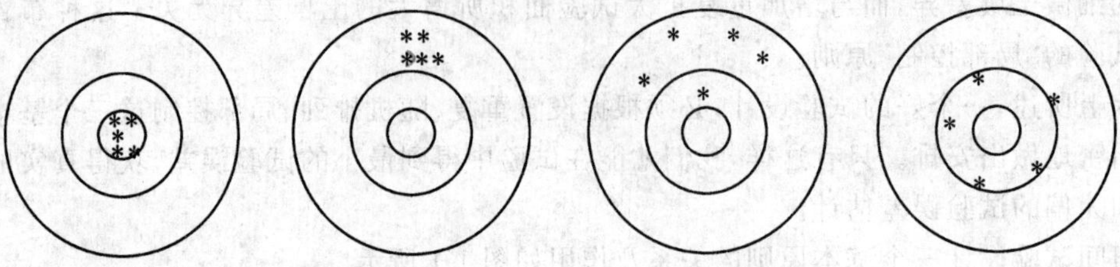

(a) 准确性和精确性最佳　(b) 准确性差，精确性佳　(c) 准确性和精确性都差　(d) 精确性差，准确性较好

图 1-2　打靶图示试验的准确性与精确性

显然，只有试验误差小才能正确而可靠评定处理间差异。田间试验特点在于注意到试验设计与统计分析的密切关系，既运用统计原理指导田间试验设计以降低试验误差，又用统计方法处理试验结果，以合理地估计试验误差，从而提高田间试验的精确性。

2. 差异产生原因

不论进行哪种田间试验，其目的都是通过鉴定比较的方法，选出增产效果最好的优良品种或者栽培技术措施。因此就要求试验所设的各个处理之间都有不同的差异，有的表现在产量上，有的表现在品质好坏上，有的表现在植株的高矮、茎秆粗细、抗病性、抗倒性、生育期等各种形态特征和生理特性上。但这些差异并不一定都是由处理不同所造成的，它们来源多种多样，从田间试验结果分析来看，造成各处理间差异的原因可大致分成以下两方面：

(1)处理间差异　生产能力本质上有高低之差。例如，杂交玉米、高粱及水稻品种一般都有明显的杂种优势，比原来的常规品种产量高；在缺磷的土壤上，施用磷肥比不施肥明显增产。这就说明杂交品种和常规品种之间，施磷肥和不施磷肥之间的产量有本质上的差异。

(2)试验误差　试验误差就是由于受到各种非处理因素的偶然影响，包括土壤、小气候、田间作业质量、病虫害程度、试验材料本身、人的目视误差等各种因素的不同，给试验结果造成不同程度的干扰性差异。

二、试验误差来源

由于田间试验的对象是活体，而又是在外界环境条件下进行的，外界环境条件复杂而又变化多端。因此误差是不可避免的，只能降低，不能消除。田间试验研究的核心是提高试验的精确度，即降低试验误差。要有效降低试验误差，就应了解试验误差的来源。

1. 试验地土壤肥力差异

土壤肥力差异是田间试验误差的最主要来源，因土壤形成过程中各种成土因子变异和长期的耕作过程中各种农事操作等不均一所造成。表现为具有方向性肥力梯度差异变化和斑块状的无规律性差异变化。

2.试验材料固有的差异

试验材料差异主要包括供试种子不一致或基因型不纯合、秧苗树苗大小不一、供试肥料或农药等的不均匀性。

3.试验操作管理措施的差异

播种、移栽、施肥、浇灌、中耕除草、病虫害防治等农事操作管理措施的不一致,以及对一些性状进行观察和测定时,各处理的观察测定时间、标准、人员和所用工具或仪器等不能完全一致所造成的。

4.偶然性因素引起的差异

试验过程中一些无法预见的原因,如病虫草危害、鸟兽侵袭、人畜践踏、狂风冰雹等对试验不同小区的危害程度的不一致。

试验误差与试验中发生的人为差错是完全不同的,在试验过程中不允许发生人为差错,只要工作仔细严密,人为差错是完全可以避免的。

三、试验误差控制途径

针对试验误差来源采取相应的措施,使误差降低到最小限度,来提高试验的精确性。

1.选择同质一致试验材料

必须严格要求试验材料的基因型要同质一致,尽量选用均匀一致的试验材料,不一致的试验材料可分级、分重复使用或充分混合均匀后再使用。

2.改进操作和管理技术,使之标准化

操作要仔细,一丝不苟,各种操作尽可能做到完全一样。另外,一切管理操作、观察测量和数据收集都应以区组为单位进行控制,减少可能发生的差异。这就是我们前面讨论的"局部控制"原理。

3.控制外界主要因素引起差异

试验过程中引起差异的外界因素中,土壤差异是最主要的又是最难控制的。通常采用以下三种措施:

(1)正确选择和培养试验地;

(2)采用合理的小区技术;

(3)应用最佳的试验设计和相应的统计分析。

四、田间试验小区技术

在田间试验中,安排一个处理的小块地段就是试验小区,简称小区(plot)。小区是田间试验的实施单位。因此小区排列的合理与否对于提高试验的精确度,控制试验误差有着重要的作用。

(一)试验小区面积

在田间试验中,试验小区的面积是不固定的,有时较大,有时很小。通常较大面积小区能更全面包含试验环境的复杂性,而小区面积太小则有可能恰好落在较肥或较瘦的斑块型地段使得小区误差增大。因此,在一定范围内,增加小区面积将会降低试验误差,但二者不是同比例的,即试验精确度提高程度往往落后于小区面积的增大程度。当小区面积增大到一定程度时,由此所带来的误差降低的效果就不明显了。

通常在确定小区面积时,必须考虑以下几个方面:

1. 试验种类

除品种试验的小区面积可以较小外,其他如机械化栽培试验、灌溉试验、病虫害试验等试验的小区面积均应大些。

2. 作物类别

稻麦等种植密度大的小株作物,其试验小区面积应该小些;棉花、甘蔗、玉米等种植密度小的大株作物,其试验小区面积应该大些。

3. 试验地土壤差异

土壤差异大,小区面积应相应大些;土壤差异小,小区面积应相应小些。如土壤差异呈斑块型,则应设置较大面积的小区。

4. 育种工作的不同阶段

在整个新品种选育的过程中,品系数由多到少,种子数量由少到多,对试验精确度的要求由低到高。因此,在育种过程的各个阶段中所采用的小区面积应从小到大。

5. 处理数

处理数较多时,小区面积可适当小些。

6. 试验过程中取样的需要

如需在试验过程中取样进行各种测定,则应相应增大小区面积。

7. 边际效应和生长竞争

边际效应是指小区两边或两端的植株,因占较大空间而表现的差异。因此,小区面积确定应考虑边际效应的大小,边际效应大的应相应增大小区面积。生长竞争是指当相邻小区种植不同品种的作物或施用不同的肥料时,由于株高、分蘖力或生长期的不同,通常有一行或更多行受到影响而带来的差异。一般来说,对于这些效应和影响的处理办法,是将小区的每一边除去1~2行,两端各除去0.3~0.5 m,留下面积是准备收获的面积,观察记载及计算产量均应在此面积上进行,我们将此面积称为收获面积或计产面积。

试验小区面积大小,在考虑上述因素情况下,可参考表1-1。

表1-1 常用田间试验小区参考面积 m^2

试验地条件和试验性质	作物类型	小区面积	
		最低限	一般范围
土壤肥力均匀	大株作物	30	60~130
	小株作物	20	30~100
土壤肥力不均匀	谷类作物	60~70	130~300
生产性示范试验	谷类作物	300~350	600~700
微型小区试验	稻麦类作物	1	4~8

(二)试验小区形状与方向

小区形状是指小区长度与宽度的比例。适当的小区形状在控制土壤差异降低试验误差

采用长方形小区，尤其是狭长形小区，因为狭长形小区相对于
验地土壤的复杂性，从而能相应减少小区间土壤差异以及由此

：1，甚至可达 20：1。一般而言，小区面积较大时，长宽比以
时，以(3～5)：1 为宜。此外，小区长宽比的确定还应根据试
进行适当调整。

时，小区的方向必须是长边与肥力梯度变化方向一致。
方向平行，而区组方向则与肥力梯度变化方向垂直(图

向

与缓地

(三) 区组和对照区设置

在一般情况下，田间试验的一个区组便是一个重复。前面
复次数越多，试验误差就越小。但是当重复次数超过了一定
慢，而且因此投入的人力、物力和财力还会大大增加。所以，重
验所要求的精确度、试验地土壤差异大小、试验材料数量、试
情况来确定。试验精确度要求高的，重复次数应多些；试验
多些；试验材料多的，重复次数应多些；试验地面积大的
区面积较小时，通常可设置 3～6 次重复；当小区面积
大面积对比试验时，设置 2 次重复即可。

试验的全部重复可以排成双排式或者多排式，
双排或者多排，这要根据试验地形状以及整个试验
局部控制的原则。若试验地不存在明显的方向
(图 1-5)。

I
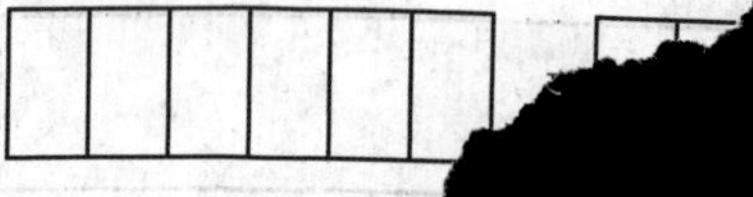

I

方面有着重要作用。我们通常采用长方形小区，尤其是狭长形小区，因为狭长形小区相对于正方形小区，能更好地包含试验地土壤的复杂性，从而能相应减少小区间土壤差异以及由此产生的试验误差。

小区的长宽比可为(3～10)∶1，甚至可达 20∶1。一般而言，小区面积较大时，长宽比以(2～3)∶1 为宜；小区面积较小时，以(3～5)∶1 为宜。此外，小区长宽比的确定还应根据试验地形状、面积及小区多少等因素进行适当调整。

在已知试验地的肥力梯度变化时，小区的方向必须是长边与肥力梯度变化方向一致。这样就使小区方向与肥力梯度变化方向平行，而区组方向则与肥力梯度变化方向垂直(图 1-3)。

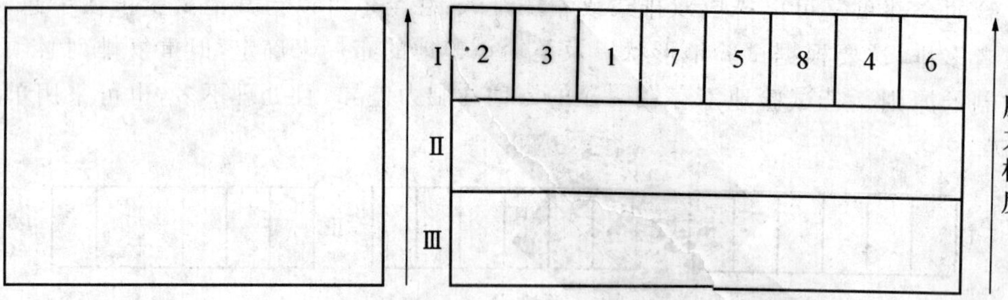

图 1-3　按土壤肥力变异趋势确定小区排列方向

(Ⅰ、Ⅱ、Ⅲ代表重复；1、2、…、8 代表小区)

当试验地具有不同的前茬时，小区的长边应与不同茬口的分界线垂直。

当试验地为缓坡时，由于坡上与坡下的土壤水分和养分存在差异，小区的长边应与缓坡倾斜的方向平行(图 1-4)。

正方形小区具有最短的周长，且计产面积占小区面积的比例最大。因此有利于降低边际效应及生长竞争。当我们确实不知土壤差异的表现形式时，宜采用正方形小区，因为在这种情况下，正方形小区虽不如狭长形小区那样能获得较高的精确度，但也不会产生较大的误差。

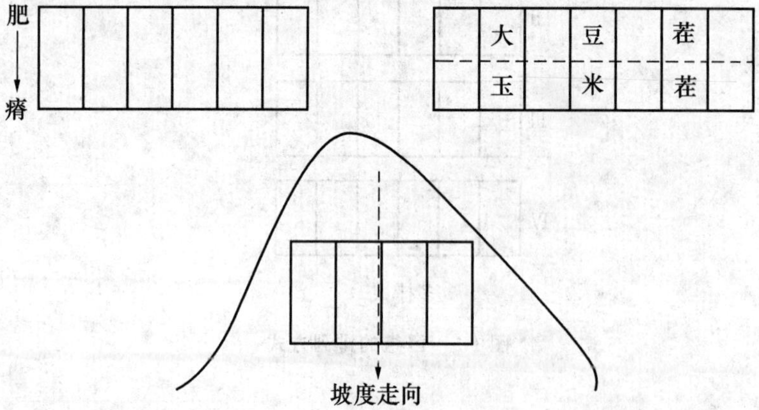

图 1-4　小区排列方向示意图

(三)区组和对照区设置

在一般情况下,田间试验的一个区组便是一个重复。前面我们讲过,田间试验中设置重复次数越多,试验误差就越小。但是当重复次数超过了一定的范围后,不仅误差减少得缓慢,而且因此投入的人力、物力和财力还会大大增加。所以,重复次数的多少,一般要根据试验所要求的精确度、试验地土壤差异大小、试验材料数量、试验地面积以及小区大小等具体情况来确定。试验精确度要求高的,重复次数应多些;试验田土壤差异较大的,重复次数应多些;试验材料多的,重复次数应多些;试验地面积大的,允许较多重复。一般来说,当小区面积较小时,通常可设置 3～6 次重复;当小区面积较大时,可设置 3～4 次重复;当进行大面积对比试验时,设置 2 次重复即可。

试验的全部重复可以排成双排式或者多排式,甚至也可以与其他试验排在一起,排成双排或者多排,这要根据试验地形状以及整个试验地的布局来确定,但重复排列必须遵循局部控制的原则。若试验地不存在明显的方向性肥力差异,且处理不多,也可采用单排式(图 1-5)。

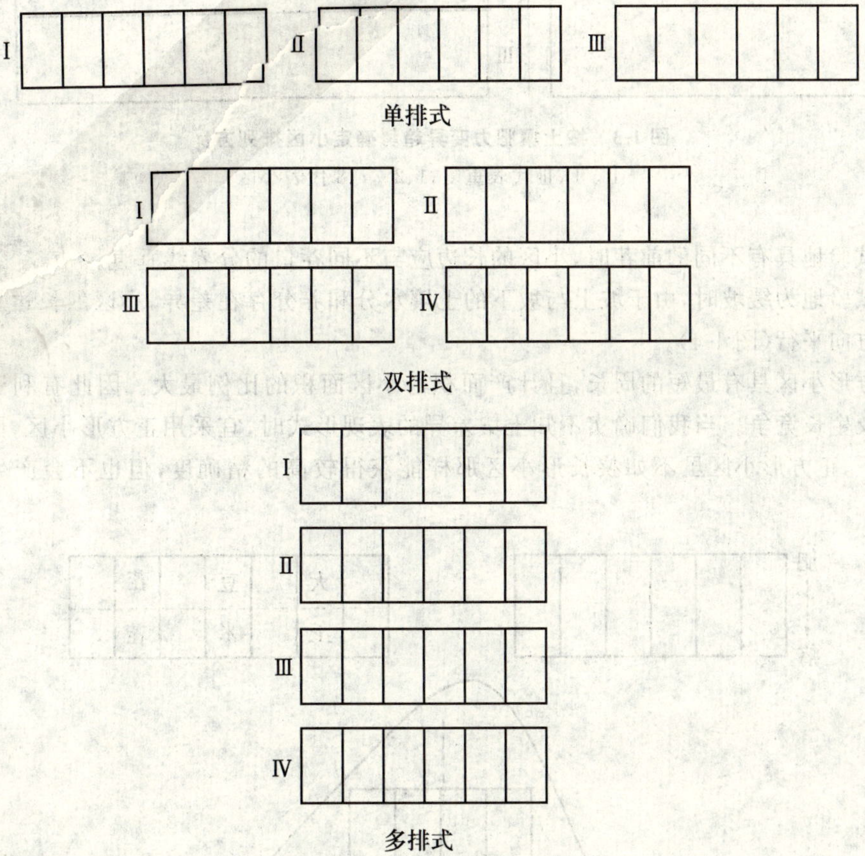

图 1-5 区组的排列方式

田间试验应设置对照区(check,CK),作为处理比较的标准。对照应是当地推广的优良品种或最广泛应用的技术措施。设置对照目的是:①在观察和比较试验中的各个处理时,作为衡量处理优劣的标准;②用以估计和矫正试验地的土壤差异。通常一个试验只设置一个

对照，但有时为了适应某种要求，可以同时设置两个或多个对照（如作物品种比较试验则可同时设置早熟、晚熟两个品种作为对照）。

（四）保护行（区）设置

在试验地周围设置保护行（通常用 G 表示）的作用是：①保护试验材料不受人畜等外来因素的践踏和损坏；②防止靠近试验地四周小区受到空旷地的特殊环境的影响即边际效应，使处理间能有正确的比较。

保护行数目视作物种类的具体情况而定。一般禾谷类作物的保护行应设置 4 行以上。各小区之间一般连接种植，不设保护行；各重复之间除有特殊需要可设置 2～3 行外，一般也不设保护行。

保护行种植品种，可用对照品种。由于比供试品种略为早熟的品种可以在供试品种成熟前提前收割，这样既可以避免与试验小区作物发生混杂、减少鸟兽等对试验区作物的危害，同时也便于试验小区作物的收割。因此，保护行多采用比供试品种早熟的品种。

在实际的田间试验过程中，我们对田间试验的布置和管理有什么样的要求？要达到什么样的目的呢？

（五）区组及田间道路设置

为了便于观测记载和田间作业，试验地须设置 0.5～1 m 宽的田间走道。为了尽量节省土地和减少边际效应，田间走道不必设置过多。通常重复之间以及重复与两端保护行之间设置田间走道，如果有多个小区，小区间多是设置 1 m 和 0.5 m 间隔的田间道路。1 m 道路用于试验人员田间调查，0.5 m 的用于试验材料间隔，因此试验一区和二区间仍需要田间间隔，只不过可以较窄，有的设置 0.3 m。两侧小区与保护行间一般不设置田间走道。若小区间设田埂，则两侧小区与保护行间也设田埂。为了节省试验地，两个重复间、重复与保护行间可以如图 1-6 所示，不设田间道路。

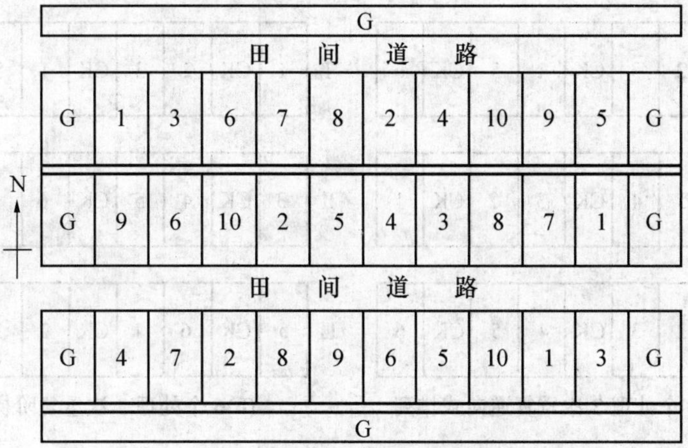

图 1-6 试验区组与田间道路设置

第四节　常用试验设计

试验设计是指如何将各处理排列在试验的小区中。常用试验设计按小区排列方式分为顺序排列试验设计和随机排列试验设计两类。在供试品种较多、着重优良特性的选择，产量仅作一般参考而不进行显著性测验的育种初期阶段试验和某些观察性试验，常采用顺序排列试验。凡需进行显著性测验的试验设计必须是随机排列的。

一、顺序排列试验设计

顺序排列的试验设计主要有对比法和间比法两种。由于各处理顺序排列，不能无偏估计处理效应和试验误差。因此，不宜对试验结果进行方差分析。顺序排列也有一定的优点，如设计简单，播种、观察、收获等工作不易发生差错，可按品种的成熟期、株高等排列，以减少处理间的生长竞争。对此类试验，主要采用百分比法进行统计分析。

(一)对比法设计

对比法(contrast design)是一种最简单的试验设计方法，常用于处理数较少的品种比较试验及示范试验。在田间试验中，对比法的设计特点是：每隔两个处理小区设置一个对照区，这样，每一个处理小区均可排列于对照区旁，从而使得每个处理小区都能与相邻对照区直接进行比较。这种排列使得试验区与对照区相连接，降低了土壤、气候等环境条件差异。因此，对比法不仅有利于观察，还可以提高试验种与对照种比较的精确度。

在运用对比法设计田间试验时，必须注意以下几个方面：①由于对照区过多，其面积占试验田面积的 1/3，降低了土地利用率。因此，不宜设置过多处理，重复数在 3～6 次即可；②在同一重复内，各小区按顺序排列。但多排式重复时，采用阶梯式或逆向式排列，以避免不同重复内的相同小区排列在同一条直线上(图 1-7)。

1	CK	2	3	CK	4	5	CK	6
6	CK	5	4	CK	3	2	CK	1
1	CK	2	3	CK	4	5	CK	6

(a)6 个处理 3 次重复逆向式排列

Ⅰ	1	CK	2	3	CK	4	5	CK	6
Ⅱ	3	CK	4	5	CK	6	1	CK	2
Ⅲ	5	CK	6	1	CK	2	3	CK	4

(b)6 个处理 3 次重复阶梯式排列

图 1-7　对比法田间试验设计

(二)间比法设计

育种试验的前期阶段,供试品种较多,试验要求较低时采用的试验设计方法。

在运用间比法设计(interval contrast design)田间试验时,必须注意以下几个方面:①在每一个试验地上,排列的开始和最后一个小区一定是对照区(CK);②在同一重复内,各小区按顺序排列,每两个对照区之间设置同等数目的处理小区,一般设置 4 个、9 个甚至 19 个;③重复一般为 2～4 次,各重复可以排成一排或多排;④当多排重复时,采用逆向式排列(图 1-8);⑤如果一块地内不能安排下全部重复的小区,可以在第二块地上接下去,但开始时必须种植一个对照区,这个对照区称为额外对照(Ex. CK)(图 1-9)。

Ⅰ	CK	1	2	3	4	CK	5	6	7	8	CK	9	10	11	12	CK	13	14	15	16	CK	17	18	19	20	CK
Ⅱ	CK	20	19	18	17	CK	16	15	14	13	CK	12	11	10	9	CK	8	7	6	5	CK	4	3	2	1	CK
Ⅲ	CK	1	2	3	4	CK	5	6	7	8	CK	9	10	11	12	CK	13	14	15	16	CK	17	18	19	20	CK

图 1-8　20 个品种 3 次重复的间比法设计,逆向式

(Ⅰ、Ⅱ、Ⅲ代表重复;1、2、3、…、20 代表品种;CK 代表对照)

CK	1	2	3	4	CK	5	6	7	8	CK	9	10	11	12	CK	13	14	15	16	CK	1	2	3	4	CK	5	6	7	8	CK

Ⅰ→　　　　　　　　　　　　　　Ⅱ→

CK	16	15	14	13	CK	12	11	10	9	CK	8	7	6	5	CK	4	3	2	1	CK	16	15	14	13	CK	12	11	10	9	Ex. CK

←Ⅲ

图 1-9　16 个品种 3 次重复的间比法设计,2 行排列重复及 Ex. CK 的设置

(Ⅰ、Ⅱ、Ⅲ代表重复;1、2、3、…、16 代表品种;CK 代表对照;Ex. CK 代表额外对照)

间比法设计的优点是:设计简单,操作方便,可按品种的不同特性排列,能降低边际效应和生长竞争影响。缺点是:虽然增设了对照,但各处理在小区内的排列并非随机排列。因此,估计的试验误差有偏差。

二、随机排列试验设计

(一)完全随机试验设计

将各处理随机分配到各个试验单元中,每一处理的重复数可以相等或不相等,即完全随机试验设计。这种设计试验单元安排灵活机动,单因素或多因素试验均可采用。同时此种设计分析简便,但是应用此类设计试验环境必须相当均匀,所以一般用于实验室培养试验及网室或温室的盆栽试验。

例如,要检验三种不同的生长素,同一个剂量测定对作物苗高的效应,包括对照(清水)

在内，共四个处理，若用盆栽试验，每处理用 4 盆，共 16 盆。随机排列是将每盆标号 1、2、3、…、16，然后利用抽签法或查随机数字表得到第一处理(9、15、12、1)，第二处理(8、11、16、2)，第三处理(7、3、10、5)和第四处理(4、6、13、14)。

(二)随机区组设计

随机区组设计(randomized blocks design)是根据"局部控制"和"随机排列"原理进行的，将试验地按肥力程度等性质不同划分为等于重复次数的区组，使区组内环境差异最小而区组间环境允许存在差异，每个区组即为一次完整的重复，区组内各处理都独立地随机排列。这是随机排列设计中最常用、最基本的设计。

区组内各试验处理的排列可采用抽签法或随机数字法。如采用随机数字法，可按照如下步骤进行：

(1)当处理数为一位数时，这里以 8 个处理为例，首先要将处理分别给予 1、2、3、4、5、6、7、8 的代号，然后从随机数字表(附表 1)任意指定一页中的一行，去掉 0 和 9 及重复数字后，即可得 8 个处理的排列次序。如在该表 1 页第 26 行数字次序为 0056729559，3083877836，8444307650，7567322330，1922462930 则去掉 0 和 9 以及重复数字而得到 56723841，即为 8 个处理在区组内的排列。完成一个区组的排列后，再从表中查另一行随机数字按上述方法排列第二区组、第三区组……直至完成所有区组的排列。

(2)当处理数多于 9 个为两位数时，同样可查随机数字表。从随机数字表任意指定一页中的一行，去掉 00 和小于 100 且大于处理数与其最大整数倍相乘所得的数字及重复数字后，将剩余的两位数分别除以处理数，所得的各余数即为各处理在此区组内的排列。然后按同样方法完成其他区组内的处理排列。例如有 14 个处理，由于 14 乘以 7 得数为 98，故 100 以内 14 的最大整数倍为 7，其与处理数的乘积得数为 98，所以，除了 00 和重复数字外，还要除掉 99。如随机选定第 2 页第 34 行，每次读两位，得 73，72，53，77，40，17，74，56，30，68，95，80，95，75，41，33，29，37，76，91，55，27，17，04，89，在这些随机数字中，除了将 99，00 和重复数字除去外，其余凡大于 14 的数均被 14 除后得余数，将余数记录所得的随机排列为 14 个处理在区组内的排列，值得注意的在 14 个数字中最后一个，是随机查出 13 个数字后自动决定的。

随机区组在田间布置时，考虑到试验精确度与工作便利等方面的因素，通常采用方形区组和狭长形小区以提高试验精确度。此外，还必须注意使区组划分要与肥力梯度垂直，而区组内小区的长边与梯度平行(图 1-10)。这样既能提高试验精确度，同时亦能满足工作便利的要求。如处理数较多，为避免第一小区与最末小区距离过远，可将小区布置成两排(图 1-11)。

随机区组设计的优点是：①设计简单，容易掌握；②富于伸缩性，单因素、复因素以及综合试验等都可应用；③能提供无偏的误差估计，在大区域试验中能有效地降低非处理因素等试验条件的单向差异，降低误差；④对试验地的地形要求不严，只对每个区组内的非处理因素等试验条件要求尽量一致。因此，不同区组可分散设置在不同地段上。缺点是：这种设计方法不允许处理数太多。因为处理多，区组必然增大，局部控制的效率降低，所以，处理数一般不要超过 20 个，最好在 10 个左右。

Ⅰ	Ⅱ	Ⅲ	Ⅳ
7	4	2	1
6	3	1	7
3	6	8	5
4	8	7	3
2	1	6	4
5	2	4	8
8	7	5	6
1	5	3	2

肥力梯度 →

图 1-10　8 个品种 4 次重复的随机区组设计

3	8	1	10	7	15	14	9																
6	13	4	16	11	2	12	5																
			Ⅰ								Ⅱ								Ⅲ				

图 1-11　16 个品种 3 次重复的随机区组设计，小区布置成两排

(三)裂区试验设计

1. 裂区试验设计概念

裂区试验设计(split plot design)是复因素试验的一种设计方法。在复因素试验中，如处理数(水平组合)较少，而各个因素的效应同等重要，我们多采用随机区组试验设计。如处理数太多，而又有些特殊的要求，我们往往采用裂区试验设计。

裂区试验设计是先将每一区组按第一因素设置各个处理(主处理)的小区，称为主区(或整区)，在主区里随机安排主处理；然后在主区内引进第二因素的各个处理(副处理)，也就是在主处理小区内分设与副处理数目相等的更小小区，这样的小区称为副区(或裂区)。

在裂区试验设计里，如果从第二个因素来讲，每个主区就是一个区组；但是如果从整个试验所有处理组合来讲，每个主区只是一个不完全的区组。由于在设计过程中将主区分裂为副区，因此这种设计方法被称为裂区设计。

2. 裂区试验设计应用

裂区试验设计通常在下列情况下应用：

(1)在一个因素各处理比另一个因素各处理需要更大试验面积时，为了实施和管理上的方便，多应用裂区设计。将要求面积较大的因素，作为主处理，设在主区；要求面积较小的因素，则设置为副区。

(2)在一个因素比另一个因素的主效更为重要，而要求更精确的试验时，或两个因素的交互作用比其主效重要时，宜采用裂区设计。将要求精度更高的因素作为副处理，另一因素则作为主处理。

(3)根据以往研究，已知一些因素效应比另一些因素的效应更大时，宜采用裂区设计。将可能表现出较大差异的因素作为主处理。

(4)试验设计中，如需再加入一个试验因素发生临时改动时，可在原来已设计的小区(主区)中再划分小区(副区)。因此，增加了一个试验因素，就成了裂区设计。值得注意的是：试验设计强调事先的周密设计，这种临时改变设计做法仅是一种在可能情况下的补救，而不能作为常规设计。

下面以大豆品种与施肥两个因素的试验为例，来说明裂区试验设计的具体步骤。如有三个品种，即 A_1、A_2 和 A_3，三种肥力水平 B_1、B_2 和 B_3，三次重复。主区为品种因素，副区为肥料因素(图 1-12)。

(1)根据随机区组的设计原理，将试验地按重复次数划分区组。

(2)按品种的水平数，将每个区组划分为主区，随机排列各个处理。

(3)按施肥量的水平数，将每个主区划分为副区，随机排列各个处理。

图 1-12　大豆品种与施肥二因素裂区设计

(四)拉丁方设计

将 k 个不同符号排成 k 列，使得每一个符号在每一行、每一列都只出现一次的方阵，叫作 $k \times k$ 拉丁方。应用拉丁方设计(latin square design)就是将处理从纵横两个方向排列为区组(或重复)，使每个处理在每一列和每一行中出现的次数相等(通常一次)，即在行和列两个方向都进行局部控制。所以它是比随机区组多一个方向局部控制的随机排列的设计，因而具有较高的精确性。

1.拉丁方设计特点

拉丁方设计的特点是处理数、重复数，即行数、列数都相等。如图 1-13 为 4×4 拉丁方，它的每一行和每一列都是一个区组或一次重复，而每一个处理在每一行或每一列都只出现一次，因此，它的处理数、重复数都是 4，因此对应的行数、列数都等于 4。

2.拉丁方试验设计的步骤

(1)选择标准方　标准方是指代表处理的字母，在第一行和第一列均为顺序排列的拉丁方(图 1-14)。

A	D	C	B
B	C	D	A
D	A	B	C
C	B	A	D

图 1-13　4×4 拉丁方

A	B	C	D	E
B	A	E	C	D
C	D	A	E	B
D	E	B	A	C
E	C	D	B	A

图 1-14　5×5 标准方

在进行拉丁方设计时，首先要根据试验处理数 k 从标准方表中选定一个 $k\times k$ 的标准方。例如处理数为 5，那么需要选定一个 5×5 的标准方，如图 1-15 所示。随后我们要对选定的标准方的行、列和处理进行随机化排列。本例处理数为 5，因此根据随机数字表任选一页中的一行，除去 0、6 以上数字和重复数字，满 5 个为一组，要得到这样的 3 组 5 位数。假设得到的 3 组随机数字为 14325，53124，41235。

(2)列随机　用第一组 5 个数字 14325 调整列顺序，即把第 4 列调至第 2 列，第 2 列调至第 4 列，其余列不动(图 1-15)。

(3)行随机　用第二组 5 个数字 53124 调整行顺序，即把第 5 行调至第 1 行，第 3 行调至第 2 行，第 1 行调至第 3 行，第 2 行调至第 4 行，第 4 行调至第 5 行(图 1-15)。

(4)处理随机　将处理的编号按第三组 5 个数字 41235 的顺序进行随机排列。即 4 号＝A，1 号＝B，2 号＝C，3 号＝D，5 号＝E。因此经过随机重排的拉丁方中 A 处理用 4 号，B 处理用 1 号，C 处理用 2 号，D 处理用 3 号，E 处理用 5 号(图 1-15)。

(2) 列随机（按 14325 排列）

	1	4	3	2	5
1	A	D	C	B	E
2	B	C	E	A	D
3	C	E	A	D	B
4	D	A	B	E	C
5	E	B	D	C	A

→ (3) 行随机（按 53124 排列）

5	E	B	D	C	A
3	C	E	A	D	B
1	A	D	C	B	E
2	B	C	E	A	D
4	D	A	B	E	C

→ (4) 处理随机（按 4=A，1=B，2=C，3=D，5=E）

5	1	3	2	4
2	5	4	3	1
4	3	2	1	5
1	2	5	4	3
3	4	1	5	2

图 1-15　拉丁方试验设计步骤图

拉丁方设计的优点是：由于纵、横向均构成完整区组，可以消除两个方向的系统误差，因而精确度高。缺点是：由于重复数与处理数必须相等，使得两者之间相互制约，缺乏伸缩性。因此，采用此类设计时试验的处理数不能太多，一般以 4～10 个为宜。

除上述常见的 4 种随机排列试验设计外，还有再裂区设计和条区设计。再裂区设计往往是有3个因素的试验，即在裂区内再划分更小单位的小区，称为再裂区。条区设计是裂区设计的衍生设计，如果所研究的两个因素都需要较大的小区面积，且为了便于管理和观察记载，可将每个区组先划分为若干纵向长条形小域，安排第一因素的各个处理(A因素)；再将各区组划分若干横向长条形小区，安排第二因素的各个处理(B因素)。

技能训练1-1　试验方案设计

一、准备

(一)目的

根据老师的试验题目或技术部门下达的试验任务，了解试验的因素与水平、单因素试验方案设计的原则和多因素试验方案设计的原则。

(二)用具

直尺、铅笔、绘图纸、计算器及必要的参考资料。

(三)资料

1.有一大豆栽培试验，分为4个品种(A_1、A_2、A_3、A_4)，3种栽培密度(B_1、B_2、B_3)，共12个处理，4次重复，分别采用以下两种方案设计：

(1)随机区组设计，小区面积42 m^2。

(2)裂区设计，副区面积14 m^2。

2.有一大豆品种比较试验，大豆品种分别为A、B、C、D、E、F，其中D为对照，3次重复，小区面积20 m^2。试采用随机区组设计。

二、实施步骤

将学生分组，每组3～5人，可参考有关资料或教师提供资料进行设计。先根据资料设计，再进行实地考察，绘制小区分布图。要求做到：设计要符合试验设计的基本原则和田间小区技术的要求；图形中的长度要与实际长度符合比例；用绘图铅笔绘制，绘制清晰，并力求美观、整洁，也可用计算机绘图。

三、作业

根据上述资料，按要求绘制田间试验设计区划平面图。注明试验地位置、小区的长和宽，占地面积和土壤肥力、小气候等条件的变化特点。

本章关键词

试验因素、水平、试验处理、试验方案、试验指标与效应、设置重复、随机排列、局部控制、单因素试验、复因素试验、综合试验、试验因素、水平、试验处理、试验方案、试验指标与效应、设置重复、随机排列、局部控制试验误差、边际效应、对比法设计、间比法设计、随机区组设计、裂区试验设计、拉丁方设计

本章小结

本章主要介绍了试验术语、试验方案设计及方法和常用的试验设计方法。重点介绍了在试验中如何控制试验误差，减小误差。

专项实训

二维码 1　第一章专项实训答案

1.试验设计的原则是什么？它们对试验起什么作用？

2.小区的面积和形状对减少土壤差异有什么作用？如何确定小区面积和形状？

3.重复次数在降低试验误差上有什么作用？如何确定重复次数？

4.在试验设计中，设置对照和保护区有何意义？

5.常用的试验设计有哪些？

6.对比法设计和间比法设计有何区别？一般在何种情况下采用对比法设计和间比法设计？

7.请采用随机区组试验设计一个小麦品种比较试验，供试材料 5 个（包括 1 个对照品种）小麦品种，3 次重复。

8.请采用裂区试验设计制订一个大豆品种和肥料因素的试验方案。

9.用拉丁方设计一个某农药药效试验，要求对照、低、中和高 4 个水平。

Chapter 2

第二章

试验实施

本章导读

知识目标：

掌握试验计划书拟订的内容与格式；

掌握试验区田间区划方法；

掌握田间取样技术；

掌握田间调查、收获与计产的方法。

技能目标：

学会试验计划书的拟订；

学会田间试验管理的技能；

学会田间试验区划与实施的技能；

学会田间调查、收获与计产的方法。

第一节　计划书拟订

试验实施是对试验计划的具体落实与操作。主要包括试验地的选择、田间区划、试验材料准备、播种或移栽、田间管理、观察记载与测定、收获和测产等环节。任何田间试验的全过程，均包括选题与设计、布置与种植、管理与观察、收获与测产，以及总结与推广，所有这些工作均是试验实施的范畴。要搞好田间试验，必须做好田间试验全过程的所有环节。因此，在试验实施中，必须以认真、仔细、精益求精、严谨的态度进行每项工作。

试验的首要任务是在明确试验目的和要求的基础上，确定试验课题，试验课题确定后，在进行试验之前，制订一份文字计划，即试验计划书。试验计划书是试验实施的依据，是参试人员在试验过程中严格遵守的规定，是试验成功的关键。在进行试验之前，必须慎重考虑，认真制订试验计划书，才能保证试验任务的顺利完成。一般试验计划应包含以下项目。

一、试验计划书内容

1. 试验名称、时间与地点

能反映出该试验研究的主要内容，具有实用性、先进性、创新性和可行性。如“马铃薯抗旱栽培模式试验”。有时也常在课题名称中反映出试验的时间、进行试验的单位与地点，或将时间、单位与地点写在题目下面。

2. 试验目的、依据及其预期的试验结果

试验必须有明确的目的，丰产栽培试验的主要目的是要达到一定产量指标；对比试验，就要写上进行这项试验要解决什么问题。有的试验在编制试验目的同时，还要提出试验的根据，试验目前的研究成果，发展趋势及预期的试验成果。如马铃薯抗旱栽培模式试验目的为“马铃薯是承德地区经济价值较高的优势农作物之一，种植面积大，对促进全区农业和农村经济发展贡献突出。为了提高马铃薯生产水平，增加马铃薯种植效益，在承德东部地区不同区域进行了这一试验，筛选出适宜承德东部地区不同区域的抗旱栽培模式，为今后指导马铃薯大田生产提供理论依据”。试验目的一定要写得明确，能真实地反映对试验的具体要求，使大家一看就知道这一试验为什么做，预期能达到什么结果。文字要求简明扼要，可以分条说明。

3. 试验地的基本情况

包括地点、位置、土壤、肥力、地形、地势、排灌条件、轮作方式和前茬等基本情况。

4. 试验材料

包括供试作物和试验材料等，试验材料选择正确与否，直接关系到试验结果的正确性。尽量避免个体间的差异，以减少对试验结果的影响。

5. 试验处理方案

试验方案是全部试验工作的核心，主要包括研究的因素、水平的确定等。它是根据试验目的要求，经过精密考虑，仔细讨论后确定的。本试验要采用几个处理和是否有对照处理，要在试验计划中写清注明。

6. 试验设计方法与内容

方案确定后，结合试验条件选择合适的试验设计方法。内容包括小区面积、长宽比例、重复次数、走道、保护行、小区及重复的排列方法等。做出田间试验布置图，根据布置图，在已准备好的试验地上布置试验的各个处理小区。

7. 整地、播种或移栽、施肥及田间管理措施等

主要包括整地方法、时间、耕翻深度，施肥种类、数量、时期和方法，播种时期、方法和密度，灌溉次数、时期；中耕除草、防治病虫害以及其他管理等。

8. 田间观察记载和室内考种、分析测定项目及方法

主要包括温度、光照、降水、风、灾害性天气等气象条件；生育期、形态特征、生物学特性、经济性状、生长发育状况的标准与方法，籽粒性状及其他测定项目及方法。一般根据试验目的，以表格的形式列出需观测的指标与要求，详细地记录各方面资料。

9. 收获计产方法

主要包括收获时间、方法、要求、删除面积、计产面积及产量计算等。

10. 试验资料的统计分析方法和要求

试验结束后，对各阶段取得的资料进行整理与分析，明确采用统计分析的具体方法。

11. 试验的土地面积、所需经费、人力及主要仪器设备

包括保护行、走道在内的试验区总面积、试验所需的仪器设备，在不影响完成试验的前提下，充分利用现有仪器设备，必须增添的仪器设备、人力、材料的名称、数量、要求、金额和研究技术人员及协作条件等详细列出，早做准备，保证试验的顺利进行。

12. 项目负责人、执行人

写清楚项目负责人、执行人。

13. 附田间试验布置图及各种记载表

根据田间试验方案的具体要求，结合供试验使用的土地形状及土壤肥力趋向，具体设计小区面积、长宽比例、重复次数及排列方法等，把这些要素设计绘制成图纸即成为田间试验布置图。在田间试验布置图上按实际比例尺绘制试验区各个重复、小区、走道和保护行等内容，标明各处理排列的位置以及试验区周围的环境、方位和边界，以便田间区划、播种管理和田间观测记载时能按图行事。如马铃薯不同种植密度试验田间布置图(图 2-1)。

一份试验计划除要包括以上各项主要内容外，有时为了说明与本试验有关的基本情况，说明提出试验根据和进行本项试验的意义，还可以在试验计划开头加上一段类似序言的说明文字。有些试验所用的方法比较特殊，应在计划中加上一项试验方法。有些试验还包括一些辅助性试验，如室内试验、盆栽试验等，应在计划上列出有关项目。有些试验不只是在一个地方进行，应当在计划上列出试验地点，以及各试验点供试地段的基本情况。如果同一试验由几个单位、几个人共同负责，同时又有明确分工，也应当在试验计划上写明这些情况，或者在计划上加上组织领导一项。总之，为保证试验顺利进行，各项规定都应写在计划上。但也要求简明扼要，条理清晰，可写可不写的就不要写，能够用表格形式表达的，尽量采用表格。

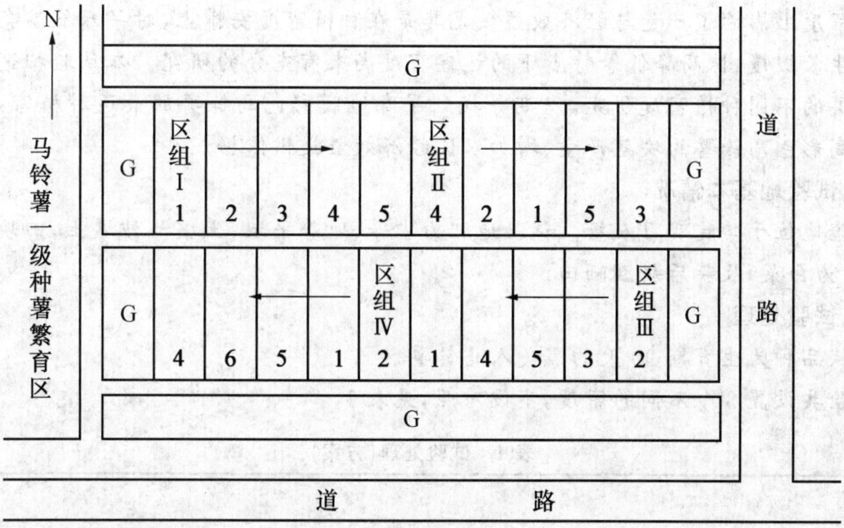

图 2-1　马铃薯不同种植密度试验田间试验布置图(单位:m,比例尺 1∶500)

二、试验计划书格式

(1)封面:写明试验名称、计划书编制者或编制小组名称以及设计时间等。

(2)试验目的及选题依据。

(3)试验地的基本情况。

(4)试验处理:写明供试材料、因素、水平及其试验方案。

(5)试验设计:写明设计方法、处理次数、小区面积、保护行、走道等。

(6)播种与管理:播种时间、方法、播种量、田间管理方法、次数、数量与要求等。

(7)观测记载的项目、标准和方法。

(8)试验年限。

(9)主持单位和协作单位的人员及其分工。

(10)仪器设备、农资及用工等经费的预算。

下面以 2016 年地膜彩色马铃薯不同种植密度试验的计划书为例,说明试验计划书的写法。

地膜彩色马铃薯不同种植密度试验

河北旅游职业学院

2016 年 3 月

一、试验的目

早春通过地膜覆盖,种植彩色马铃薯,在我区 7 月中旬以前收获完毕,能有效弥补京津冀市场马铃薯货源紧缺的淡季,具有较好的经济收益。但彩色马铃薯比普通白肉或黄肉马铃薯的植株瘦弱、块茎小、产量低,而大部分种植者仍采用普通马铃薯的种植方式,在一定程度上影响了产量与经济效益。尤其是在种植密度安排上，对早春低温条件下地膜植株生长缓慢、株高降低等特点下的适宜密度尚未有充分的研究。本试验拟通过对彩色马铃薯的不同种植密度研究，以期寻找到早春地膜彩色马铃薯的最适种植密度，为进一步提高彩色马铃薯的块茎产量、增加农民经济效益提供依据。

二、试验地基本情况

试验地位于学院实习农场。试验地肥力中等、地势平坦，土壤为沙壤土，田块排灌方便，前茬为白菜，收获后耕翻晒田。

三、试验处理

供试品种为生育期90天的黑美人马铃薯。

试验共设置5个不同的密度，不设对照，见表1。

表1　试验处理(方案)

处理编号	1	2	3	4	5
处理名称	4 500 株/667 m^2（株距 20.7 cm）	5 000 株/667 m^2（株距 18.8 cm）	5 500 株/667 m^2（株距 17.1 cm）	6 000 株/667 m^2（株距 15.8 cm）	6 500 株/667 m^2（株距 14.6 cm）

四、试验设计

试验采用随机区组设计，3 次重复，小区宽 4.2 m，长 10 m，小区面积为 42 m^2，六行区。田间布置如下图所示。

五、主要栽培管理措施

播种前，结合作畦，每 667 m^2 施有机肥 2 000 kg、氮肥(N)40 kg、磷肥(P_5O_2)15 kg、钾肥(K_2O)20 kg，一次性混合施入土中。试验于 2016 年 3 月末播种，采用 1.4 m 1 带 2 行，每小区 3 带 6 行，双行大小垄种植，大行距 0.9 m，小行距 0.5 m，起畦种植，深 30 cm。

六、观察记载项目

主要调查彩色马铃薯的各生育时期，收获时首先在每小区随机选取 10 株，测定块茎总数、商品薯个数、小薯个数、分别称重，然后以小区为单位收获计产。另外在全生育期间，还应注意记录气温的变化情况。田间调查表、室内考种表(略)。

七、试验进度安排及经费概算

试验于2016年3月开始，至7月15日前结束。需工人工资500.00元，种薯600.00元，肥料农药开支450.00元，机耕、水电及地租550.00元。共需试验经费2 100.00元。

技能训练2-1　试验计划书拟订

一、准备

根据当地生产中存在的实际问题，学生自己选题；或在教师指导下由学生自己立题进行设计和拟订试验计划书。

二、实施步骤

(一)目的要求

要求同学熟悉拟订试验计划的内容、方法和步骤，根据试验方案、试验设计和试验指标等，熟练拟订出内容全面具体、重点突出的一份科学合理的试验计划书。

(二)场所、用具和材料

(1)场所 教室、实验实训室或其他地方。

(2)用具和材料 纸、笔、试验计划书样本等。

(三)方法

教师布置任务，讲解一份较完整的试验计划的内容、格式与要求。试验计划的内容包括试验名称；试验目的要求、依据及预期效果；试验材料和试验地条件；试验处理方案；试验设计；观测记载的项目、标准和方法、观测记载表格；进度安排及起止年限；主持单位和协作单位的人员及其分工；仪器设备、农资及用工等经费的预算等。

(四)任务

(1)利用所给资料或结合生产中存在的实际问题，学生自己选题，拟订一份试验计划。要求内容充分、结构完整，设计合理，具有可行性。

(2)讨论一份完整试验计划，包括哪些内容，哪些内容可以省略？分析为什么进行科学试验之前，必须制订试验计划？

(五)考核标准

满分100分，要求达到60分以上。

结合所给资料或结合生产中存在的实际问题，自己选题，拟订相应的试验计划，人人独立操作，分项进行考核。

试验计划结构完整	25分
格式正确	25分
内容全面，符合实际、操作性强	25分
字迹工整，语言流畅，用词准确	25分

第二节　试验实施步骤

试验计划书制订完毕，在试验实施之前，还需设置好符合实际的试验方案。

一、拟订试验方案

试验方案按其供试因素数的多少可以区分为单因素试验、复因素试验和综合性试验三类。

(一)单因素试验方案

单因素试验方案设计一般由试验因素的若干水平加适当对照处理即可。其设计要点是确定因素的水平范围和水平间距。水平范围是指试验因素水平的上、下限范围，其大小取决于研究目的、条件及试验研究的深入程度。水平间距是指试验因素相邻水平间的级差，水平间距要适当，过大，超出实际范围，没有意义；过小，试验效果易被误差所掩盖，试验结果不能说明问题。例如为了明确马铃薯某一品种对钾肥的耐肥程度，钾肥施肥量就是试验因素，处理(水平)就是几种不同的施肥量，品种及其他栽培管理措施都相同。该马铃薯钾肥施肥量试验方案(表 2-1)即为一个单因素试验。

表 2-1　马铃薯钾肥施用量试验方案

处理号	处理名称	钾肥用量(K_2O)/(kg/667 m^2)
1	对照(不施钾肥)	0
2	微钾	4
3	低钾	8
4	中钾	12
5	高钾	16

(二)复因素试验方案

生物体生长发育受到许多因素的综合影响，要想全面了解诸因素对生物体的影响，可以采用复因素试验，有利于了解不同因素的效应及其相互作用，选出最优水平组合。复因素试验的效率常高于单因素试验。复因素试验的一个处理即为一个水平组合，处理数是各因素水平数的乘积。其方案设计常有全面实施方案和不完全实施方案两种类型。

1. 全面实施方案

全面实施方案是最常用较简单的复因素试验方案，其方案设计要点是：所有试验因素在试验中处于完全平等的地位，每个因素的每个水平都与另外因素的所有水平相互配合构成试验水平组合(处理)。其优点是因素水平能均衡搭配。下面以马铃薯播期和钾肥用量的二因素为例说明全面实施方案的设计方法与步骤。根据马铃薯栽培特点，播期为 A 因素，设有两个水平，分别为 A_1 和 A_2；钾肥用量设有 3 个水平，分别为 B_1、B_2 和 B_3。对播期与钾肥用量这两个试验因素分别划分水平如表 2-2 所示。

表 2-2　马铃薯播期和钾肥用量两个试验因素水平

试验水平	试验因素	
	播期(A)	钾肥用量(B)(K_2O)/($kg/667\ m^2$)
1	4月5日	4
2	4月10日	8
3		12

对播期与钾肥用量这两个试验因素进行组合,得到 2×3=6 个水平组合(处理)见表 2-3。

表 2-3　马铃薯播期与钾肥用量两试验二因素全面实施试验方案

处理号	播期	钾肥用量(K_2O)/($kg/667\ m^2$)	处理(水平组合)
1	4月5日	4	A_1B_1
2	4月5日	8	A_1B_2
3	4月5日	12	A_1B_3
4	4月10日	4	A_2B_1
5	4月10日	8	A_2B_2
6	4月10日	12	A_2B_3

表 2-3 试验方案中,处理(水平组合)的确定方法是,先由播期的 1 水平(4 月 5 日)分别与钾肥用量的 3 个水平配合,得到 1、2、3 三个处理(水平组合);同样再由播期的 2 水平(4 月 10 日)分别与钾肥用量的 3 个水平配合,得到 4、5、6 三个处理(水平组合)。这样就得到上述 3×2 六个处理(水平组合)的全面实施试验方案。

2. 不完全实施方案

当试验因素增多时,处理(水平组合)数迅速增加,要对全部处理(水平组合)进行全面实施,规模过大,往往难以实施,因而多因素试验的应用常受到限制。解决这一难题的方法就是利用正交试验法,通过抽取部分处理(水平组合),用以代表全部处理(水平组合)进行试验实施。

二、试验地准备和田间区划

(一)试验地准备

试验地在进行区划前,应做好充分准备,以保证各处理有较为一致的环境条件,否则影响试验的精确度和准确度。试验地应按试验要求进行选地、整地与施用基肥。

1. 选地

旱田试验用地选择,首先观察前茬作物的长势,作为土壤肥力均匀度的参考。坚持"三要三避开"的原则,要前茬一致、肥力均匀,避开上年做过栽培试验及斑块状肥力的地块;要位置适当,避开树木、高大建筑物、道路、池塘等障碍物的地块,要地势平坦,避开坡度较大的地块。

水田试验用地选择,除旱田试验用地选择的要求外,必须具有水源、排灌方便、加大面积。选地后及时测量其长、宽度和电线杆等障碍物的位置,为田间布置提供依据。

2. 整地

整地的目的是消除试验田的不平整状况，确保肥力均匀，灌水一致，最终使试验田各处理之间生长发育的条件一致。一般试验地在试验前，需进行整地，要求耕深一致，耙匀耙平；整地方向应与将来作为小区的长边方向垂直，使每一区组内各小区的整地质量最为相似；整地范围需延伸到将来试验区边界外 1～2 m，保证试验区域内的耕层相似；整地后应开好排水沟，做到沟沟相通，使田面做到雨后不积水。整地要求在一天内完成。

3. 施基肥

旱田结合整地施入基肥，按要求施用质量一致的基肥，若是厩肥必须充分腐熟并混合均匀，最好采用分格分量方法施用，以达到均匀施肥。总之要尽力设法避免施基肥不当而造成土壤肥力上的差异，尽量在较短时间内施完。试验地切忌堆放肥料，以免造成新的土壤肥力差异。在病虫害比较严重的地方需进行土壤消毒处理，处理措施要一致并于当日完成。水田原则在移栽前不施任何基肥。

(二)田间区划

试验地准备工作初步完成后，按试验方案和试验计划进行试验地的田间区划。田间区划就是根据田间试验布置图在田间实际“放大样”(按比例放大到试验地上)。区划的目的是确定区组、小区、保护行、走道等在田间的位置。通常先计算好试验区的总长度和总宽度，然后再根据土壤肥力差异划分区组、小区、走道和保护行。田间区划的具体步骤如下：

1. 认真阅读田间试验布置图

首先弄清比例和小区、区组的布置，换算好有关长度数据，记录在图纸反面。然后实际勘察试验地地势地貌，确定田间实际布置朝向。

2. 画出试验区的四条边界线

(1)拉一条标准线　标准线的位置根据试验地块的实际情况而定，当肥力均匀，标准线应与试验地的长边平行，并离地边至少要有 2 m，以供设置保护行和走道之用，两端用木桩定点，第一条标准线就确定出来。图 2-2 所示为试验区的标准线的位置，标准线位于试验地北端，东西走向。

(2)画出两条垂直标准线　以标准线为基准，在两端定点处按照“勾股定理”各画出一直角。在此直角处，分别拉直线，延长到宽边的长度，用木桩定点，即为试验区的两条垂直标准线(第二边和第三边)。垂直标准线一般为以后试验小区的起始行(或终止行)的位置，亦应离田边 2 m 以上。

(3)画出试验区的第四边　连接两条垂直标准线的末端，若长度与标准线(第一条边)等长，即为试验区的第四边，否则，重新区划。

3. 划分区组与走道，确定区组、走道的位置

试验区的四边确定好之后，根据试验设计的小区长度和走道宽度(水田长度和走道均包括小区保护行)，以垂直标准线与标准线的交点为起点，沿着垂直标准线按小区长度和走道宽度依次丈量，打桩定点。在两条垂直标准线上的对应木桩系绳拉直，确定区组、走道和两端保护行的位置。图 2-2 所示为试验地标准线、垂直标准线、区组、走道的位置。

4. 划分小区，确定小区位置和面积

区组、走道确定之后，按试验设计的小区宽度，以标准线与垂直标准线的交点为起点，沿着标准线和第四边按小区的宽度，打桩定点。在标准线和第四边上的对应木桩系绳拉直，确

定小区的位置与面积。

区划完毕，旱田直接按试验要求在小区四周培土起埂、区组间挖出水沟等；水田当小区面积不大时，在小区四周挖沟，用塑料布铺在沟内，填满土，折好塑料布，防止小区间相互渗漏，当面积足够大时，可以直接培土起耕。并在每个小区的第一行前插上标牌，标牌的正反两面按试验计划的小区或行号用记号笔写明区组号(用罗马数字表示)、小区号和处理名称(或代号)。图 2-3 的标牌表示为第二区组第 1 个小区，处理的名称或代号为 5。标牌插下后，直到收获或移栽，一直保留于田间。

按试验设计要求和田间种植计划，划分区组、小区、走道、保护行等，并绘出田间布置图，以便实际布置落实试验。

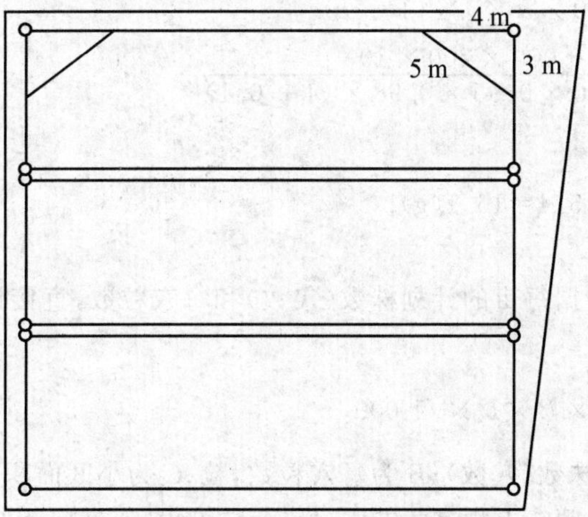

图 2-2　田间区划示意图

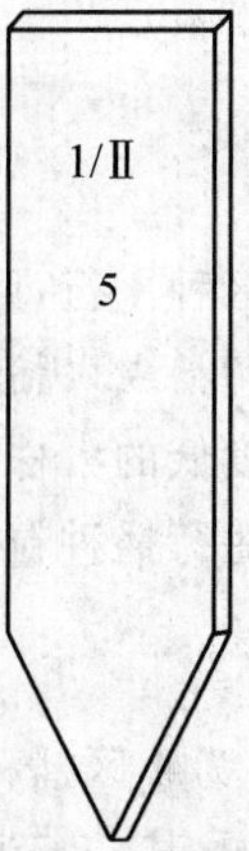

图 2-3　标牌

三、试验材料准备

作为供试材料的种子或幼苗，必须是同一来源、质量优良的种子或幼苗。试验前应先准备好播种或移栽的种子或幼苗等试验材料，一般按照种植计划书的顺序准备试验材料，避免发生差错。通常试验材料的准备步骤如下：

(一)种子准备

在试验前，事先测定各品种种子的千粒重、发芽率和净度。保证各小区(或各行)的可发芽种子数基本相同，避免植株营养面积与光照条件的不一致，而增大试验误差。但是育种试验初期，供试材料较多，而每一材料的种子数又较少，不可能进行发芽试验，则应要求每小区(或各行)播种粒数相同。品种比较试验由于不同品种的种子在千粒重、发芽率和净度等各方面存在差异，不能采用同一播种量，而应分品种测出千粒重、发芽率和净度，计算出每一品种的播种量。移栽作物的秧苗也应按这一原则来计算。

(二)计算小区或每行播种量

1. 密播小株作物

密度大的小株作物的小粒种子，可根据种子检验的结果和每公顷的计划株数，计算各小区播种量，计算公式为：

$$X = \frac{A \times B \times C}{10\ 000 \times 1\ 000 \times u \times \nu \times (1-w)}$$

式中：X 为小区播种量，g；A 为每公顷计划株数；B 为千粒重，g；C 为小区面积，m^2；u 为发芽率，%；ν 为种子净度，%；w 为田间损失率，%。

如某一大豆试验计划密度为每公顷 27 万株基本苗，测定百粒重为 20 g，发芽率 95%，种子净度为 98%，田间损失率为 10%，小区面积 10 m^2。试求小区播种量。

根据题意得：

$$\begin{aligned} X &= \frac{A \times B \times C}{10\ 000 \times 1\ 000 \times u \times \nu \times (1-w)} \\ &= \frac{270\ 000 \times 200 \times 10}{10\ 000 \times 1\ 000 \times 0.95 \times 0.98 \times (1-0.1)} \\ &= 64.5(\text{g}) \end{aligned}$$

若每小区种 4 行，则每行的播种量为：64.5/4＝16.1(g)。

2.稀播或穴播大株作物

密度低的大株作物，常用穴播。可根据每亩的计划株数(穴数)和每穴粒数，直接计算各小区或每行播种粒数，计算公式为：

$$X = A \times B \times C \times /1\ 000$$

式中：X 为小区播种粒数；A 为每亩计划株数(穴数)；B 为每穴粒数，粒；C 为小区面积，m^2。

例如，某一玉米试验计划密度为每公顷 6 万株基本苗，穴播，每穴 2 粒，小区面积 20 m^2。试求小区播种量。

根据题意：$X = 60\ 000 \times 2 \times 20/10\ 000 = 240$ (粒)

若每小区计划种 4 行，则每行播种量为：240/4＝60(粒)。

(三)称取或数取每小区或每行播种量

大密度的小粒种子用粗天平称取每小区或每行的播种量；密度低的大株作物的大粒种子，直接数取每小区或每行播种粒数。

(四)装袋

直接播种的作物，以小区为单位称取或数取种子的，按小区装袋，袋面上写明试验名称、重复号、小区号、材料(处理)编号和材料(处理)名称。若以行为单位称取或数取种子的，按行装入小纸袋内，袋面上写明区组号、小区号、处理名称或代号和行号，再将同一小区各行的小种子袋合并在一起，装入大种子袋内，大袋面上写明试验名称、重复号、小区号。

(五)捆捆装箱

按照田间试验布置图的各区组的小区排列顺序捆捆，装在种子箱内，以备播种。

值得注意的是：水田种子的准备(如水稻)，可把每小区(或每行)的种子装入尼龙丝网袋里，挂上 2 个编号标牌，1 个在袋外，1 个袋内，扎住袋口，以便进行浸种催芽。

同时，需要药剂拌种的，应在准备种子时做好拌种。准备好当季播种材料的同时，需留同样材料按次序存放仓库，以便遇到灾害后补种时备用。除此之外还需要准备调查记载表(正副两本)、标牌和化肥农药等。

四、播种或移栽

播种或移栽是做好田间试验的重要环节，应做到准确无误，切忌发生差错。一旦出现差错，将导致试验失败重做。

(一)播种

播种是保证苗全的措施之一，切忌发生差错。播种之前需做好播前准备。首先按田间布置图将标牌插在每个小区的第一行的行头，标牌上标明区组号、小区号和处理名称或编号。经查对无误后再按田间布置图将每小区(或行号)的种子发放在小区的标牌处，发放完毕，再将区号与种子袋上号码核对一次，当标牌(区号)、种子袋区号(行号)和记载本上区号(行号)三者一致，准确无误后，方可播种。

播种一般分为人工播种和机械播种两种，当前田间试验的播种方法基本采用人工播种的方法。

人工播种，播种前须按预定行距开好播种沟，进行播种。要求沟直底平，深浅一致，撒种均匀，或株(穴)距一致，严防漏播。尤其要注意各处理同时播种，播完一区(行)后，种子袋仍放回原处，然后覆土镇压；播完一次重复后，经核对无误，收回种子袋，如检查发现错误，应立即在记载本上注明、并作相应改正。

如机械播种，小区形状要符合机械播种的要求。先要按规定的播种量调节好播种机，开始播种。播种机的速度要均匀一致，而且种子必须播在一条直线上，播种时，不允许中途停机，特殊时要退回 0.5 m。

无论人工或机械播种后，都要全面检查有无露籽，并及时覆盖。播种按重复进行，播完一次重复再播另一次重复，同一试验最好在一天内完成，如遇特殊情况，至少同一重复要在一天内播完，全试验播种时间不能超过两天，以保证处理间的可比性。

整个试验区全部播完后，再播保护行，并将实际播种情况，按一定比例在田间记载本上绘出田间种植图，图上应详细记下重复的位置、小区面积、形状、每条田块上的起止行号、走道与保护行设置等，以便日后查对。

(二)移栽

需进行育苗移栽的试验，实际育苗数量应增加 30%的育苗面积。移栽步骤与播种步骤相似，同样移栽前插标牌、施基肥及农药等。移栽时按田间布置图进行取苗、运苗、分苗、核对、移栽等步骤。取苗时要力求挑选大小均匀、强弱一致的秧苗，以减少试验材料的不一致，若秧苗不能完全一致，差异较大的，则可分等级按比例分配不同等级的秧苗，以减少差异。运苗要求秧苗与标签一起运到试验地；分苗按秧苗上的标签名称分别发放到小区的标牌处；核对秧苗上的标签与小区的插牌是否一致；核对无误后按预定的密度(株行距)移栽，要求株行距准确，深浅一致，保证密度，使所有秧苗保持相等营养面积；多余的秧苗可留栽在小区(行)一端，以备补栽之用。

值得注意的是：水田育苗，先进行晒种、药剂拌种、催芽、播种、育秧及秧田除草、防病及施肥等田间管理，待能移栽时，立即移栽。移栽方法同旱田。

移栽完毕，同样按一定比例在记载本上绘出田间栽植图，并详细记载重复、小区、走道和保护行的位置，以备日后查对。

五、田间管理

试验区栽培管理措施是指作物从播种或移栽到收获的整个栽培过程所进行的各种管理措施的总称。试验管理工作应遵循唯一差异原则，除了试验设计所规定的处理间差异外，其他管理措施应保持一致，最大限度地减少试验误差。田间管理的措施主要包括补苗、间苗、中耕除草、施肥、防治病虫害、排灌水等措施。

(一)查、补、间、定苗

播种或移栽后及时仔细检查所有小区的出苗或成活情况，本着多间少补的原则。如有断垄缺苗或过密的地段，根据情况及时采取补救措施。一般对于个体协调能力强的(分蘖性或分枝性强的)，相差不足10%，或个体调节能力差(分蘖或分枝性弱的)，相差不足5%，且无明显缺苗断垄，可不进行补、间苗。相差超过此范围，多间少补。补种或补栽的地段应详细标记清楚，不做以后计产和其他农艺性状考察的样株。

(二)中耕除草、施追肥和防治病虫害等措施

播种或移栽后，除进行查、补、间、定苗之外，在作物生育期间，要及时实施中耕除草、培土、施追肥、灌溉排水和防治病虫害等措施，标准达到或略高于当地丰产田的管理标准，同一措施的时间、方法、次数和质量等应力求一致。如施肥，每一小区的肥料种类一样，质量一致，数量相等，而且均匀分布，施肥的时间、方法相同。同时每项措施应在同一天内完成，如遇到特殊情况，至少同一重复在一天内完成，以保证重复内的一致。总之，栽培管理的各项措施贯穿唯一差异原则，尽量避免或减少人为的差异，最大限度地减小试验误差，提高试验的精确度。

技能训练2-2 试验播种

一、准备

可根据当年各指导教师的试验项目，或在教师指导下由学生自拟的试验项目所需种子进行播种。

二、实施步骤

(一)目的要求

掌握试验区的播种方法、步骤与要求。

(二)场所、用具

(1)场所　学院试验实训基地的大豆、玉米、小麦、谷子及其各种药材试验田。

(2)用具　各种作物种子、肥料、皮尺、镐头、天平、调查表、纸、笔、标牌、计算器、卷尺等。

(三)方法步骤

教师布置，讲解播种的方法与标准；5～6人一组；播种步骤包括种子发放与核对，播种，核对与检查等。

(四)技能报告

(1)按要求进行播种，每组写一份实训报告，简要说明播种方法、步骤与注意事项。

(2)讨论田间试验的播种方法步骤、注意事项，田间试验播种与大田播种有何异同?

(五)考核标准

满分100分,要求达到60分以上。

结合田间布置图对所给播种材料进行播种,小组共同操作,分项进行考核。

播前种子发放准确、无误	20分
核对准确,无误	10分
播种方法步骤正确、未出现差错	60分
播后种子袋核对、回收准确、无误	10分

第三节　观察记载和测定

田间试验目的是通过科学研究的实践活动,获得试验数据,借助统计分析,得出科学的试验结果,运用试验结果指导和发展农业生产。而田间试验的观察记载与测定是分析试验结果和说明试验结论的主要依据,为了全面解释田间试验的结果,有根据地分析增减产原因,确定各项措施的效果,得出明确的结论,在农作物生长发育期间需对其相关项目进行详细的观察记载,并在收获时进行室内考种和测定。

一、试验观察记载

田间试验观察记载的项目,因试验的目的和内容不同而有差别,但有一些观察记载项目在任何试验中都需观察记载,一般包括以下几个方面的内容:

(一)气候条件观察记载

气候条件与农作物的生长发育有着密切的联系,气候条件的任何变化都会使农作物生长发育出现相应的反应。因此,正确记载气候条件,注意作物的生长动态,研究两者之间的关系,就可以进一步探明作物的产量、品质的变化原因,得出正确的结论。一般观察记载的气候资料有:

1.温度资料

包括日平均气温、月平均气温、活动积温、有效积温、最高和最低气温等。

2.光照资料

包括日照时数、晴天日数、辐射等资料。

3.降水资料

包括降水量及其分布、雨天日数、蒸发量等。

4.风资料

包括风速、风向、持续时间等。

5.灾害性天气

包括冰、雹、旱、涝、风、雪等。

气候资料可在试验田内定点观测,也可以查用当地气象部门的观测资料。对于有关试验地的小气候,则由试验人员随时观察记载;对于特殊的灾害性天气以及由此引起的作物反应,必须及时观察记载,供分析试验结果时参考。

(二)试验地情况和田间农事操作记载

试验地土壤和田间农事操作与作物的生长发育也有密切的关系,应及时进行记载,供试验总结时参考。试验地的土壤情况,要记载土壤类型、地势、土壤肥力和均匀程度、前茬作物、排灌条件、土壤养分含量等内容。试验过程中的一切农事操作,如整地、施肥、播种、中耕除草、防治病虫害等,都要详细记载操作的时间、次数、工具、方法和质量等内容。

(三)作物生长发育状况的记载和测定

作物的生长发育状况是分析作物增产规律的重要依据,是田间试验观察记载的主要内容。进行田间试验时,要根据试验目的和内容确定详细的调查记载项目,在整个作物生长发育期间进行记载,作为分析试验结果的重要依据。观察记载的主要内容一般有以下几个方面:

1.作物的生育期

如播种期、出苗期、分蘖期、拔节期、抽穗期、开花期、成熟期、收获期、生育日数等。各种作物都有各自相应的调查标准,可参考有关书籍。

2.形态特征

育种试验经常调查不同品种和材料的形态特征,如株型、叶色、叶形等作为识别品种和材料的依据。

3.作物的生长发育状况

为了观察不同处理对作物生长发育的影响,经常定期调查作物株高、分蘖、分枝数、节数、叶面积、植株整齐度、穗长、穗粗、空秕粒数,鲜重、干物重等内容,了解作物的生长发育规律。

4.作物的经济性状

经济性状是指与产量和产品品质密切相关的性状。如禾谷类作物单位面积株数、单位面积穗数、分蘖数、穗粒数、穗粒重、粒重、豆类单位面积株数、单株荚数、单株粒数、荚粒数及产量、千粒重(百粒重)、蛋白质、油分、糖分的含量等。

5.不良环境条件和病虫害的情况

如旱、涝、雹、低温以及引起的旱害、涝害、倒伏、冻害、风灾和病虫危害的情况等,记载发生时间和危害程度。

6.意外情况或损害

如禽畜、灌水危害或发生偷盗等。记载发生时间和危害程度。

要根据试验目的来确定具体调查记载项目,力求简单,关系密切的要详细记载。

(四)室内考种及测定

对于作物的某些性状,不便于或不能在田间进行调查和记载,收获后方能在室内进行观察和测定,如千粒重、单株粒重、谷秕率等。因为室内观察和测定的内容一般属籽粒性状,因此称为室内考种。

室内考种的材料要在作物成熟后收获前采取。室内考种的项目可因作物种类、试验目的和内容不同而做不同选择。主要有三个方面:一是作物经济(产量结构)性状测定,如千粒重、穗粒数等,这是室内考种的主要内容;二是植物形态的观察,如粒形、粒色、脐色等;三是收获物重要品质的鉴定,如蛋白质、脂肪、油分及糖分的含量等。

为了使观察记载能够全面准确地反映作物生长发育的实际情况,进行田间试验观察记载应注意以下事项：

(1)观察记载的样本要有代表性，一般采用随机的方法进行抽样。

(2)观察记载要及时，否则错过时机就无从调查。

(3)观察记载和测定的项目必须具有统一评定标准和方法(国家标准、行业标准或地方标准)，要求真实、准确、可靠，便于试验总结和交流。

(4)观察记载应有专人负责，同一试验的同一调查项目应由同一个人来完成，不宜中途换人，以免评定标准不一致，产生误差。

(5)观察记载要用铅笔进行记录，防止被雨淋字迹模糊，数据丢失。

(6)观察记载必须细致准确，记载的数据要及时进行备份。

二、取样方法

取样时，应根据小区大小及作物生长状况确定取样方法，力求取样点具有代表性和均匀分布。选取样本的过程，为取样；采取样本的地点称为取样点。确定取样点的方法很多，一般用典型取样法、机械取样法和随机取样法。

1. 典型取样法(代表性取样法)

按调查研究目的，采用目测的方法从试验小区内选取一定数量有代表性的地段作为取样点，可以选一点，也可以选几点。选几个取样点和每个取样点取样数目根据调查的项目来确定。

2. 机械取样法(顺序取样法或系统取样法)

机械取样法是每间隔一定的距离随机确定一个取样点，常用的方法有以下几种：

(1)一点机械取样　一般采用预先确定在小区的第几行第几株开始连续调查若干株，多用于小区试验，简单、方便。

(2)对角线取样　在每个试验小区内沿小区的一条或两条对角线，间隔一定的距离随机确定一个取样点。一般一条对角线取3点，多用于面积较小的方形地块，两条对角线取5点，多用于面积较大的方形地块，具体取多少根据对角线的长度而定。

(3)棋盘式取样　在每个试验小区内沿两条或几条平行线，间隔一定的距离随机确定一个取样点，多用于面积较大的地块。

另外还有分行式、平行线式与Z字形(蛇形)式多种取样方法(图2-4)。

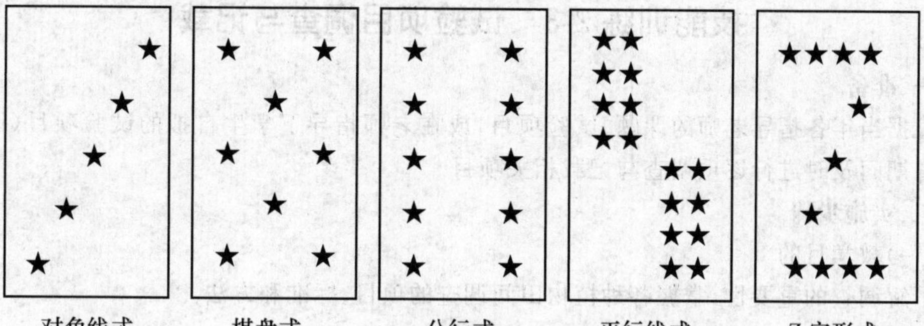

图2-4　常用的机械取样方式

3.随机取样法(等概率取样法)

随机取样是完全依照机会均等的原则进行取样加以调查的方法。一般可采用抽签法、摇码或查随机数表等方法选取样本。如以小麦田为例,随机决定测框位置时,可先步测田块的长宽,然后由随机数字法决定各点的方位。某田块长300 m,宽170 m,取五点,各点的长、宽位置分别随机决定为(38,53),(80,94),(125,88),(169,24),(238,120)等,然后逐点布设测框调查。

取样调查有固定观察点与不固定观察点两种。如作物的生育动态观察,就可以在试验的每个小区内选择有代表性的固定地方,做上标记,每次观察都在点内进行。不固定点可随查随取样。

三、室内考种

对于作物的某些性状,不能或不便于在田间直接进行调查和记载,收获后方能在室内进行观察和测定,如单株粒重、千(百)粒重、谷秕率等。因为室内观察和测定的内容一般属籽粒性状,因此称为室内考种。

室内考种的材料要在作物成熟后收获前采取。室内考种的项目可因作物种类、试验目的和内容不同而异。主要有三个方面:一是作物经济(产量结构)性状测定,如千粒重、穗粒数等,这是室内考种的主要内容。二是植物形态的观察,如粒形、粒色、脐色等,三是收获物重要品质的鉴定,如氨基酸、脂肪、蛋白质、淀粉、油分及糖分的含量等。

四、试验项目测定

为了使观察记载能够全面准确地反映作物生长发育的实际情况,进行田间试验观察记载应注意以下事项:观察记载的样本要有代表性,一般采用随机的方法进行抽样;观察记载要及时,否则错过时机就无从调查;观察记载和测定的项目必须具有统一评定标准和方法(国家标准、行业标准或地方标准),要求真实、准确、可靠,便于试验总结和交流;观察记载应有专人负责,同一试验的同一调查项目应由同一个人来完成,不宜中途换人,以免评定标准不一致,产生误差;观察记载要用铅笔进行记录,防止被雨淋字迹模糊,数据丢失;观察记载必须细致准确,记载的数据要及时进行备份。

技能训练 2-3　试验项目调查与记载

一、准备

根据当年各指导老师的课题、试验项目,或在老师指导下学生自拟的试验项目(课题),在生育期间及时进行逐项调查与记载相关项目。

二、实施步骤

(一)教学目的

了解调查的重要性;掌握各种植物田间调查的项目、标准和方法。

(二)场所、用具和材料

(1)场所　学院试验实训基地的大豆、玉米、小麦、谷子及各种药材试验田。

(2)用具和材料　各种作物种子、肥料、皮尺、镐头、天平、调查表、纸、笔、标牌、计算器、卷尺等。

(三)方法步骤

教师布置,讲解田间试验调查项目的确定、调查方法、调查标准与注意事项;分组,3～5人一组;在整个试验期间,及时调查。

(四)技能报告

(1)在整个生育期间,主要性状出现时,按要求进行取样,及时调查所有项目并做好记录,正确填写调查记载表。

(2)讨论田间试验的调查,哪些项目需要进行取样调查,为什么?分析取样方法与数量对试验结果的影响,总结调查取样应注意的问题。

(五)考核标准

满分均为100分,要求达到75分以上。

结合当年各指导教师的试验项目,或在教师指导下由学生自拟的试验项目,在生育期间及时进行逐项调查。以组为单位操作,分项逐次进行考核。

各项目标准掌握准确	20分
调查时间适宜	20分
调查项目全面	20分
调查方法正确	20分
结果准确	20分

本章关键词

试验计划;因素;水平;处理;水平组合;试验实施;田间区划;整地;施肥;播种;农事操作;观察记载;田间调查;取样技术;样本数量;计产方法

本章小结

本章主要学习了试验计划书的拟订、试验实施步骤与试验的观测记载和测定。

试验计划是试验课题确定后,在进行试验之前,制订的文字计划。试验计划书是试验实施的依据,是参试人员在试验过程中严格遵守的规定,是试验成功的关键。在进行试验之前,必须慎重考虑,认真制订试验计划书,保证试验任务的顺利完成。一般试验计划应包含试验名称、时间与地点、试验目的、依据及其预期的试验结果、试验地的基本情况、试验材料、试验处理方案、试验设计方法与内容、整地、播种或移栽、施肥及田间管理措施等、田间观察记载和室内考种、分析测定项目及方法、收获计产方法、试验资料的统计分析方法和要求、试验的土地面积、所需经费、人力及主要仪器设备、项目负责人及执行人、田间试验布置图及各种记载表等部分。试验计划书制订完毕,按计划书规定的要求进行试验实施。

试验实施的步骤主要包括试验方案设计、试验地的选择、田间区划、试验材料准备、播种或移栽及田间管理。试验方案设计是在明确试验目的和要求的基础上,根据试验目的、任务和条件选准试验因素,要求水平间差异适当,设置对照,贯彻唯一差异原则,尽量排除非试验因素的限制和对方案所预期得到的试验结果有所估计。单因素试验方案设计一般由试验因素的若干水平加适当对照处理即可，复因素试验方案设计常有全面实施方案和不完全实施方案。其中全面实施方案是由各因素水平的相互组合构成试验方案，不完全实施方案由全面实施方案的一部分处理构成试验方案。试验地在进行区划前，按试验要求进行选地、整地与施用基肥等准备工作；然后按试验方案和试验计划进行区组、小区、走道和保护行的划分。试验前应先进行种子检验，计算小区（行）播种量，称取或数取种子，装袋，按布置图捆捆，装箱。播种或移栽时按布置图发放播种（或移栽）材料，核对无误后，按规定播种或移栽。并及时按试验方案进行查、补、定、间苗、中耕除草、施肥、防治病虫害等田间管理，自始至终贯彻唯一差异原则，以保证田间供试作物的正常生长，获得可靠的试验数据。

为了对田间试验结果进行全部的解释，还需在作物生长期进行相关项目的观察记载与测定，主要包含观察记载项目、取样技术和收获脱粒与计产。观察记载项目，因试验目的和内容不同而有差别，但一般都需要观察记载气候条件、试验地情况、农事操作、作物生长发育状况和室内考种及含量测定项目。有些项目是以小区为单位进行观察记载的，有些项目是通过取样的方式选取小区中有代表性的部分植株（样本）进行调查，样本能否反映出各处理的真实情况，取决于取样技术的正确与否，正确的取样技术包括取样数量（样本容量）适当和取样方法（包括典型取样法、机械取样法和随机取样法）可靠，有代表性。同时试验田要按规定及时收获与测产，要求单收、单运、单晒、单脱、单独计产，以获得可靠的试验数据，为科研成果转化与推广提供保障。

专项实训

二维码 2　第二章专项实训答案

一、名词解释

试验计划书、水平范围、水平间距

二、填空

1. 单因素试验方案设计一般由试验因素的若干________加适当________即可。

2. 田间区划就是根据田间试验布置图在田间实际“________”。

3. 试验计划书是试验实施的________。

4. 机械取样法有________、________和________。

5. 取样调查有________观察点与________观察点两种。

三、选择

1. 区划的目的是确定（　　）等在田间的位置。

A. 区组、小区　　B. 小区、保护行

C. 区组、小区、保护行、走道　　D. 小区、保护行、走道

2. 确定取样点的方法很多，一般用（　　）。

A. 典型取样法和随机取样法　　B. 典型取样法、机械取样法和随机取样法

C. 典型取样法、机械取样法和棋盘式取样　　D. 典型取样法、随机取样法和对角线取样法

四、技能训练

1. 有一大豆品种与密度的二因素试验，品种分别为 A_1、A_2、A_3 3 个品种，密度分别为

B_1、B_2、B_3、B_4 4 个密度，问共有多少处理？若进行全面实施方案，如何进行试验方案的设计？

2. 有一地膜彩色马铃薯不同密度的单因素试验，分别为 4 500、5 000、5 500、6 000、6 500 株/667 m^2 5 个密度，问共有多少处理？若进行全面实施方案，如何进行试验方案的设计？

3. 以上述 2 题地膜彩色马铃薯不同种植密度试验资料为例，拟订一份试验计划（内容包括试验名称、试验目的及其依据、试验的年限和地点、试验地的基本情况、试验材料、试验处理方案、试验设计方法和内容、整地、播种、施肥及田间管理措施、田间观察记载和室内考种、分析测定项目及方法、试验资料的统计分析方法和要求、收获计产方法、试验地的土地面积、需要经费、人力及主要仪器设备、项目负责人，执行人）。

Chapter 3

第三章

试验资料整理

本章导读

知识目标：

掌握总体、样本、变数、变量、参数、统计数的基本概念；

掌握不同性状统计数据资料的整理方法；

掌握平均数与变异数的计算方法；

掌握电子表格在试验资料整理与特征数计算中应用方法。

技能目标：

能将试验资料整理成次数分布表或次数分布图；

会计算试验资料的平均数与变异数；

会利用电子表格进行试验资料整理与特征数计算。

在试验中，通过观察、测量获得的大量试验数据，往往是零乱的，必须对其进行初步整理，找出内在规律、特征，从中获得有价值的信息，便可以一目了然地看出资料集中与变异情况，这对试验结果的统计分析具有重要意义。

第一节 试验资料整理

一、总体与样本

（一）总体

总体是指具有共同性质的个体所组成的集团。总体往往是设想的或抽象的。总体中包含的个体的数量叫总体含量或总体容量，常用字母 N 来表示。

总体可分为有限总体和无限总体。有限总体是指总体所包含的个体是有限的、可以计数的，N 为一个大于零的确定的数字。如某一地块 2010 年种植的小麦的株数、一袋小麦种子粒数或一块玉米田所有的果穗数等，虽然有很多但是花费时间去数是可以数清楚的，这样的总体称为有限总体；无限总体指总体所包含的个体是无限的，无法数清楚，其个体数可以是无穷，即 N 为无穷大。如小麦某品种的株数，指的是在多年多地种植的该小麦品种的所有个体，甚至于是该品种有史以来直至未来的株数，它是无法计数的，这样的总体称为无限总体。统计上有关取样误差的计算大多数假设都来自无限总体。

（二）样本

样本是指从总体中通过一定的抽样方法抽取出来的若干个个体所组成的集团。样本是实际的或具体的。样本中包含的个体的数量叫样本含量或样本容量，常用字母 n 来表示。

因为总体所包含的个体太多，甚至是无穷的，我们不可能对其逐个研究。因此在生产试验研究中，一般是从总体中抽取若干个个体（即样本）来研究，以样本作为总体的代表用来估计总体。如测定 2016 年某地块马铃薯荷兰 15 的平均单株鲜薯重，如果测总体，则是要将此地块所有的马铃薯荷兰 15 的单株鲜薯一一称重，相加后除以总体容量 N（即此地块马铃薯荷兰 15 的株数），得到此地块的马铃薯荷兰 15 的平均单株鲜薯重。而如果测样本，则是在此地块上依一定的取样方式取得若干样本，称取样本的鲜薯重后通过计算获得此地块的马铃薯荷兰 15 的平均单株鲜薯重。实际上两种方法所得到马铃薯荷兰 15 的平均单株鲜薯重值相差无几，但其工作量付出就是天壤之别。因此我们通常就是利用样本作为总体的代表用来估计总体。

样本有大有小，在农业生物学试验中，样本容量 $n \geqslant 30$ 的样本叫大样本，样本容量 $n < 30$ 的样本叫小样本。

二、参数与统计数

（一）参数

由观测值计算得到的说明样本或总体特征的数值称为特征数，如平均数、标准差、方差等。由总体的全部观测值计算得到的总体特征数称为参数。参数是总体真正的值，针对某一总体，其参数是固定不变的常量，参数常用希腊字母表示，如总体平均数 μ、总体标准差 σ。参数是反映总体特征的数值，只要获得总体的参数，我们就达到了科学研究的目的。但是总体所包含的个体太大甚至是无穷大，取得总体的全部观测值过于麻烦或根本就不可能取得总体的全部观测值，因此人们常用样本的观测值来代表总体的观测值。

(二) 统计数

由样本观测值计算得到的样本特征数称为统计数。统计数是估计值，针对某一总体，由于样本选择的不同其统计值也不尽相同。统计数常用小写拉丁字母表示，如样本平均数($\bar{x}$)、样本标准差(s)。

统计数是总体的相应参数的估计值，如样本平均数($\bar{x}$)是总体平均数 μ 的估计值、样本标准差(s)是总体标准差 σ 的估计值。

三、数量性状资料

试验中观察记载所得数据，因所研究的性状不同而有不同的性质，一般可以分为数量性状资料和质量性状资料两大类。

能够以测量、称量、度量或计数的方法所获得的资料，称为数量性状资料。这类资料又可分为两种。

(一) 连续性变数资料

连续性变数资料指用称量、度量或测量等方法得到的资料，各个观察值不限于整数，在两个相邻数值之间可以有微量差异。例如穗长、株高、产量、千粒重等。

(二) 非连续性变数资料

非连续性变数资料也称间断性变数，指用计数的方法得到的资料，各个观测值必须以整数表示，如小区株数、每穗籽粒数、每株叶片数等。

四、质量性状资料

质量性状指能观察不能测量的性状，又称属性性状，如花色、叶色、芒的有无等。这类性状获得的资料，一般可采用两种方法统计。

(一)分组统计次数法

在一个总体或样本中，将属性性状分成相对性状的两组或多组，统计具有某性状的个体数目及具有相对性状的个体数目，按类别统计其次数或相对次数。例如，在 100 株大豆中，有 73 株紫花占 73%，27 株白花占 27%。

(二)分级统计次数法

在一个总体或样本中，将某种属性按差异程度分成许多级别，每一个级别用一个适当数值表示，再分别统计各级别出现的次数。例如红星苹果果实的色泽，按着色面积的大小分 5、4、3、2、1 级。

五、资料表现形式

由调查或试验得到的原始资料，往往是一堆比较杂乱的数据，很难找出其规律，只有经过统计整理，使数据系统化，才能显示其变动的规律，并为统计分析做好准备。不同性状的资料的整理方法不同，通常可以整理为次数分布表或次数分布图的形式。

(一)次数分布表

将观察值按大小进行分组统计次数，编制成表格的形式即为次数分布表。不同类型的资料，其整理的方法略有不同。

1. 间断性变数资料整理

间断性变数资料因观测值的多少和变异幅度(离散程度)不同而分两种方法进行整理。

(1)单项分组法　观测值数目较多，变异幅度较小，用单项分组法。现以 50 株某品种小麦每穗小穗数为例，来说明这类资料的整理方法。

【例 3.1】 将 50 个麦穗的每穗小穗数(表 3-1)整理成次数分布表。

表 3-1　50 个麦穗的每穗小穗数

17	18	17	18	18	17	18	19	18	16
17	17	19	18	16	17	18	19	18	18
19	18	20	17	17	17	16	16	15	17
19	18	17	17	17	17	18	17	17	15
18	17	16	18	17	16	17	16	17	18

因样本容量小(n=50)，且观测值变异幅度小(最少为 15 个，最大为 20 个)，故采用单项分组法，以每一观测值为一组进行整理(表 3-2)。

表 3-2　50 个麦穗的每穗小穗数的次数分布表

每穗小穗数	画线计数	次数(f)	频率/%
15	丅	2	4
16	正丅	7	14
17	正正正正	20	40
18	正正正	15	30
19	正	5	10
20	一	1	2
总次数(n)		50	100

从表 3-2 中可以看出，原本杂乱无章的资料，经初步整理后，就可以看出其大概规律，如每穗小穗数以 17 个为最多，以 15 个、20 个为最少。经过整理的资料也有利于进一步分析。

(2)组限式分组法　观测值数目较多，变异幅度较大，用组限式分组法。现以某早稻品种 200 个稻穗的每穗粒数为例，来说明这类整理方法。

【例 3.2】 将某早稻 200 个稻穗的每穗粒数(表 3-3)整理成次数分布表。

表 3-3 某早稻 200 个稻穗的每穗粒数

36	71	50	53	45	62	49	55	37	46
66	81	27	47	44	51	55	46	65	75
68	56	72	56	65	73	48	63	45	61
45	56	64	70	49	56	50	43	54	55
66	37	63	51	55	56	60	55	45	56
58	40	72	53	61	53	53	49	61	45
59	50	59	56	41	67	71	65	37	49
61	54	76	54	56	37	60	83	50	78
62	51	62	52	49	50	48	57	42	56
57	60	57	66	50	70	38	49	50	54
64	51	68	58	64	43	52	31	34	63
67	64	69	46	50	58	55	51	56	49
61	57	45	54	64	67	48	71	40	57
43	33	54	55	48	59	46	43	52	69
55	63	42	49	52	51	53	53	56	68
53	43	55	49	63	60	58	53	62	55
57	57	57	50	66	46	45	39	56	47
53	67	57	49	67	45	74	55	36	55
58	52	61	60	61	43	45	53	80	42
48	41	48	54	58	53	59	58	61	59

此资料中,某早稻品种每穗粒数最少的为 27 粒,最多的为 83 粒,变异幅度为 27～83 粒,相差 56 粒。如果以每一观测值为一组,则组数太多(57 组),其规律性仍不容易被看出。如每组包含若干粒的幅度,例如以 5 粒为一组,则可以使组数适当减少。表 3-4 为样本容量与分组数多少的参考表,在处理类似分组问题时可参照此表进行。

表 3-4 不同样本容量适宜的分组数

样本容量(n)	分组数	样本容量(n)	分组数
40～60	6～8	201～500	12～17
60～100	7～9	500 以上	17～20
101～200	8～12		

对某早稻品种 200 个稻穗每穗粒数资料,因样本容量 $n=200$,参考表 3-4 不同样本容量适宜的分组数,分组为 12 组。经过整理,资料的规律性变的比较明显(表 3-5)。

表 3-5　200 个稻穗每穗粒数的次数分布表

每穗粒数	26～30	31～35	36～40	41～45	46～50	51～55	56～60
次数(f)	1	3	10	21	32	41	38
每穗粒数	61～65	66～70	71～75	76～80	81～85	合计	
次数(f)	25	16	8	3	2	200	

从表 3-5 可以看出，约有一半的每穗粒数在 46～60 粒之间，大部分稻穗的每穗粒数在 41～70 粒之间，但也有个别稻穗每穗粒数极少，在 26～30 粒之间，个别稻穗每穗粒数极多，在 81～85 之间。

2.连续性变数资料的整理

连续性变数资料一般采用组限式分组法。在分组前需要确定全距、组数、组距、组中值及组限，然后将全部观测值画线计数归组。下面以某冬瓜品种 100 个果重的资料为例，说明其整理的方法及步骤。

【例 3.3】 将 100 个冬瓜的果实质量记载表(表 3-6)整理成次数分布表。

表 3-6　100 个冬瓜果重记载表　　kg

13.5	15.5	14.0	13.5	7.5	7.5	16.3	9.0	12.7	10.5
17.0	16.8	6.5	5.8	8.5	14.5	11.5	13.0	8.5	12.7
7.0	16.5	8.7	15.7	9.3	17.0	13.5	11.3	11.5	15.5
8.0	14.3	10.5	13.8	10.0	15.0	15.8	6.0	9.5	17.5
6.5	10.6	8.0	10.5	12.4	8.7	19.0	12.7	12.0	14.3
14.5	16.8	9.0	13.0	5.3	12.2	14.3	10.0	12.7	7.5
11.5	8.5	12.4	15.8	12.2	12.0	12.0	15.0	6.5	11.3
17.8	10.0	9.5	6.0	10.0	10.9	15.8	12.0	11.5	8.0
12.4	14.0	13.5	16.5	18.0	7.5	9.3	15.0	9.5	10.6
19.8	8.5	10.5	16.3	18.5	16.0	7.0	13.8	11.3	13.0

(1)求全距　全距是资料中最大值和最小值之差，也称为极差，用 R 表示，即

$$R = x_{\max} - x_{\min}$$

表 3-6 中，冬瓜最大果重为 19.8 kg，最小果重为 5.3 kg。因此

$$R = 19.8\ \text{kg} - 5.3\ \text{kg} = 14.5\ \text{kg}$$

(2)确定组数　组数的多少视样本含量及资料的变动范围大小而定，一般以达到既简化资料又不影响反映资料的规律性为原则。分组要恰当才能充分揭示其集中和变异的特点。分组过多，组内观测值的差距过小，因而各组的代表值，即组中值仍然很分散，看不出数据分布的特点，也达不到简化计算的目的；分组过少，组内观测值差距过大，则组中值的代表性较差，据此算得的统计数也就不准确。组数的确定可参考表 3-4。

本例中，$n=100$，初步确定组数为 7 组。

(3)确定组距　每组最大值与最小值之差称为组距，记为 i。分组时要求各组的组距相等。组距的大小由全距与组数确定，为便于计算，组距最好取整数，计算公式为：

$$组距(i)=全距/组数$$

本例 $i=14.5/7=2.07\approx2.0$。

(4)确定组限及组中值　各组的最大值与最小值称为组限。最小值称为下限(L)，最大值称为上限(U)，每组应有明确的界限，才能使观测值对号入座。每一组的中点值称为组中值，它是该组的代表值，用 m 表示。组中值与组限、组距的关系是：

$$m=\frac{L+U}{2}-L+\frac{1}{2}i=I-\frac{1}{2}i$$

由于相邻两组的组中值间的距离等于组距，所以当第一组的组中值确定后，加上组距就是第二组的组中值，第二组的组中值加上组距就是第三组的组中值，其余类推。

组距确定后，首先要选定第一组的组中值。在分组时为了避免每一组中的观测值过多，一般第一组的组中值以稍大于或等于资料中的最小值为好，第一组的组中值确定后，该组组限即可确定，其余各组的组中值与组限就可以相继确定。需要注意的是要保证最末一组的上限应大于资料中的最大值，如资料中的最大值无法列入最后一组，应按组距要求再列上一组，将资料中的最大值列入此组。

本例中，最小值为 5.3，第一组的组中值取 5.5，因组距已确定为 2.0，所以第一组的下限＝5.5－(1/2)×2＝4.5，取 4.55(组限的数值应比变量多一位小数，以利于观测值的确切归组)。第一组的上限也就是第二组的下限，为 4.5＋2＝6.55；第二组的上限也就是第三组的下限，为 6.5＋2＝8.55，依此类推，一直到某一组的上限大于资料中的最大值为止，于是可以分组为：4.55～6.55，6.55～8.55，…。

(5)原始资料的归组　分组结束后，按原始资料中各个观测值的次序逐一归组，画线计数，然后制成次数分布表。如表 3-6 中，第一个观测值是 5.3，应归入表 3-7 中第一组，组限为 4.55～6.55；第二个观测值是 13.0，应归入第五组，组限是 12.55～14.55；依次将 100 个观测值都进行归组画线计数，制成次数分布表(表 3-7)。

表 3-7　100 个冬瓜果重的次数分布表

组 限	组中值(x)	画线计数	次数(f)	频率/%
4.55～6.55	5.5	正丁	7	7
6.56～8.55	7.5	正正下	13	13
8.56～10.55	9.5	正正正丁	17	17
10.56～12.55	11.5	正正正止	19	19
12.56～14.55	13.5	正正正正	20	20
14.56～16.55	15.5	正正止	14	14
16.56～18.55	17.5	止下	8	8
18.56～20.55	19.5	丁	2	2
合计			100	100

从表 3-7 中可以看出，这 100 个冬瓜果重资料分布的一般趋势：果重的变异范围在 4.55～20.55 kg，大部分果重在 6.56～16.55 kg 之间。

在归组画线时要注意按原始数据的记载顺序进行，不要重复或遗漏，归组画线后将各组的次数相加，结果应与样本含量相等，如不等，证明归组画线有误，应予以纠正。在分组后所得的实际分组，有时和最初确定的组数不同，如果第一组下限和资料中的最小值相差较大，或实际组距比计算的组距小，则实际分组的组数将比原定的组数多；反之则少。

3. 质量性状资料的整理

一般采用单项分组法。将资料按各种性状或等级分类，分类数等于组数，然后根据各个体在质量性状上的具体表现分别归入相应的组中，然后分别统计各组的次数，制成次数分布表，即可得到质量性状分布的规律性认识。

【例 3.4】 在施磷肥和喷了 B_9 后调查某苹果果实着色状况。按着色面积大小分为五级：1 级——不着色；2 级——果面 1/3 以下着色；3 级——果面 1/3～2/3 着色；4 级——果面 2/3 以上着色；5 级——全面着色。随机抽样调查 207 个果实，将所得数据整理成表(表 3-8)。

表 3-8 施磷、喷 B_9 处理下不同着色级别苹果果实的次数分布表

着色级别	次数(f)	频率/%
1	7	3.38
2	53	25.61
3	97	46.86
4	36	17.39
5	14	6.76

由表 3-8 可知，本试验在施磷肥和喷 B_9 处理下，苹果果实着色多数为 3 级(占 46.86%)和 2 级(占 25.61%)。

次数分布表不仅便于观察资料的规律性，而且可根据它绘成次数分布图及计算平均数、标准差等统计量。

(二)次数分布图

为了更形象、更直观地反映次数分布的特点，还可以用次数分布图表示次数分布的情况。常用的次数分布图有柱形图、折线图、条形图和圆形图等。连续性变数资料一般用柱形图或折线图，间断性变数资料用条形图，而圆形图则适用于百分数资料。目前，次数分布图可以手工完成，也可借助计算机完成，可以完成次数分布图的软件有 Excel、DPS 等。

1. 柱形图

柱形图也叫直方图、矩形图。对连续性变数资料，可根据次数分布表绘出柱形图以表示资料的分布情况。其做法是：在横轴 x 上标记组限，纵轴 y 标记次数(f)，在各组上绘出高度等于次数的矩形，即得次数分布柱形图。

例如，将表 3-7 资料绘成次数分布柱形图(图 3-1)。

绘制要点：

(1)图形的纵高与横宽之比以 5∶4 或 6∶5 为宜，间距相等。

(2)因第一组下限不为 0,故横轴 x 上第一组的下限数值标示要离原点 0 稍远些,且需要用折断号"//"断开。

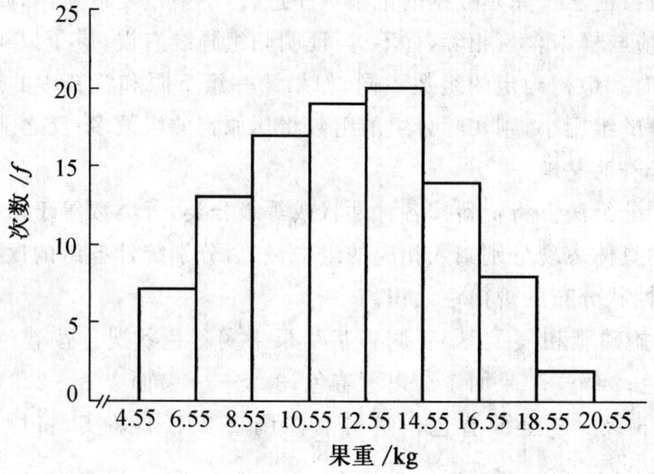

图 3-1　100 个冬瓜果重的次数分布柱形图

2. 折线图

对于连续性变数资料,还可根据次数分布表绘出次数分布折线图。其做法是:在横轴上标记组中值,纵轴上标记次数,以各组组中值为横坐标,次数为纵坐标描点,用线段依次连接各点即可得次数分布折线图。折线图的折线在第一组向左延伸半个组距与横轴相交,最后一组向右延伸半个组距与横轴相交。

例如将表 3-7 资料绘成次数分布折线图(图 3-2)。

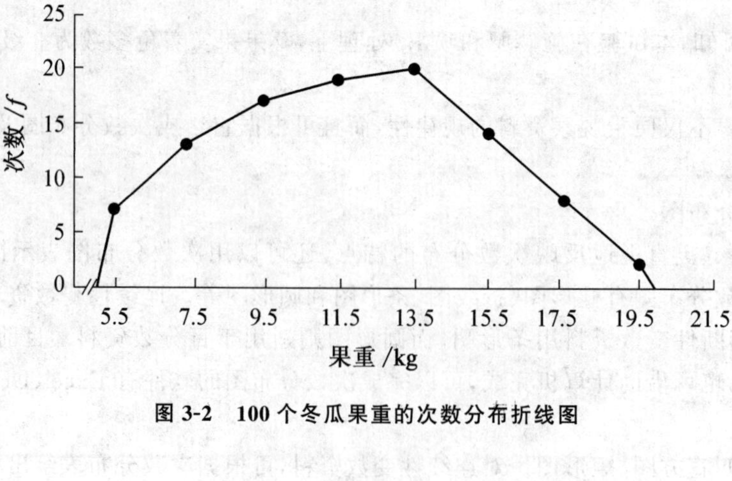

图 3-2　100 个冬瓜果重的次数分布折线图

3. 条形图

条形图适用于间断性变数资料和质量性状资料,其做法是:在横轴上标记间断性变数资料的组中值或质量性状资料的分组性状,纵轴上标记次数。如果只涉及一项指标,则采用单式条形图;如果涉及两个或两个以上的指标,则采用复式条形图。

在绘制条形图时,应注意以下几点:

(1)纵轴尺度从“0”开始，间隔相等，标明所表示指标的尺度及单位。

(2)横轴是条形图的共同基线，应标明各条形的内容，分组时不用折断号。条形的宽度要相等，间隔相同。间隔的宽度可与条形的宽度相同或是其一半。

(3)在绘制复式条形图时，将同一属性种类、等级的两个指标或两个以上指标的条形绘制在一起，各条形所表示的指标用图例说明，同一属性种类、等级的各条形间不留间隔。

例如，将表 3-7 资料绘成次数分布条形图(图 3-3)。

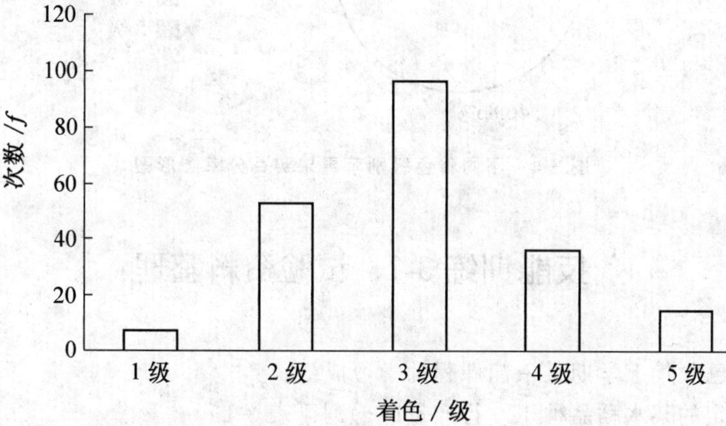

图 3-3　苹果果实不同着色级别的次数分布条形图

4. 圆形图

用于表示间断性变数资料和质量性状资料的构成比。所谓构成比，就是各类别、等级的观测值个数(次数)与观测值总个数(样本容量)的百分比。把圆形图的全面积看成是100%，按各类别、等级的构成比将圆面积分成若干份，以扇形面积的大小分别表示各类别、等级的比例。

绘制圆形图时，应注意以下 4 点：

(1)将各项数据换算成百分比。

(2)圆形图每 3.6°圆心角所对应的扇形面积为 1%，将百分比再换算成圆心角，以大小不同的圆心角去表示不同大小的百分率。如表 3-8 通过换算得到表 3-9。

(3)圆形图上各部分按资料顺序或大小顺序，以时钟 9 时或 12 时为起点，顺时针方向排列。

表 3-9　施磷、喷 B9 处理下不同着色级别苹果果实的百分比圆心角的换算

着色级别	次数	百分率/%	圆心角/(°)
1	7	3.39	12.20
2	53	25.60	92.16
3	97	46.86	168.70
4	36	17.39	62.60
5	14	6.76	24.34

(4)圆形图中各部分用线条分开，注明简要文字及百分比。

例如，表 3-9 资料绘成次数分布圆形图(图 3-4)。

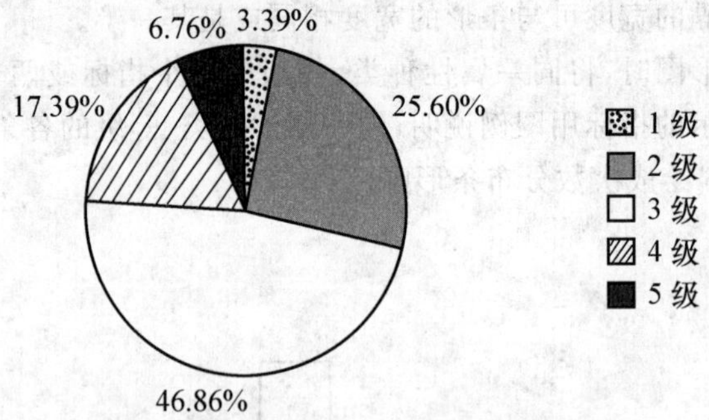

图 3-4　不同着色级别苹果果实百分率圆形图

技能训练 3-1　试验资料整理

一、准备

1. 学生自己收集上学期某一门课程的学习成绩。

2. 教师给定的某水稻品种 120 行产量(kg)列于表 3-10。

表 3-10　某水稻品种 120 行产量　　kg

177	215	197	97	159	245	119	119	131	152	167	104
161	214	125	175	188	192	176	175	95	199	116	165
214	95	158	83	80	138	151	187	126	134	206	137
98	97	129	143	174	159	165	136	108	141	148	168
163	176	102	194	173	75	130	149	150	155	111	158
131	189	91	142	154	152	163	123	205	155	131	209
183	97	119	181	187	131	215	111	186	150	155	197
116	254	239	160	179	151	198	124	179	184	168	069
173	181	188	211	175	122	151	171	166	143	190	213
192	231	163	159	159	177	147	194	227	169	124	159

二、实施步骤

(一)目的要求

使学生较熟练掌握资料整理统计图表的绘制方法。

(二)场所、用具

场所：实训室、计算机室。

用具：绘图纸、直尺、铅笔、计算器或计算机、橡皮等。

(三)方法步骤

1. 教师布置，分组，每 10 名学生 1 组；每组搜集本班上学期某一门课程的学习成绩，按数量资料整理的方法、步骤、容量大小等要求，整理成次数分布表；将其绘制成次数分布图；

再将各门成绩的多边形图绘制在一张绘图纸上;在教师指导下,根据各门成绩次数分布图,讨论学生对哪一门或哪几门功课掌握得最好,哪一门或哪几门功课掌握得最差?为什么?

2.将老师提供的数量资料,整理成次数分布表;将其绘制成次数分布图。

(四)技能报告

1.试将表 3-10 数据进行分组,编制次数分布表。

2.根据次数分布表绘制方柱形图和多边形图。

(五)考核标准

满分 100 分,要求达到 60 分以上。

结合所给资料,进行整理,小组共同操作,分项进行考核。

资料整理步骤正确	20 分
组数确定适当,组距、组中值、组限计算无误	20 分
次数分布图正确	40 分
次数分布图比例适当、完整	20 分

第二节　试验资料特征数

在试验过程中,操作者尽管严格按照试验原理和操作规程进行,但试验数据并不会完全相同。从次数分布表和次数分布图,可以清楚地看到变量的分布具有两个明显的基本特征——集中性和离中性。集中性说明变数有以某一数值为中心分布的趋势,而离中性说明变数同时又具有背离中心数值而分布的倾向。对一个具体的变数来说,集中性越强,离中性就越弱;反之,离中性越强,集中性就越弱,这两个性质对试验结论有至关重要的作用。在统计中反映变数集中性的指标为算术平均数、几何平均数等平均数,反映变数离中性的指标为标准差、变异系数等变异数。

一、平均数

反映变数的集中趋势或中心位置的特征数称为平均数,是一组资料的代表值,常作为资料的代表值与另一组同类资料相比较,借以明确两者之间的差异。表示集中性的特征数种类较多,常用的有算术平均数、几何平均数、中位数、众数等。

(一)算术平均数

1.定义

变数中各个变量之和除以变量的个数所得的商(也就是一个资料的各观察值的总和除以观察值的个数所得的商)为算术平均数。用 $\bar{x}$ 表示,其数值大小与变数中每个变量数值的大小有关。它能反映变数中各个变量的变异信息,所以是最为理想的代表数,在统计中应用最广,常简称平均数或均数。

2.计算方法

算术平均数可根据样本容量及分组情况而采用直接法或加权法计算。

(1)直接法　主要用于样本容量 $n<30$、未经分组整理的资料的算术平均数计算。

设某一资料包含 n 个观察值：x_1、x_2、x_3、…、x_n，则样本平均数 $\bar{x}$ 可通过下式计算。

$$\bar{x}=\frac{x_1+x_2+x_3+\cdots+x_n}{n}=\frac{\sum_{i=1}^{n}x_i}{n}=\frac{\sum x}{n}$$

式中：x 为变量或观测值；$\bar{x}$ 为平均数；n 为样本含量；$\sum$ 为求和或累加。

【例 3.5】 从一批金冠苹果中随机抽取 10 个苹果，测验可溶性固形物含量，得数据：13.5%、12.4%、11.0%、13.8%、12.0%、13.1%、13.5%、10.5%、12.0%、10.0%，求平均数。

$$\bar{x}=\frac{13.5\%、12.4\%、11.0\%、13.8\%、12.0\%、13.1\%、13.5\%、10.5\%、12.0\%、10.0\%}{10}$$

$$=12.2\%$$

(2)加权法　对于样本含量 $n\geqslant30$ 且已分组的资料，可以在次数分布表的基础上采用加权法计算平均数，计算公式为：

$$\bar{x}=\frac{f_1x_1+f_2x_2+\cdots+f_kx_k}{f_1+f_2+\cdots+f_k}=\frac{\sum_{i=1}^{k}f_ix_i}{\sum_{i=1}^{k}f_i}=\frac{\sum fx}{n}$$

式中：x_i 为第 i 组的组中值；f_i 为第 i 组的次数；k 为分组数。

第 i 组的次数 f_i 是权衡第 i 组组中值 x_i 在资料中所占比重大小的数量，因此将 f_i 称为是 x_i 的"权"，加权法也因此而得名。

【例 3.6】 将 100 个冬瓜果重资料(表 3-6)整理成次数分布表(表 3-11)，求其平均数。

表 3-11　100 个冬瓜果重的次数分布表

组限	组中值(x)	次数(f)	f_x
4.55～6.55	5.5	7	38.5
6.56～8.55	7.5	13	97.5
8.56～10.55	9.5	17	161.5
10.56～12.55	11.5	19	218.5
12.56～14.55	13.5	20	270.0
14.56～16.55	15.5	14	217.0
16.56～18.55	17.5	8	140.0
18.56～20.55	19.5	2	39.0
合计		100	1 182.0

$$\bar{x}=\frac{\sum fx}{n}=\frac{1\ 182.0}{100}=11.82(\mathrm{kg})$$

即这 100 个冬瓜平均果重为 11.82 kg。

计算若干个来自同一总体的样本平均数的平均数时，如果样本含量不等，也应采用加权法计算。

【例 3.7】 某试验地有两块相同处理的玉米地，其中一个小区有 45 株玉米，平均每株收获玉米籽实 0.125 kg，另一个小区有 50 株玉米，平均每株收获玉米籽实 0.105 kg。如果将这两个小区的玉米混合统计，其混合后的平均每株籽实产量为多少？

此例两个小区包含的玉米的株数不同，要计算两个小区混合后的平均每株籽实产量，应以两个小区玉米的株数为权，求两个小区平均每株籽实产量的加权平均数。

$$\bar{x}=\frac{\sum fx}{n}=\frac{45\times0.125+50\times0.105}{45+50}=0.114(\text{kg})$$

3. 算术平均数的性质

(1)各个观察值与平均数之差的和等于零，即离均差代数和等于零。

$$\sum_{i=1}^{n}(x_i-\bar{x})=\sum(x-\bar{x})=0$$

(2)各观察值与其平均数之差的平方的总和，较各个观察值与任意其他数值(a)之差的平方的总和小，亦即离均差的平方和最小。

$$\sum(x-a)^2>\sum(x-\bar{x})^2 \quad (a\neq\bar{x})$$

对于总体而言，通常用 μ 表示总体平均数，有限总体的平均数为

$$\mu=\frac{\sum_{i=1}^{n}x_i}{N}$$

当一个统计量的数学期望等于所估计的总体参数时，则称此统计量为该总体参数的无偏估计量。统计学中常用样本平均数($\bar{x}$)作为总体平均数(μ)的估计量，并已证明样本平均数 $\bar{x}$ 是总体平均数 μ 的无偏估计量。

(二)几何平均数

n 个观察值相乘之积开 n 次方所得的方根，称为几何平均数，记作 G。当变数资料数据呈倍数关系或不对称分布时，如表达增长率或生长率、动态发展速度、药物的效价等，用几何平均数比用算术平均数更能代表其平均水平。其计算公式为

$$G=\sqrt[n]{x_1\cdot x_2\cdot x_3\cdots x_n}$$

为了计算方便，可将各观测值取对数后相加除以 n，得 $\lg G$，再求 $\lg G$ 的反对数，即得 G 值，即

$$G=\lg^{-1}\left[\frac{1}{n}(\lg x_1+\lg x_2+\cdots+\lg x_n)\right]$$

【例 3.8】 某种子生产试验田 2007—2010 年各年度的种子产量表(表 3-12)，试求其年平均增长率。

表 3-12　某种子生产试验田各年度种子产量与增长率

年度	种子产量/kg	增长率(x)	lg$x$
2007	140	—	—
2008	200	0.429	−0.368
2009	280	0.400	−0.398
2010	350	0.250	−0.602
			$\sum \lg x = -1.368$

利用计算公式，求年平均增长率：

$$G = \lg^{-1}\left[\frac{1}{n}(\lg x_1 + \lg x_2 + \cdots + \lg x_n)\right]$$
$$= \lg^{-1}\left[\frac{1}{3}(-0.368 - 0.398 - 0.602)\right]$$
$$= \lg^{-1}(-0.456) = 0.350\ 1$$

即年平均增长率为 0.350 1 或 35.01%。

(三)中位数

1. 定义

将资料内所有观测值从小到大依次排列，位于中间的那个观测值，称为中位数(也叫中数)，记作 M_d。

2. 计算方法

(1)未分组资料中位数的计算

①先将各观测值数据由小到大依次排列；

②当观测值个数 n 为奇数时，$(n+1)/2$ 位置的观测值，即 $x_{(n+1)/2}$ 为中位数：

$$M_d = x_{(n+1)/2}$$

【例 3.9】 变数内有 10、11、13、14、15、16、17、17、19 九个变量，求其中位数。

此例 $n=9$，为奇数，且已由小到大依次排列，则

$$M_d = x_{(n+1)/2} = x_{(9+1)/2} = x_5 = 15$$

其变数的中位数为处于由小到大依次排列的九个变量中的第五个变量的数值 15。

③当观测值个数 n 为偶数时，$n/2$ 和 $n/2+1$ 位置的两个观测值之和的 1/2 为中位数，即：

$$M_d = \frac{x_{n/2} + x_{n/2+1}}{2}$$

【例 3.10】 如有 17、18、18、19、21、22、22、23、24、24 十个变量，求其中位数。

此例 $n=10$，为偶数，且已由小到大依次排列，则

$$M_d = \frac{x_{n/2} + x_{n/2+1}}{2} = \frac{x_{10/2} + x_{10/2+1}}{2} = \frac{x_5 + x_6}{2} = \frac{21+22}{2} = 21.5$$

其变数的中位数为处于由小到大依次排列的十个变量中的第五、六个变量的数值 21、22 之和的 1/2，为 21.5。

(2)已分组资料中位数的计算　若资料已分组，编制成次数分布表，则可利用次数分布表来计算中位数，其计算公式为

$$M_d = L + \frac{i}{f}\left(\frac{n}{2} - c\right)$$

式中：L 为中位数所在组的下限；i 为组距；f 为中位数所在组的次数；n 为总次数；c 为小于中数所在组的累加次数。

【例 3.11】 200 个稻穗每穗粒数资料整理成次数分布表(表 3-13)，求中位数。

表 3-13　200 个稻穗每穗粒数的次数分布表

每穗粒数	穗数(f)	累加穗数
26～30	1	1
31～35	3	4
36～40	10	14
41～45	21	35
46～50	32	67
51～55	41	108
56～60	38	146
61～65	25	171
66～70	16	187
71～75	8	195
76～80	3	198
81～85	2	200

由表 3-12 可见，$i=5$，$n=200$，因而中位数只能在累加穗数为 108 所对应的“51～55”这一组，于是可以确定 $L=51$，$f=41$，$c=67$，则：

$$M_d = L + \frac{i}{f}\left(\frac{n}{2} - c\right) = 51 + \frac{5}{41}\left(\frac{200}{2} - 67\right) = 55.0$$

即稻穗每穗粒数的中位数为 55 粒。

3. 中位数的特点

(1)数值大小只与处于中间位置的变量的数值有关，所以代表性一般较差。只有当变量的差异范围小时，才有较好的代表性。

(2)当所获得的数据资料呈偏态分布时，中位数的代表性优于算术平均数。

(四)众数

资料中出现次数最多的那个观测值或次数最多一组的组中值，称为众数。常用 M_0 表示。

如表 3-2 所列的 50 个麦穗的每穗小穗数的次数分布中，以 17 出现的次数最多，则该资

料的众数为17穗。又如表3-5中某早稻200个稻穗的每穗粒数次数分布中，以“51～55”组出现的次数最多，其组中值为53粒，则该资料的众数为53粒。

由于变数资料中的众数数值大小与其他数值大小无关，所以不是变数理想的代表值。

二、变异数

用平均数作为样本的代表，其代表性的强弱受到样本资料中各观测值变异程度的影响。如果各观测值变异小，则平均数对样本的代表性强；如果各观测值变异大，则平均数代表性弱。因而仅用平均数对一个资料的特征作统计描述是不够的，还需引入表示资料中观测值变异程度的统计量——变异数。表示变异程度的变异数较多，主要有极差、方差、标准差、变异系数等。

(一)极差

资料中的最大观测值 x_{max} 与最小观测值 x_{min} 的差数为极差，也叫作全距，用 R 表示。

$$R=x_{max}-x_{min}$$

【例3.12】 测定A和B两个苹果品种的可溶性固形物(表3-14)。

表3-14 A和B两个苹果品种的可溶性固形物含量 %

品种	可溶性固形物含量										总和	平均数	极差
A	11.5	16.5	<u>10.4</u>	14.6	11.0	14.0	13.5	14.5	<u>17.2</u>	12.8	136	13.6	6.8
B	12.3	13.7	<u>12.0</u>	15.0	<u>16.2</u>	13.8	13.2	14.8	12.6	12.4	136	13.6	4.2

A和B两个苹果品种可溶性固性物含量的平均值均为13.6%，但A品种极差大，为6.8%，说明其变异程度大，平均数的代表性差；B品种极差小，为4.2%，说明其变异程度小，其平均数的代表性好。

极差虽然对资料的变异程度有所说明，但是它只利用两个极端值，没有充分利用资料的全部观察值，所以说它是有缺陷的，易受到资料中不正常的极端值的影响。所以用极差只能粗略地估计变数的离散度。要准确说明变数的离散度，应该用方差和标准差这样的特征数。

(二)方差

为了正确地表示样本内各个观测值的变异度，首先要考虑的是根据全部观察值来度量资料的变异度，其次考虑的是平均数既然是样本的代表值，用它来作为标准比较合理。

1.离均差

变数资料中各个观测值与其平均数的差值 $(x-\bar{x})$，称为离均差。

含有 n 个观测值的样本，其各个观测值为 x_1、x_2、…、x_n，每个值与 $\bar{x}$ 相减，即可得到1组离均差(n 个)。虽然离均差能表达1个观测值与平均数的性质与程度，但若干个离均差表达出的信息仍然是不清楚的。若将离均差相加，因离均差有正、有负，离均差之和为零，即 $\sum(x-\bar{x})=0$，因而不能用离均差之和 $\sum(x-\bar{x})$ 来表示资料中所有观测值的总偏离程度。

2. 平均绝对离差

离均差绝对值之和除以观测值个数所得的值 $\sum|x-\overline{x}|/n$，称为平均绝对离差。

为了解决离均差有正、有负，离均差之和为零的问题，可先求离均差的绝对值，并将各离均差绝对值之和除以观测值个数 n 求得平均绝对离差。虽然平均绝对离差可以表示资料中各观测值的变异程度，但由于平均绝对离差包含绝对值符号，使用很不方便，在统计学中没有被采用。

3. 平方和

各个离均差的平方相加后得到的数值称为离均差平方和，简称平方和。

先将各个离均差平方，即 $(x-\overline{x})^2$，再求离均差平方和，即 $\sum(x-\overline{x})^2$，记为 SS。

样本 $$SS=\sum(x-\overline{x})^2$$

总体 $$SS=\sum(x-\mu)^2$$

式中：x 为观测值，$\overline{x}$ 为样本平均数，μ 为总体平均数。

如果 SS 大，变异程度大。因此平方和可以度量资料的变异度。但利用平方和表示资料的变异度时，也有缺点，平方和会受到观测值的个数的影响。如比较两组资料时，如果观测值的个数越多，平方和越大，反之则小，这样两组相比时，观测值的个数将影响变异度的大小。

4. 方差

离均差平方和的平均数即平均平方和，称为均方或方差。

由于离均差平方和常随样本大小而改变，为了消除样本大小的影响，用平方和除以样本大小，即 $\sum(x-\overline{x})^2/n$，求出离均差平方和的平均数。为了使所得的统计量是相应总体参数的无偏估计量，统计学证明，在求离均差时，分母不用样本含量 n，而用自由度 $n-1$，于是，我们采用统计量 $\sum(x-\overline{x})^2/(n-1)$ 表示资料的变异程度。统计量 $\sum(x-\overline{x})^2/(n-1)$ 称为均方，又称样本方差。记为 s^2，即

$$s^2=\sum(x-\overline{x})^2/(n-1)$$

相应的总体参数叫总体方差，记作 σ^2。对于有限总体而言，σ^2 的公式为

$$\sigma^2=\sum(x-\mu)^2/N$$

均方和方差这两个名称常常通用，但习惯上样本的 s^2 称为均方，总体的 σ 称为方差。

$n-1$ 为自由度。自由度是指观测值的独立值的数目，或者说是能够自由活动的观测值的数目，用 DF 表示，具体数值用 ν 表示。样本标准差不以样本容量 n 作为除数，而以 $n-1$ 作为除数。这是因为研究的是总体，但总体一般不知道，用样本去估计总体，但是 $\mu\neq\overline{x}$，根据算术平均数的性质 $\sum(x-\overline{x})^2$ 最小，所以 $\sum(x-\overline{x})^2<\sum(x-\mu)^2$。如果用样本的标准差估计总体的标准差，则数据偏低。若以 $n-1$ 去除，则数值变大，纠正了偏差。从自由度的定义看，对于一个有 n 个观测值的样本，在每一个 x 与 $\overline{x}$ 比较时，受 $\sum(x-\overline{x})=0$ 的限

制，其样本观察值只能有 $n-1$ 个是自由的。例如，有 5 个观察值，样本平均数 $\bar{x}$ 为 5，假定 4 个数值为 6、4、3、7，那么第五个值只能是 2，若 4 个数值为 2、8、1、5，那么第五个值只能是 9，这样才符合样本平均数 $\bar{x}$ 为 5 这一个条件。因此，$\nu=n-1=5-1=4$。如果样本资料所含变量有 n 个，受 k 个条件限制，其自由度应为 $\nu=n-k$。总之，自由度的数值等于样本或资料内变量个数减去制约其自由取值统计数(如平均数等)的个数。

(三)标准差

1. 标准差

由于样本方差是带有原观测单位的平方单位，在表示一个资料中各观测值的变异程度而不做其他分析时，常需要与平均数配合使用，这时应将平方单位还原，即求出样本方差的平方根。统计学中把样本方差 s^2 的平方根叫作样本标准差。记作 s，即

$$s=\sqrt{\frac{\sum(x-\bar{x})^2}{n-1}}$$

由于

$$\begin{aligned}\sum(x-\bar{x})^2&=\sum(x^2-2x\bar{x}+\bar{x}^2)\\&=\sum x^2-2\bar{x}\sum x+n\bar{x}^2\\&=\sum x^2-2\frac{(\sum x)^2}{n}+n\left(\frac{\sum x}{n}\right)^2\\&=\sum x^2-\frac{(\sum x)^2}{n}\end{aligned}$$

因此

$$s=\sqrt{\frac{\sum x^2-\frac{(\sum x)^2}{n}}{n-1}}$$

式中：$\frac{(\sum x)^2}{n}$ 为矫正数，记作 C。故标准差的计算公式可写作

$$s=\sqrt{\frac{\sum x^2-C}{n-1}}$$

相应的总体参数叫总体标准差，记作 σ。对于有限总体而言，其计算公式为

$$\sigma=\sqrt{\frac{\sum(x-\mu)^2}{N}}$$

在统计时，常用样本标准差 s 估计总体标准差 σ。

2. 标准差的计算方法

(1)直接法(矫正数法)　对于未分组或小样本资料可直接利用以上公式来计算标准差。

【例 3.13】 计算小麦品种克山 1 号的 8 株单穗粒重：14、12、18、12、11、15、9、17(g)的标准差(表 3-15)。

表 3-15　标准差计算表

x	$x-\bar{x}$	$(x-\bar{x})^2$	x^2
14	0.5	0.25	196
12	−1.5	2.25	144
18	4.5	20.25	324
12	−1.5	2.25	144
11	−2.5	6.25	121
15	1.5	2.25	225
9	−4.5	20.25	81
17	3.5	12.25	289
$\bar{x}=13.5$	0	$\sum(x-\bar{x})^2=66$	$\sum x^2=1\ 524$

此例 $n=10$，经计算得 $\sum x=108$，$\sum x^2=1\ 524$，代入公式得

$$s=\sqrt{\frac{\sum(x-\bar{x})^2}{n-1}}=\sqrt{\frac{66}{8-1}}=3.07(\mathrm{g})$$

或

$$s=\sqrt{\frac{\sum x^2-\frac{(\sum \bar{x})^2}{n}}{n-1}}=\sqrt{\frac{1\ 524-\frac{66^2}{8}}{8-1}}=3.07(\mathrm{g})$$

即小麦品种克山 1 号的 8 株单株粒重的标准差为 3.07 g。

(2)加权法　对于已制成次数分布表的大样本资料，可利用次数分布表，采用加权法计算标准差。计算公式为

$$s=\sqrt{\frac{\sum f(x-\bar{x})^2}{n-1}}=\sqrt{\frac{\sum fx^2-\frac{(\sum fx)^2}{n}}{n-1}}$$

【例 3.14】　利用某小麦 100 株的株高资料的次数分布表计算标准差(表 3-16)。

表 3-16　某小麦 100 株的株高资料的次数分布表及标准差计算表

株高/cm	组中值(x)	次数(f)	fx	fx^2
84～85.9	85	1	85	7 225
86～87.9	87	4	348	30 276
88～89.9	89	8	712	63 368
90～91.9	91	12	1 092	99 372
92～93.9	93	20	1 860	172 980
94～95.9	95	26	2 470	234 650
96～97.9	97	18	1 746	169 362

续表 3-16

株高/cm	组中值(x)	次数(f)	fx	fx^2
98～99.9	99	6	594	58 806
100～101.9	101	3	303	30 603
102～103.9	103	1	103	10 609
104～105.9	105	1	105	11 025
合计		$n=200$	$\sum fx = 9\ 418$	$\sum fx^2 = 888\ 276$

将表 3-15 中的 n、$\sum fx$、$\sum fx^2$ 代入公式得

$$s=\sqrt{\frac{\sum fx^2-\frac{(\sum fx)^2}{n}}{n-1}}=\sqrt{\frac{888\ 276-\frac{(9\ 418)^2}{100}}{100-1}}=3.61(\text{cm})$$

即某小麦 100 株的株高标准差为 3.61 cm。

3.标准差的特性

(1)标准差的大小,受到资料中每个观测值的影响,如果观测值间变异较大,求得的标准差就大,反之则小。

(2)在计算标准差时,各观测值加上或减去一个常数,其数值不变。

(3)当每个观测值乘以或除以一个常数 a,则所得的标准差是原来标准差的 a 倍或 $1/a$ 倍。

(4)在资料服从正态分布的条件下,资料中约有 68.26%的观测值在平均数左右 1 倍标准差($\bar{x}\pm s$)范围内;约有 95.43%的观测值在平均数左右 2 倍标准差($\bar{x}\pm 2s$)范围内;约有 99.73%的观测值在平均数左右 3 倍标准差($\bar{x}\pm 3s$)范围内。即全距近似等于 6 倍标准差,可用(全距/6)来粗略估计标准差。

(四)变异系数

标准差应用较广泛,但是它是有单位的,如果比较两个或多个资料变异程度时,由于研究的性状不同,单位也不同,比较其变异程度就不能采用标准差来比较。如比较小麦穗长与小麦穗重的变异程度时,它们之间的变异程度不能用标准差比较,因穗长单位以 cm 表示,穗重单位以 g 表示。另外,即使研究的性状相同、使用的单位一致,但平均数大小不同,也不能用标准差进行比较。如比较番茄品种 A 与品种 B 果重的变异程度时,品种 A 平均果重 72 g,标准差 6.3 g,品种 B 平均果重 53 g,标准差 3.4 g,因两品种平均果重不同,故不能直接利用其标准差进行比较。

在比较这些不同性状的变异程度时,需要一个既能表示变异程度又不带单位的特征数来衡量资料中各观测值变异程度。一般采用变异系数进行比较,它是一个相对的变异数,不带单位。变异系数是指样本标准差占样本平均数的百分数,记为 CV。其计算公式为

$$CV=\frac{s}{\bar{x}}\times 100\%$$

【例 3.15】 某小麦良种繁育场培育的某小麦品种平均每 667 m^2 产量为 400 kg,,标准

差为 25 kg，平均株高为 75 cm，标准差为 1 cm，试比较这个小麦品种的 667 m^2 产量和株高哪一个性状的变异程度大。

此例中，所比较的性状不同、单位不同，故不能直接用标准差来比较其变异程度，只能用变异系数来比较其变异程度的大小。

667 m^2 产量的变异系数：$CV=\frac{25}{400}\times100\%=6.25\%$

株高的变异系数：$CV=\frac{1}{75}\times100\%=1.33\%$

因此，小麦品种 667 m^2 产量的变异程度大于其株高。

需要注意的是，变异系数的大小，同时受平均数和标准差两个统计数的影响。因此，利用变异系数表示资料的变异程度时，最好将平均数和标准差也列出。

技能训练 3-2　特征数计算

一、准备

【资料 1】　对水稻黄壳早与老来青品种的单株分蘖数的未分组资料(表 3-17)，进行平均数、平方和、方差、标准差、变异系数等特征数的计算。

表 3-17　水稻单株分蘖数

类别	单株分蘖数									
黄壳早	3	3	3	4	4	4	4	5	5	5
老来青	2	2	3	3	4	4	4	5	6	7

【资料 2】　对 100 行大豆产量的次数分布资料(表 3-18)，进行平均数、平方和、方差、标准差、变异系数等特征数的计算。

表 3-18　100 行大豆产量的次数分布表

组限	组中值	画记号
12.5～27.5	20	丅
27.5～42.5	35	正
42.5～57.5	50	正丅
57.5～72.5	65	正正丅
72.5～87.5	80	正正正丅
87.5～102.5	95	正正正下
102.5～117.5	110	正正正
117.5～132.5	125	正正
132.5～147.5	140	正丅
147.5～162.5	155	正一
162.5～177.5	170	一
177.5～192.5	185	一

二、**实施步骤**

(一)目的要求

掌握各种特征数的计算方法。

(二)场所、用具

(1)场所　实验实训室。

(2)用具　练习纸、铅笔。

(三)方法步骤

1.未分组资料特征数的计算

平均数 $\bar{x}=\dfrac{\sum x}{n}$

标准差 $s=\sqrt{\dfrac{\sum(x-\bar{x})^2}{n-1}}$ 或 $s=\sqrt{\dfrac{\sum x^2-\dfrac{(\sum x)^2}{n}}{n-1}}$

变异系数 $CV=\frac{s}{\bar{x}}\times100\%$

2.分组资料特征数的计算

平均数 $\bar{x}=\dfrac{\sum fx}{n}$

标准差 $s=\sqrt{\dfrac{\sum f(x-\bar{x})^2}{n-1}}$ 或 $s=\sqrt{\dfrac{\sum fx^2-\dfrac{(\sum fx)^2}{n}}{n-1}}$

变异系数 $CV=\frac{s}{\bar{x}}\times100\%$

(四) 技能报告

1.计算描述资料 1、资料 2 集中情况和变异情况的特征数。

2.讨论资料 1 的两个水稻品种的变异系数最大,说明什么问题。

(五) 考核标准

公式运用正确	40 分
计算正确	40 分
分析到位	20 分

本章关键词

样本;总体;资料;统计数;参数;观测值;次数分布表;样本平均数;样本标准差;自由度;变异系数;分析工具库

本 章 小 结

本章主要学习了生物统计学中总体、样本、变数、变量、参数、统计数的基本概念，试验资料的性质、资料整理方法和体现试验资料特征的平均数、变异数的计算方法及电子表格应用。

统计数据根据所研究的生物性状一般分为两类:数量性状资料和质量性状资料。数量性状资料因本身是通过计数或计量得到的可直接进行统计,而质量性状资料要对其结果作数量化处理后才能进行统计。调查或试验收集的原始资料可采用单项分组法或组限式分组法将其整理为次数分布表或次数分布图的形式显现其内部的联系和规律性,所以资料整理是进一步进行统计分析的基础。从次数分布表和次数分布图,可以看出变量的分布具有两个明显的基本特征——集中性和离中性。

在统计中反映变数集中性的指标为算术平均数、几何平均数、中位数、众数等平均数,反映变数离中性的指标为极差、方差、标准差、变异系数等变异数。算术平均数能反映变数集中趋势和各个变量的变异信息,是统计中应用最广的平均数。标准差和变异系数是反映变数中各个变量的变异程度的统计量,标准差应用较广泛,但是它是有单位的,如果比较两个或多个资料变异程度时,由于研究的性状不同,单位不同,比较其变异程度就不能采用标准差来比较,而是采用既能表示变异程度又不带单位的变异系数进行比较。

由调查或试验得到的原始资料,往往是一堆比较杂乱的数据,经过整理及统计分析,才能显示其规律,而在统计分析中,因公式复杂,计算烦琐,极易出错,而利用电子表格,整个操作简单易行,结果准确无误。

专项实训

二维码 3　第三章专项实训答案

一、名词解释

数量性状资料、连续性变数资料、间断性变数资料、质量性状资料、次数分布表、极差(全距)、次数分布图、算术平均数、平方和、方差、标准差、自由度、变异系数

二、填空

1. 次数分布表中,每组上限与下限值的差,称为________。

2. 连续性变数资料采用组距式分组法整理时,其步骤包括计算________、确定________、确定________,然后按大小________。

3. 次数分布表与次数分布图能直观看出资料的________情况与________情况,但不能定量说明。

4. 资料中最大观察值与最小观察值的差数称为________。

5. 观察值与算术平均数的差数称为________,其总和为________。

6. 小样本是指样本容量 n ________ 30 的样本。

三、选择

1. 农业科学试验中应用最多的平均数是(　　)。

A. 算术平均数　　B. 几何平均数　　C. 中数　　D. 众数

2. 比较两个黄芩品种的根长的分布特征时,适宜采用统计图为(　　)。

A. 多边形图　　B. 柱形图　　C. 条形图　　D. 饼形图

3. 间断性变数资料适用的次数分布图是(　　)。

A. 条形图　　B. 柱形图　　C. 多边形图　　D. 饼形图

4. 凡是样本容量 $n \geqslant 30$ 的样本,称为(　　)。

A. 小样本　　B. 有限样本　　C. 大样本　　D. 无限样本

四、判断正误

1. 条形图适用于表示连续性变数资料的分布;柱形图和多边形图则是表示间断性变数资料和质量性状资料的次数分布。(　　)

2. 间断性变数资料,无论变异幅度如何,均采用单项式分组法进行整理。(　　)

3. 常用极差、方差、标准差和变异系数等特征数描述资料的集中情况。(　　)

4. 平均数和标准差都是表示总体的特征数,也叫参数。(　　)

5. 在一组观测资料中,众数只能有一个。(　　)

6. 各观测值与平均数之差的总和等于 0。(　　)

7. 标准差越小,表明观测值愈趋于平均数,说明资料变幅越小,整齐度越高。(　　)

8. 样本来自于总体,是组成总体的一部分,所以样本不能估计总体。(　　)

五、简答题

怎样整理连续性变数资料的次数分布表?

六、计算

测定某大豆的小区产量(kg)分别为 8.9、6.3、8.7、8.8、9.1、6.2、8.6、7.8、9.2、8.9,试计算平均数、标准差和变异系数。

Chapter 4

第四章

统计假设测验

本章导读

知识目标：

了解随机事件、统计概率等基本概念；

理解小概率原理及其应用；

了解正态分布的概念及概率计算，理解正态分布曲线特点；

了解统计假设测验的意义；

理解统计假设测验的基本原理；

掌握平均数统计假设测验的方法。

技能目标：

能够利用概率的性质和运算法则进行概率的基本运算；

能够进行正态分布的概率运算；

能够进行单个样本平均数和两个样本平均数的假设测验。

第一节　抽样与理论分布

在统计学中，最主要的问题就是研究总体与从总体中抽出的样本两者间的相互关系。总体与样本的关系可以从两个方向来研究，一个方向是从总体到样本，主要研究从总体中抽出的随机样本统计数的概率分布及其与原总体的关系，即抽样分布问题。另一个方向是从样本到总体，主要研究从一个样本或一系列样本所得的统计量去推断其总体的参数，即统计推断问题。抽样分布是统计推断的基础。

一、抽样

所谓抽样，就是从欲研究的总体中抽取一部分个体单元组成样本，通过对样本的分析研究来估计和推断总体特性。其基本要求是要保证所抽取的样本单元对总体单元具有充分的代表性。抽样的基本原则是：第一要有目的性，即根据研究目的进行抽样设计；第二要有可度量性，即根据样本值能做出有效的估计；第三要有可行性，即在实际操作中能按预定的设计完成任务；第四要有经济性，即以最小的代价去实现抽样的目的。

抽样通常分为概率抽样和非概率抽样两大类，但以概率抽样为主。概率抽样的基本原理是随机原理，所谓随机原理，是指抽取样本时必须严格遵循一定方法和规则，使得总体中每一个对象都有相同的机会被选入样本，称为随机抽样或等概率抽样。因为只有按照随机原则进行抽样，所抽出的样本才有充分的代表性，也才可以对抽样误差做出准确的计算，以估计它的可信度。

从总体中进行随机抽样可以分为复置抽样和非复置抽样两种，复置抽样指在每次抽出一个个体后，该个体复返原总体，继续参与抽样的方法。非复置抽样指在每次抽样时抽出一个个体后，该个体不再复返原总体。从无限总体抽样可以不必考虑复置与非复置问题，所得样本都是随机的，但是从有限总体抽样时，如果是复置的，则与无限总体性质相同，如果是非复置的，则所获样本不再是随机样本。讨论抽样分布时考虑的是复置抽样方法。

在统计上，如果所有可能样本的某一统计数的平均数等于总体的相应参数，则称该统计数为总体相应参数的无偏估计值。如样本平均数是总体平均数的无偏估计值，样本方差是总体方差的无偏估计值。由于抽样指标是一个随机变量，随着抽取的样本不同，便有不同的估计值，因此，要判断一种估计量的好坏，仅从某一次试验的结果来衡量是不够的，而应从多次重复试验中，看这种估计量是否在某种意义上最接近于被估计参数的真值。

二、事件与概率

(一)事件

1.必然现象与随机现象

在自然界与生产实践和科学试验中,人们会观察到各种各样的现象,把它们归纳起来,大体上分为两大类:一类是可预言其结果的,即在保持条件不变的情况下,重复进行试验,其结果总是确定的,必然发生(或必然不发生)。例如,在标准大气压下,水加热到100℃必然沸腾;步行条件下必然不可能到达月球等。这类现象称为必然现象或确定性现象。另一类是事前不可预言其结果的,即在保持条件不变的情况下,重复进行试验,其结果未必相同。例如,掷一枚质地均匀对称的硬币,其结果可能是出现正面,也可能出现反面;一批水稻种子,播种后有的可能发芽,有的可能不发芽。这类在个别试验中其结果呈现偶然性、不确定性现象,称为随机现象或不确定性现象。

人们通过长期的观察和实践并深入研究之后,发现随机现象或不确定性现象,有如下特点:在一定的条件实现时,有多种可能的结果发生,事前人们不能预言将出现哪种结果;对一次或少数几次观察或试验而言,其结果呈现偶然性、不确定性;但在相同条件下进行大量重复试验时,其试验结果却呈现出某种固有的特定的规律性——频率的稳定性,通常称之为随机现象的统计规律性。例如,大量重复掷硬币于地面,我们会发现有币值的一面向上或其反面向上的可能性各占一半。概率论与数理统计就是研究和揭示随机现象统计规律的一门科学。

2.随机试验与随机事件

(1)随机试验　通常我们把根据某一研究目的,在一定条件下对自然现象所进行的观察或试验统称为试验。而一个试验如果满足下述三个特性,则称其为一个随机试验,简称试验:

①试验可以在相同条件下多次重复进行;

②每次试验的可能结果不止一个,并且事先知道会有哪些可能的结果;

③每次试验总是恰好出现这些可能结果中的一个,但在一次试验之前却不能肯定这次试验会出现哪一个结果。

如掷一枚骰子,观察其掷出的点数情况,即具有随机试验的三个特征,是随机试验。

(2)随机事件　随机试验的每一种可能结果,在一定条件下可能发生,也可能不发生,称为随机事件,简称事件,通常用A、B、C等来表示。

①基本事件　我们把不能再分的事件称为基本事件,也称为样本点。例如,在编号为1、2、3、…、10的10个球中随机抽取1个,有10种不同的可能结果:“取得一个编号是1”“取得一个编号是2”…“取得一个编号是10”,这10个事件都是不可能再分的事件,它们都是基本事件。由若干个基本事件组合而成的事件称为复合事件。如“取得一个编号是2的倍数”是一个复合事件,它由“取得一个编号是2”“是4”“是6”“是8”“是10”5个基本事件组合而成。

②必然事件　我们把在一定条件下必然会发生的事件称为必然事件,用Ω表示。例如,在标准大气压下,水加热到100℃必然会沸腾;纯种糯稻自交的后代必然是糯稻,就是必然事件。

③不可能事件　我们把在一定条件下必然不会发生的事件称为不可能事件,用$\varnothing$表示。

例如，在标准大气压下，水的温度低于100℃不可能沸腾；种子没有水分不可能发芽，就是不可能事件。

必然事件与不可能事件实际上是确定性现象，即它们不是随机事件，但是为了方便起见，我们把它们看作两个特殊的随机事件。

(二)概率

1.概率的统计定义

研究随机试验，仅知道可能发生哪些随机事件是不够的，还需了解各种随机事件发生的可能性大小，以揭示这些事件的内在的统计规律性，从而指导实践。这就要求有一个能够刻画事件发生可能性大小的数量指标，这指标应该是事件本身所固有的，且不随人的主观意志而改变，人们称之为概率。事件 A 的概率记为 $P(A)$。下面我们先介绍概率的统计定义。

在相同条件下进行 n 次重复试验，如果随机事件 A 发生的次数为 m，那么 m/n 称为随机事件 A 的频率；当试验重复数 n 逐渐增大时，随机事件 A 的频率越来越稳定在某一定值附近 p，那么就把 p 称为随机事件 A 的概率。这样定义的概率称为统计概率。记为

$$P(A) = p \approx m/n \qquad (n\text{ 充分大}) \tag{4-1}$$

例如，为了确定抛掷一枚硬币发生正面朝上这个事件的概率，历史上有人做过成千上万次抛掷硬币的试验。在表4-1中列出了他们的试验记录。

表4-1　抛掷一枚硬币发生正面朝上的试验记录

实验者	投掷次数	发生正面朝上的次数	频率(m/n)
蒲丰	4 040	2 048	0.506 9
K.皮尔逊	12 000	6 019	0.501 6
K.皮尔逊	24 000	12 012	0.500 5

从表4-1可看出，随着实验次数的增多，正面朝上这个事件发生的频率越来越稳定在0.5附近，我们就把0.5作为这个事件的概率。

2.概率的古典定义

上面介绍了概率的统计定义。但对于某些随机事件，用不着进行多次重复试验来确定其概率，而是根据随机事件本身的特性直接计算其概率。

有很多随机试验具有以下特征：

(1)试验的所有可能结果只有有限个，即基本事件只有有限个；

(2)各个试验的可能结果出现的可能性相等，即所有基本事件的发生的可能性是均等的；

(3)试验的所有可能结果两两互不相容。

所对应的概率类型，称为古典概型。对于古典概型，概率的定义如下：

设样本空间由 n 个等可能的基本事件所构成，其中事件 A 包含有 m 个基本事件，则事件 A 的概率为 m/n，即

$$P(A) = m/n \tag{4-2}$$

这样定义的概率称为古典概率。

【例 4.1】 在编号为 1、2、3、…、10 的 10 个球中随机抽取 1 个,求下列随机事件的概率。

(1)A=“抽得一个编号≤4”;

(2)B=“抽得一个编号是 2 的倍数”。

因为该试验样本空间由 10 个等可能的基本事件构成,即 $n=10$,而事件 A 所包含的基本事件有 4 个,即抽得编号为 1,2,3,4 中的任何一个,事件 A 便发生,即 $m_A=4$,所以

$$P(A)=m_A/n=4/10=0.4$$

同理,事件 B 所包含的基本事件数 $m_B=5$,即抽得编号为 2,4,6,8,10 中的任何一个,事件 B 便发生,故 $P(B)=m_B/n=5/10=0.5$。

3. 概率的性质

根据概率的定义,概率有如下基本性质:

(1)对于任何事件 A,有 $0\leqslant P(A)\leqslant 1$;

(2)必然事件的概率为 1,即 $P(\Omega)=1$;

(3)不可能事件的概率为 0,即 $P(\varnothing)=0$。

4. 概率的基本运算

在实际问题中,不只研究一个随机事件,而要研究多个随机事件,这些事件之间往往存在着一定的联系,例如种子发芽试验中,显然“发芽”和“不发芽”之间有一定联系。为了表述类似上述事件之间的联系,下面说明事件之间的几种主要关系。

(1)事件间的相互关系

①和事件 事件 A 和事件 B 至少发生其一而构成的新事件,称为事件 A 与事件 B 的和事件,记作 $A+B$,读作“或 A 发生,或 B 发生”。例如,一个三化螟虫蛹羽化出蛾,“是雌蛾或是雄蛾”这一事件是“羽化出雌蛾”与“羽化出雄蛾”这两个事件的和事件。

这一定义还可推广到 n 个事件 A_1、A_2、…、A_n,其和事件记作 $A_1+A_2+\cdots+A_n$。

②积事件 事件 A 和事件 B 同时发生所构成的新事件,称为事件 A 和事件 B 的积事件,记作 AB,读作“A 和 B 同时发生”。例如,某小麦品种“同时发生锈病和赤霉病”这一事件,是“发生锈病”和“发生赤霉病”这两个事件的积事件。

这一定义也可推广到 n 个事件 A_1、A_2、…、A_n,其积事件记作 $A_1A_2\cdots A_n$。

③互斥事件 事件 A 和事件 B 不可能同时发生,即 AB 为不可能事件,则称事件 A 与事件 B 为互斥事件或不相容事件。例如,有一袋种子,按种皮分黄色和白色。任取一个可能是黄色,也可能是白色,而不可能既是黄色又是白色,“取到黄色”与“取到白色”这两个事件为互斥事件,不可能同时发生。这一定义也可推广到 n 个事件。

④对立事件 事件 A 和事件 B 不可能同时发生,但必发生其一,即 $A+B$ 为必然事件,AB 为不可能事件,则事件 A 与事件 B 互为对立事件,并记 B 为 $\bar{A}$。例如,在上例中,任取一种子不可能既是黄色又是白色,但不是黄色就是白色,“取到黄色”与“取到白色”这两个事件互为对立事件。再如,一粒种子播种后,要么发芽,要么不发芽,种子“发芽”与“不发芽”这两个事件互为对立事件。

⑤完全事件系 若 A_1、A_2、…、A_n 两两互斥,且每次试验结果必发生其一,则称 A_1、A_2、…、A_n 为完全事件系。例如,一粒种子播种后,种子“发芽”与“不发芽”这两种事件构成完全事件系。再如,把从 0、1、2、3、4、5、6、7、8、9 这 10 个数字中每次抽取一个数字作为一个

事件，就可能有10种不同的事件，而这10种不同事件不可能同时出现，但必发生其一，这10种事件构成完全事件系。

⑥独立事件　若事件A的发生与否不影响事件B发生的可能性，事件B的发生与否也不影响事件A发生的可能性，则事件A与事件B互为独立事件。例如，在上例10个数字中进行复置抽样，抽取两个数字，第一次抽取数字与第二次抽取数字互不影响，彼此独立。再如，两粒种子播种后，一粒种子发芽与否并不影响另一粒种子的发芽情况，彼此是独立的。

(2)概率计算的基本法则

①对立事件的概率　若事件A的概率为$P(A)$，那么其对立事件的概率为：

$$P(\bar{A}) = 1 - P(A) \tag{4-3}$$

【例4.2】　一批种子发芽的概率为0.95，不发芽的概率应为0.05。

②互斥事件的概率加法　若事件A与事件B为互斥事件，则其和事件的概率等于事件A与事件B的概率之和，即：

$$P(A+B) = P(A) + P(B) \tag{4-4}$$

【例4.3】　某农场对一批杂交水稻种子进行品质分级，其中一级种子占15%，二级种子占30%，其余为三级种子。计算二级及二级以上种子的概率。

设一级种子为事件A，二级种子为事件B，那么，二级及二级以上种子的概率为

$$P(A+B) = P(A) + P(B) = 15\% + 30\% = 45\%$$

同理，多个互斥事件A_1、A_2、…、A_n的和事件的概率，等于各事件概率之和，即

$$P(A_1 + A_2 + \cdots + A_n) = P(A_1) + P(A_2) + \cdots + P(A_n) \tag{4-5}$$

若A_1、A_2、…、A_n为完全事件系，那么，完全事件系之和事件的概率为1，即

$$P(A_1 + A_2 + \cdots + A_n) = P(A_1) + P(A_2) + \cdots + P(A_n) = 1 \tag{4-6}$$

【例4.4】　从0、1、2、3、4、5、6、7、8、9这10个数字中每次抽得任一个数字，其和事件的概率为

$$\begin{aligned} P(0+1+2+\cdots+9) &= P(0) + P(1) + P(2) + \cdots + P(9) \\ &= \frac{1}{10} + \frac{1}{10} + \frac{1}{10} + \cdots + \frac{1}{10} = 1 \end{aligned}$$

③独立事件的概率乘法　若事件A与事件B互为独立事件，事件A与事件B同时发生（积事件）的概率等于事件A与事件B的概率的乘积，即

$$P(AB) = P(A) \times P(B) \tag{4-7}$$

【例4.5】　两次掷硬币于地面，计算两次都是有币值的一面向上的概率。

设有币值的一面为正面，另一面为反面，那么：

$$P(\text{正正}) = P(\text{正}) \times P(\text{正}) = 1/2 \times 1/2 = 1/4$$

同理，多个独立事件A_1、A_2、…、A_n同时发生（积事件）的概率，等于各事件概率之乘积，即

$$P(A_1 A_2 \cdots A_n) = P(A_1) \times P(A_2) \times \cdots \times P(A_n) \tag{4-8}$$

(三)小概率实际不可能原理

随机事件的概率表现了事件的客观统计规律性,它反映了事件在一次试验中发生可能性的大小,概率大表示事件发生的可能性大,概率小表示事件发生的可能性小。若事件 A 发生的概率较小,如 $P(A)$小于 0.05(或 0.01),则称事件 A 为小概率事件。实践表明,小概率事件在一次试验中出现的可能性是极小的,以至于实际上认为是不可能事件。这种把小概率事件在一次试验中看作是实际不可能出现的事件,被称为“小概率事件实际不可能性”原理,简称小概率原理,该原理是进行差异显著性测验的基本理论依据。这里的 0.05 或 0.01 称为小概率标准,农业试验研究中通常使用这两个小概率标准。

三、正态分布

(一)正态分布概念

正态分布是连续性变数的一种理论分布,正态分布在研究理论和实践问题上都具有非常重要的意义。首先,客观世界中确有许多事物的连续性变数是服从正态分布规律的。例如,一般作物的产量和许多经济性状的观察数据均表现出服从正态分布。其次,在适当的条件下正态分布可用作二项分布及其他间断性变数或连续变数分布的近似分布。因而,可用正态分布代替其他分布以方便地计算概率和进行统计假设测验。第三,虽然有些总体并不呈正态分布,但从总体中随机抽取的样本平均数及其他一些统计数的分布,在样本容量足够大时,仍然趋近于正态分布。因而,也可用正态分布来研究这些统计数的抽样分布。

1. 正态分布方程

若连续型随机变量 x 的概率密度函数为

$$f_N(x)=\frac{1}{\sigma\sqrt{2\pi}}e^{-\frac{1}{2}\left(\frac{x-\mu}{\sigma}\right)^2} \tag{4-9}$$

则称随机变量 x 服从正态分布,记作 $x\sim N(\mu,\sigma^2)$。上式称为正态分布方程。

式中:x 为所研究的变数;$f_N(x)$为某一定值 x 出现的函数值,称为概率密度函数,相当于曲线 x 值纵轴的高度;π 为常数,其值等于 3.141 59…;e 为常数,其值等于 2.718 28…;μ 为总体平均数,不同正态分布可以有不同的 μ,但在某一定总体中 μ 是一常数;σ 为总体标准差,不同正态分布可以有不同的 σ,但在某一定总体中 σ 是一常数,且 $\sigma>0$。

正态分布概率密度函数的图像称作正态分布曲线,其形状见图 4-1。

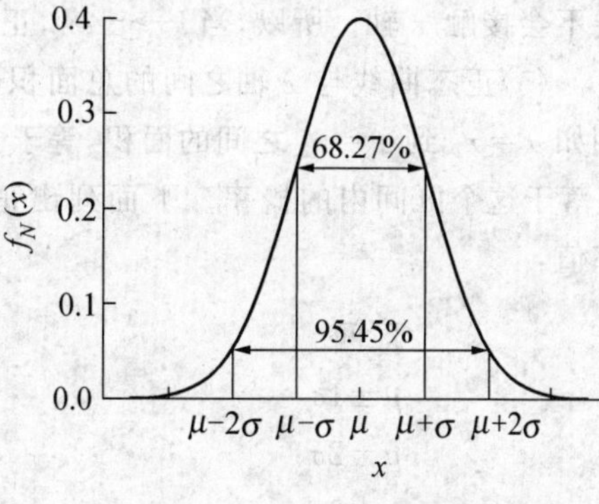

图 4-1 正态分布曲线图

(平均数为 μ,标准差为 σ)

2. 正态分布曲线的特性

(1)正态分布曲线是以平均数 μ 为中心,向左右两侧作对称分布的对称曲线。从原点 $x=\mu$ 所竖立的纵轴 $f_N(x)$是最大值,所以,正态分布曲线的算术平均数、中数、众数是相等的,三者合一均位于 μ 点上。

(2)正态分布曲线的位置和形状由参数 μ 和 σ 来确定。μ 决定曲线在横轴上的位置，σ 决定曲线的形状，任何一条特定的正态曲线只有在其 μ 和 σ 确定以后才能确定，如图 4-2、图 4-3 所示。正态分布曲线因参数 μ 和 σ 的不同而表现为一系列曲线，所以，它是一个曲线系统。

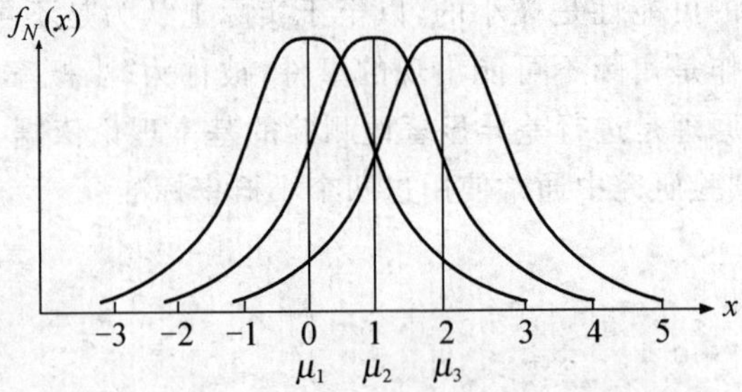

图 4-2　标准差相同（$\sigma=1$）而平均数不同（$\mu_1=0,\mu_2=1,\mu_3=2$）的三个正态分布曲线

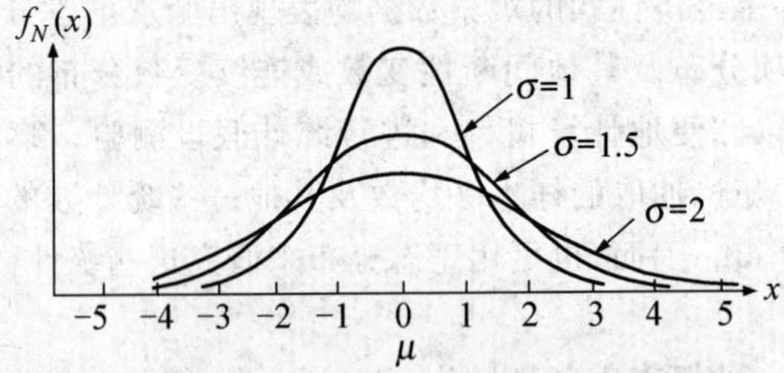

图 4-3　平均数相同（$\mu=0$）而标准差不同的三个正态分布曲线

(3)正态分布资料的次数分布表现为多数次数集中于算术平均数 μ 附近，离平均数越远，其相应的次数越少；且在 μ 左右相等，$|x-\mu|$ 范围内具有相等次数；在 $|x-\sigma|\geqslant 3\sigma$ 以上其次数极少。

(4)正态曲线在 $|x-\mu|=1\sigma$ 处有"拐点"，曲线两尾向左右伸展，但 $f_N(x)$ 不会等于 0，曲线不会接触 x 轴。所以，当 $x\to\pm\infty$，正态曲线以 x 轴为渐近线，曲线全距从 $-\infty$ 到 $+\infty$。

(5)正态曲线与 x 轴之间的总面积（概率）等于 1。所以，曲线下 x 轴的任何两个定值，例如 $x=x_1$ 到 $x=x_2$ 之间的面积，等于介于这两个定值间面积占总面积的成数，或者说等于 x 落于这个区间内的概率。下面列出正态分布中最常见的几个区间与其相对应面积或概率值：

区间	面积或概率
$\mu\pm 1\sigma$	0.682 7
$\mu\pm 2\sigma$	0.954 5
$\mu\pm 3\sigma$	0.997 3
$\mu\pm 1.96\sigma$	0.950 0
$\mu\pm 2.58\sigma$	0.990 0

(二)正态分布概率计算

1. 标准正态分布及其累积函数

具有 $\mu=0$ 和 $\sigma=1$ 的正态分布称为标准化正态分布,记作 $N(0,1)$。由于正态分布因总体平均数 μ 和总体标准差 σ 不同而表现为一系列曲线,这对研究各具体的正态总体极不方便。为了克服这种麻烦,可将任意的正态分布转换成标准化正态分布来研究,这种把一个普通正态分布转化成标准化正态分布的过程,称为正态分布的标准化。正态分布的标准化即是把正态曲线原点 0 移到 μ 的位置,将 x 值离其平均数的差数 $x-\mu$ 以标准差 σ 为单位进行度量,转换为 u 变数,即

$$u=\frac{x-\mu}{\sigma} \tag{4-10}$$

u 称为标准正态变量或标准正态离差。由此,可将正态分布的概率密度函数公式(4-9)标准化为

$$f_N(x)=\frac{1}{\sqrt{2\pi}}\mathrm{e}^{-\frac{1}{2}u^2} \tag{4-11}$$

式(4-11)称为标准化正态分布方程或称 u 分布方程。

在正态分布曲线下,求某区间的概率可用曲线下区间的面积表示,或者说是用对概率密度函数在该区间上定积分的值表示,即

$$F_N(x)=\int_{-\infty}^{x}\frac{1}{\sigma\sqrt{2\pi}}\mathrm{e}^{-\frac{1}{2}\left(\frac{x-\mu}{\sigma}\right)^2}\mathrm{d}x \tag{4-12}$$

$F_N(x)$ 称为正态分布的累积函数,它表示正态分布曲线下从 $-\infty$ 到 x 之间的面积(或概率)。现假设随机变数 x 取 a 值,那么,随机变数 $x=a$ 的概率为

$$P(x\leqslant a)=F_N(a)=\int_{-\infty}^{a}\frac{1}{\sigma\sqrt{2\pi}}\mathrm{e}^{-\frac{1}{2}\left(\frac{x-\mu}{\sigma}\right)^2}\mathrm{d}x \tag{4-13}$$

又设随机变数 x 取 a 与 b 两个定值,且 $a<b$,那么,该区间的概率为

$$P(a\leqslant x\leqslant b)=F_N(b)-F_N(a)=\int_{a}^{b}\frac{1}{\sigma\sqrt{2\pi}}\mathrm{e}^{-\frac{1}{2}\left(\frac{x-\mu}{\sigma}\right)^2}\mathrm{d}x \tag{4-14}$$

公式(4-13)和公式(4-14)的图形见图 4-4,图 4-5。

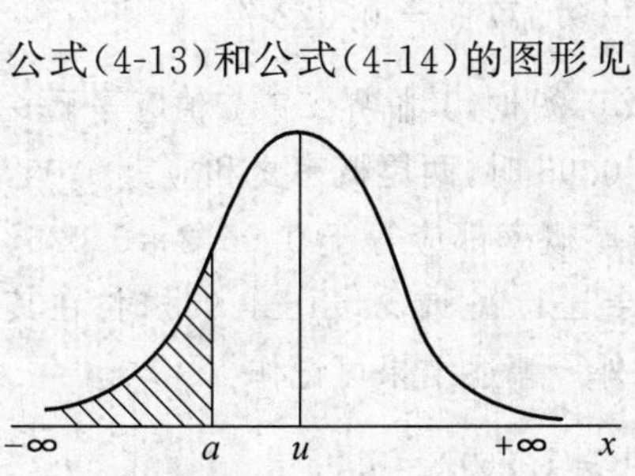

图 4-4 $P(x\leqslant a)$图示

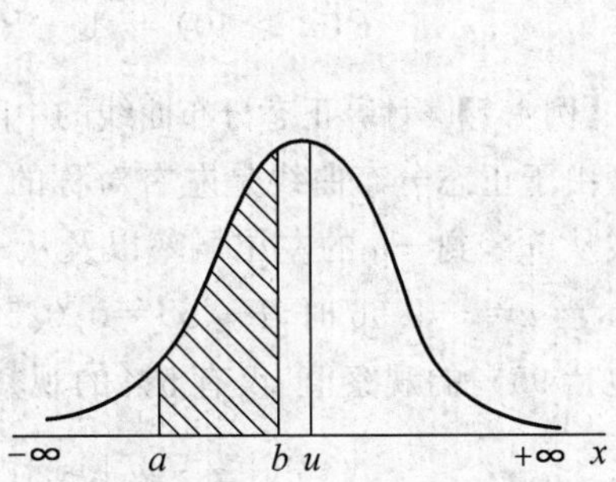

图 4-5 $P(a\leqslant x\leqslant b)$图示

同理，对于标准正态分布，其累积函数为

$$F_N(u) = \int_{-\infty}^{u} \frac{1}{\sqrt{2\pi}} e^{-\frac{u^2}{2}} dx \tag{4-15}$$

$F_N(u)$表示标准正态曲线下从$-\infty$到u之间的面积（或概率）。附表2是标准正态分布累积函数$F_N(u)$值表。在实际应用中，凡计算正态分布区间概率时，先将x转换为u值，然后查附表2，便可得到x落于这一区间的概率。

2. 正态分布的概率计算方法

关于正态分布的概率计算，我们先从标准正态分布入手。一方面，标准正态分布在正态分布中形式最简单，而且任意正态分布都可以转化为标准正态分布来计算；另一方面，人们已经根据标准正态分布的分布函数编制成正态分布表以供直接查用。

【例4.6】 假定随机变数(x)具有正态分布，平均数$\mu=30$，标准差$\sigma=5$，试计算小于26的概率，小于40的概率，介于26和40区间的概率以及大于40的概率。

计算$P(x \leqslant 26)$需先将x转换为u值：

$$u = \frac{x-\mu}{\sigma} = \frac{26-30}{5} = -0.8$$

查附表2，当$u=-0.8$，$F_N(u)=0.211\ 9$，则

$$P(x \leqslant 26) = F_N(-0.8) = 0.211\ 9$$

其表示在这一分布中从$-\infty$到26范围内的观察值数占全部观察值的21.19%，或者说$x \leqslant 26$的概率为0.211 9。

同样计算$P(x \leqslant 40)$，先将x转换为u值：

$$u = \frac{x-\mu}{\sigma} = \frac{40-30}{5} = 2$$

查附表2，则有

$$P(x \leqslant 40) = 0.977\ 3$$

并且

$$P(26 < x \leqslant 40) = P(x \leqslant 40) - P(x \leqslant 26) = 0.977\ 3 - 0.211\ 9 = 0.765\ 4$$
$$P(x > 40) = 1 - P(x \leqslant 40) = 1 - 0.977\ 3 = 0.022\ 7$$

【例4.7】 计算正态分布曲线的中间概率为0.95或0.99时，其临界x或u值应等于多少？

由于正态分布曲线是左右对称的，当中间概率为0.95时，两尾概率之和应为0.05，故在曲线从$-\infty$到$-u$的左尾概率以及从$+u$到$+\infty$的右尾概率都应等于$0.05/2=0.025$，查附表2，当$u=-1.96$时，$F_N(u)=0.025$。即是说，当$u=\pm 1.96$或$x=\mu \pm 1.96\sigma$时，在其范围内包括95%的观察值，仅有5%的观察值在此范围之外。上述结果可记作

$$P(|x-\mu| \geqslant 1.96\sigma) = P(|u| \geqslant 1.96) = 0.05$$

或

$$P(|x-\mu| \leqslant 1.96\sigma) = P(|u| \leqslant 1.96) = 0.95$$

同理亦可求得

$$P(|x-\mu| \geqslant 2.58\sigma) = P(|u| \geqslant 2.58) = 0.01$$

或

$$P(|x-\mu| \leqslant 2.58\sigma) = P(|u| \leqslant 2.58) = 0.99$$

四、抽样分布

(一)单个样本平均数的抽样分布

当从总体平均数为 μ，总体方差 σ^2 为的总体中随机抽样时，这个获得样本的总体称为原总体(或称为母总体)。如果原总体是无限总体，则从中可以抽取无限多个样本含量相同的样本；如果原总体是有限总体，采用复制抽样，也可以抽取“无限”多个样本。理论上讲：从一个具有 N 个个体的原总体中，以样本含量等于 n 进行复置抽样，可以抽出 N^n 个可能的样本，由这些样本平均数所组成的总体称为衍生总体。

假定有一总体，其总体平均数为 μ，总体标准差为 σ。从这一总体中以相同的样本容量 n 无数次抽样，可得到无数个样本，分别计算出各样本的平均数 $\bar{x}_1$、$\bar{x}_2$、$\bar{x}_3$、…。由于存在抽样误差，样本平均数是随机变数，各样本平均数将表现出不同程度的差异，无数个样本平均数又构成一个总体，称为样本平均数总体，其分布称为样本平均数的抽样分布。

根据统计理论和实例证明，样本平均数的分布具有以下特性：

(1)样本平均数的总体平均数与原总体平均数相等。即

$$\mu_{\bar{x}} = \mu \tag{4-16}$$

(2)样本平均数的总体方差等于原总体方差除以样本容量。即

$$\sigma_{\bar{x}}^2 = \frac{\sigma^2}{n} \tag{4-17}$$

同理，样本平均数的总体标准差等于原总体标准差除以样本容量的平方根。即

$$\sigma_{\bar{x}} = \frac{\sigma}{\sqrt{n}} \tag{4-18}$$

(3)若从正态总体中随机抽取样本，无论样本容量大小，其样本平均数的分布服从正态分布，即 $N(\mu_{\bar{x}}, \sigma_{\bar{x}}^2)$。若从非正态分布总体中随机抽取样本，只要样本容量较大($n \geqslant 30$)，其样本平均数也服从正态分布，这称为中心极限定理。

(4)由于总体标准差一般是不易求得的，而以样本标准差估计总体标准差进行计算，即有

$$s_{\bar{x}} = \frac{s}{\sqrt{n}} \tag{4-19}$$

上式中 $s_{\bar{x}}$ 称为样本平均数的样本标准差，一般简称为平均数的标准误。

知道了平均数的抽样分布及其参数，那么，要计算任何一个从样本所得的平均数 x 出现的概率，只需将 x 先进行标准化转换，即

$$u=\frac{\bar{x}-\mu_{\bar{x}}}{\sigma_{\bar{x}}}=\frac{\bar{x}-\mu}{\sigma/\sqrt{n}} \tag{4-20}$$

若平均数服从正态分布 $N(\mu_{\bar{x}},\sigma_{\bar{x}}^2)$，那么，随机变数 u 服从 $N(0,1)$，通过查附表 2 即可得到概率。

【例 4.8】 在北方某一地区调查果园桃小冬茧情况，以 1 m^2 为单位，调查了 2 000 m^2，得 $\mu=4.5$(头)，$\sigma=2.4$(头)。现随机抽取该地区一块果园 36 m^2，问平均每平方米少于 4.2 头的概率是多少？

尽管总体分布不明确，但 $n\geqslant 30$，便可视其服从正态分布，则

$$u=\frac{\bar{x}-\mu_{\bar{x}}}{\sigma_{\bar{x}}}=\frac{\bar{x}-\mu}{\sigma/\sqrt{n}}=\frac{4.2-4.5}{2.4/\sqrt{36}}=-0.75$$

查附表 2，得 $F_N(-0.75)=0.226\ 6$，即 $P(\bar{x}\leqslant 4.2)=0.226\ 6$，也就是说，随机抽取该地区一块果园 36 m^2，平均每平方米少于 4.2 头的概率是 0.226 6(即 22.66%)。

(二)两个样本平均数的抽样分布

假定有两个总体各具有平均数和标准差 μ_1、σ_1 和 μ_2、σ_2。现在以样本容量 n_1 从第一个总体中抽得一系列样本，并计算出各样本平均数，记为 $\bar{x}_{11}$、$\bar{x}_{12}$、$\bar{x}_{13}$、…再以样本容量 n_2 从第二个总体抽得一系列样本，并计算出各样本平均数，记为 $\bar{x}_{21}$、$\bar{x}_{22}$、$\bar{x}_{23}$、…其中，n_1 与 n_2 可以相等，也可以不等。再将来自于第一个总体的样本平均数和来自于第二个总体的样本平均数相减，可得到许多样本平均数差数，即 $\bar{x}_1-\bar{x}_2$。由于存在抽样误差，样本平均数差数也是随机变数，各样本平均数差数也将表现出不同程度的差异，无数个样本平均数差数又构成一个总体，称为样本平均数差数总体，样本平均数差数的分布称为样本平均数差数的抽样分布。

根据统计理论和实例证明，样本平均数差数的分布具有以下特性：

(1)样本平均数差数的总体平均数等于两总体平均数之差。即

$$\mu_{\bar{x}_1-\bar{x}_2}=\mu_1-\mu_2 \tag{4-21}$$

(2)样本平均数差数的总体方差等于两总体的样本平均数的总体方差之和。即

$$\sigma_{\bar{x}_1-\bar{x}_2}^2=\sigma_{\bar{x}_1}^2+\sigma_{\bar{x}_2}^2=\frac{\sigma_1^2}{n_1}+\frac{\sigma_2^2}{n_2} \tag{4-22}$$

同理，样本平均数差数的总体标准差等于两总体的样本平均数的总体方差之和的平方根。即

$$\sigma_{\bar{x}_1-\bar{x}_2}=\sqrt{\frac{\sigma_1^2}{n_1}+\frac{\sigma_2^2}{n_2}} \tag{4-23}$$

(3)若两个总体各呈正态分布，则其样本平均数的差数分布也呈正态分布，记作 $N(\mu_{\bar{x}_1-\bar{x}_2},\sigma_{\bar{x}_1-\bar{x}_2}^2)$。

(4)由于总体方差是难以求得的，用样本方差来估计总体方差进行计算，则有

$$s_{\bar{x}_1-\bar{x}_2}=\sqrt{\frac{s_1^2}{n_1}+\frac{s_2^2}{n_2}} \tag{4-24}$$

上式中 $s_{\bar{x}_1-\bar{x}_2}$ 称为样本平均数差数的样本标准差，一般简称为平均数差数的标准误。

如果平均数差数服从正态分布，那么，若要计算任何一个平均数差数出现的概率，通过标准化转换，即

$$u=\frac{(\bar{x}_1-\bar{x}_2)-\mu_{\bar{x}_1-\bar{x}_2}}{\sigma_{\bar{x}_1-\bar{x}_2}}=\frac{(\bar{x}_1-\bar{x}_2)-(\mu_1-\mu_2)}{\sqrt{\frac{\sigma_1^2}{n_1}+\frac{\sigma_2^2}{n_2}}} \tag{4-25}$$

得到 u 值后，查附表 2 就可求出概率。

(三)t 分布

从一个平均数为 μ、方差为 σ^2 的正态总体中抽样，或者在一个非正态总体里抽样，只要样本容量足够大，则所得一系列样本平均数 $\bar{x}$ 的分布必趋向正态分布，具有 $N(\mu,\sigma_{\bar{x}}^2)$，并且 $u=\frac{\bar{x}-\mu}{\sigma_{\bar{x}}}$遵循标准化正态分布 $N(0,1)$。当样本容量不太大($n<30$)而 σ^2 为未知时，如以样本均方 s^2 估计 σ^2，则其标准化离差$\frac{\bar{x}-\mu}{s_{\bar{x}}}$的分布不呈正态分布，而作 t 分布，具有自由度 $df=n-1$。

$$t=\frac{\bar{x}-\mu}{s_{\bar{x}}} \tag{4-26}$$

$$s_{\bar{x}}=\frac{s}{\sqrt{n}} \tag{4-27}$$

$s_{\bar{x}}$ 为样本平均数的标准误，它是 $\sigma_{\bar{x}}$ 的估计值，其中 s 为样本标准差，n 为样本容量。

t 分布(t-distribution)是 1908 年 W. S. Gosset 首先提出的，又叫学生氏分布(student's t distribution)。它是一组对称曲线，具有一个单独参数 df 以确定某一特定分布。df 是自由度。在理论上，当 df 增大时，t 分布趋向于正态分布。

t 分布曲线如图 4-6 所示，其特点是：

(1)t 分布受自由度的制约，每一个自由度都有一条 t 分布密度曲线。

(2)t 分布曲线以纵轴为对称轴，左右对称，且在 $t=0$ 时，分布函数取得最大值。

(3)与标准正态分布曲线相比，t 分布曲线顶部略低，两尾部稍高而平。df 越小这种趋势越明显。df 越大，t 分布越趋近于标准正态分布。当 $n\geqslant 30$ 时，t 分布与标准正态分布的区别很小；$n>100$ 时，t 分布基本与标准正态分布相同；$n\to\infty$时，t 分布与标准正态分布完全一致。

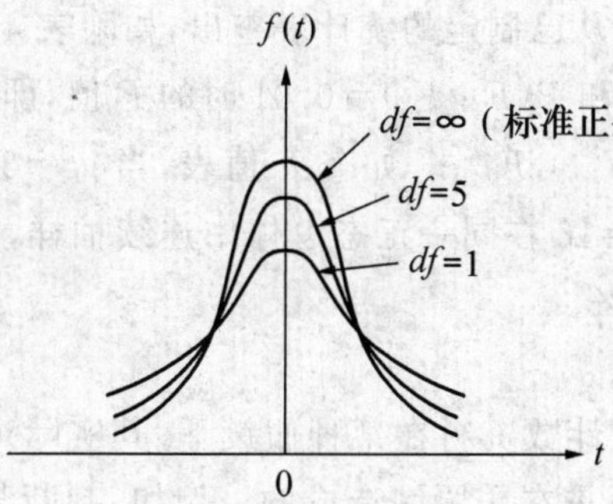

图 4-6　不同自由度的 t 分布密度曲线

对于不同自由度下 t 分布的两尾概率及其对应的临界 t 值已编制成附表 4，即 t 分布表。该表第一列为自由度 df，表头为两尾概率值，表中数字即为临界 t 值。

例如，当 $df=15$ 时，查附表 4 得两尾概率等于 0.05 的临界 t 值为 $t_{0.05}(15)=2.131$，其意义是 $P(-\infty<t<-2.131)=P(2.131<t<+\infty)=0.025$；$P(-\infty<t<-2.131)+P(2.131<t<+\infty)=0.05$。

由附表 4 可知，当 df 一定时，概率 P 越大，临界 t 值越小；概率 P 越小，临界 t 值越大。当概率 P 一定时，随着 df 的增加，临界 t 值在减小，当 $df=\infty$ 时，临界 t 值与标准正态分布的临界 u 值相等。

(四)F 分布

在一个总体平均数为 μ，总体方差为 σ^2 的正态总体中随机抽取两个独立样本，分别计算它们的方差 s_1^2 和 s_2^2，将它们的比值定义为 F 值。

即
$$F=s_1^2/s_2^2 \tag{4-31}$$

此 F 值具有 s_1^2 的自由度 ν_1 和 s_2^2 的自由度 ν_2。通常 $s_1^2>s_2^2$。所以习惯上称 ν_1 为大方差自由度，ν_2 为小方差的自由度。如果在给定的 ν_1 和 ν_2 的情况下，进行一系列的随机的独立抽样，就可得到一系列的 F 值而形成一个 F 分布，并制作成 F 分布曲线，如图 4-7 所示。

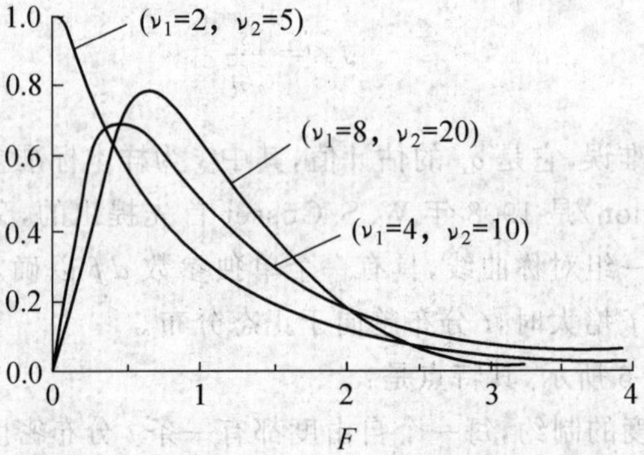

图 4-7　不同自由度下的 F 分布曲线

F 分布是由 ν_1 和 ν_2 所决定的一系列曲线。在 $\nu_1\leqslant 2$ 时，曲线严重倾斜，呈反向 J 形，当 $\nu_1\geqslant 3$ 时，曲线转为偏态。F 分布的取值范围是 $(0,+\infty)$，其平均值 $\mu_F=1$。

F 分布下一定区间的概率可从已制定的统计表查出，如附表 4 所示，F 值表列出的是不同 ν_1 和 ν_2 下，$P(F\geqslant F_\alpha)=0.05$ 和 $P(F\geqslant F_\alpha)=0.01$ 时的 F 值，即右尾概率 $\alpha=0.05$ 和 $\alpha=0.01$ 时的临界 F 值，一般记作 $F_{0.05}$，$F_{0.01}$。如查 F 值表，当 $\nu_1=3$，$\nu_2=18$ 时，$F_{0.05}=3.16$，$F_{0.01}=5.09$，表示如以 $\nu_1=3$，$\nu_2=18$ 在同一正态总体中连续抽样，则所得 F 值大于 3.16 的仅为 5%，而大于 5.09 的仅为 1%。

(五)卡平方分布

卡平方(χ^2)测验主要是判断计数资料在某种假设下，其实际观察所得的次数与理论次数间的差异是由于误差造成的还是本质原因造成的。例如，判断某植物两对相对性状的遗传是否独立遗传，就可以运用卡平方(χ^2)适合性测验来进行测验和判断。

如果理论次数与实际次数完全符合，则 $\chi^2=0$，但也因实际调查过程中可能存在的取样误差导致理论次数与实际观察次数之间的差异，影响对真实结果的判断。如果理论次数与实际次数差异纯属误差造成，则差异小，χ^2 值也小，差异一般应在误差允许范围内；如果存在本质差异，理论次数与实际次数差异较大，χ^2 值也大，并且有可能达到无限，χ^2 值大到什么程度才能判断差异显著，需要了解 χ^2 分布并进行差异显著性分析。χ^2 值的基本计算公式为

$$\chi^2=\sum_{i=1}^{k}\frac{(Q_i-E_i)^2}{E_i} \tag{4-34}$$

式中：O_i 为实际观察次数，E_i 为理论次数，k 为组数。

理论研究证明，χ^2 分布为正偏态分布，其分布特点如下：

(1)χ^2 分布没有负值，均在 $0\sim+\infty$之间，即在 $\chi^2=0$ 的右边，为正偏态分布。

(2)χ^2 分布为连续性分布，而不是间断性的。

(3)χ^2 分布曲线是一组曲线。每一个不同的自由度都有一条相应的 χ^2 分布曲线。

(4)χ^2 分布的偏斜度随自由度 df 不同而变化。当 $df=1$ 时偏斜最厉害，df 增大则曲线逐渐趋向对称而接近正态分布曲线，当 $df\to+\infty$时，则为正态分布。

图 4-8 为几个不同自由度的 χ^2 分布曲线。

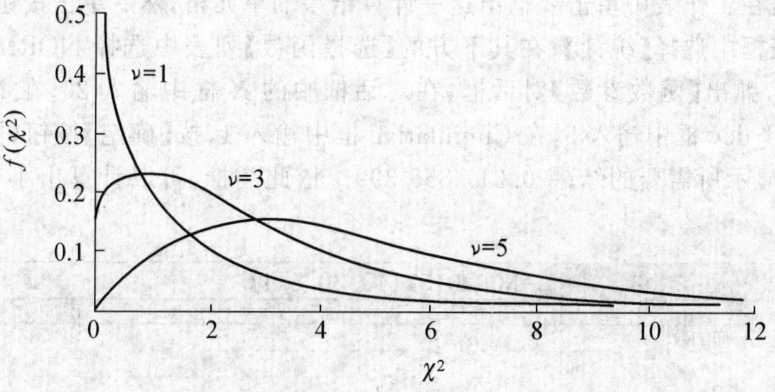

图 4-8 不同自由度的 χ^2 分布曲线

附表 8 列出不同自由度时 χ^2 的一尾(右尾)概率表，可供次数资料的 χ^2 测验之用。

技能训练 4-1 理论分布

一、准备

(一)目的要求

掌握正态分布的概率计算及几种常用理论分布的使用方法。

(二)训练内容

1. 利用函数进行概率和概率计算。

2. 正态分布的概率密度函数和概率密度图。

3. t 分布、F 分布的概率计算。

(三)材料用具

练习纸、铅笔、装有 Excel 软件的计算机。

二、测验步骤

(一)正态分布函数

1. 说明

正态分布在模拟现实世界过程和描述随机样本平均值的不确定度时有广泛的用途。正态分布函数(NORMDIST)返回给定平均值和标准偏差的正态分布的累积函数。可以利用 NORMDIST 建立正态分布密度函数图。

2. 语法

NORMDIST(x,mean,standard_dev,cumulative)

X 为需要计算其分布的数值;

Mean 为分布的算术平均值;

Standard_dev 为分布的标准偏差;

Cumulative 为一逻辑值,指明函数的形式。如果 cumulative 为 TRUE,函数 NORMDIST 返回累积分布函数;如果为 FALSE,返回概率密度函数。

3. 实例

假定随机变数 x 具有正态分布,平均数为 30,标准差为 5,计算小于 26、小于 40 的概率,并绘制该正态分布曲线。

具体方法:在工作表中单击要输出这一计算结果的单元格,然后单击按钮【fx】,在【选择类别】下拉列表框中选择【统计】,在其下方的【选择函数】列表中选择 NORMDIST 函数,单击【确定】按钮,弹出【函数参数】对话框,在对话框中的 X 框中输入 26,在 Mean 框中输入 30,在 Standard_dev 框中输入 5,在 Cumulative 框中输入 1,按【确定】按钮(图 4-9),在选定的单元格中就显示所需要的结果 0.211 855 399。依此类推,可以计算出小于 40 的概率为 0.977 249 868。

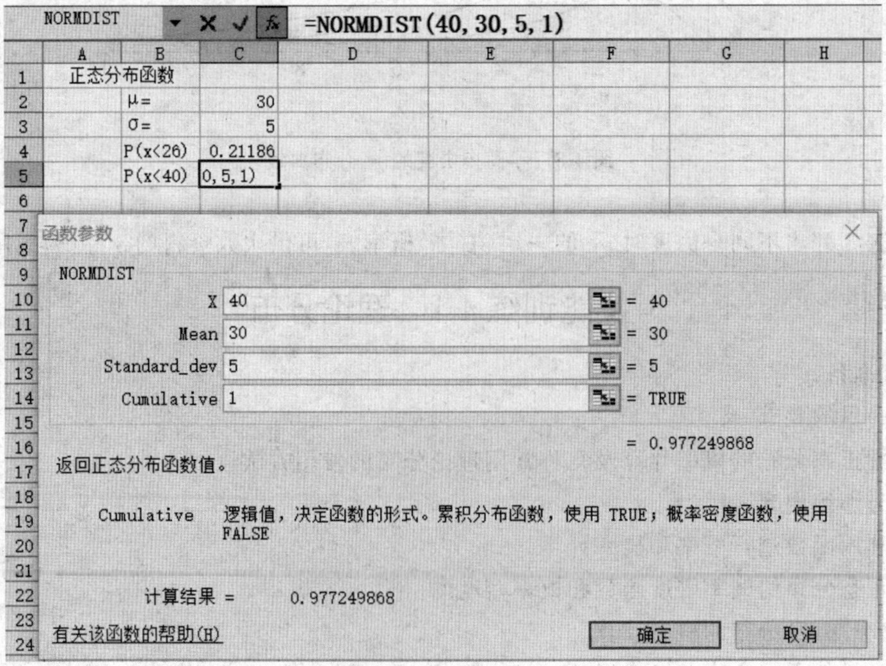

图 4-9 正态分布函数

选择另一张工作表，输入表头“正态分布”，在单元格 C2 输入“数列”，在 C3 单元格中输入“10”，单击【编辑】【填充】【序列】，选择【列】，步长为 1，终止值 50，单击【确定】，得一列数据，单击 D2 单元格，输入“概率密度函数值”，单击 D3 单元格，在编辑栏 fx 处输入“=NORMDIST(C3,30,5,0)”，回车，再次单击 D3，拖曳鼠标至 D43。

单击【插入】，选择【图表】，显示【图表向导 4-步骤之 1-图表类型】，在【标准类型】下选择【折线图】，在【子图表类型】选择第一种【折线图】，单击【下一步】，显示【图表向导 4-步骤之 2-图表源数据】，单击【数据区域】后的折叠按钮，选择 D3:D43，在【系列】中【分类 x 轴标志】后选择 C3:C43，单击【下一步】，显示【图表向导 4-步骤之 3-图表选项】，在【图表标题】后输入：“总体平均数为 $\mu=30$，总体标准差为 $\sigma=5$ 的正态分布曲线”单击【下一步】，显示【图表向导 4-步骤之 4-图表位置】，单击【完成】，即得正态分布曲线图(图 4-10)。

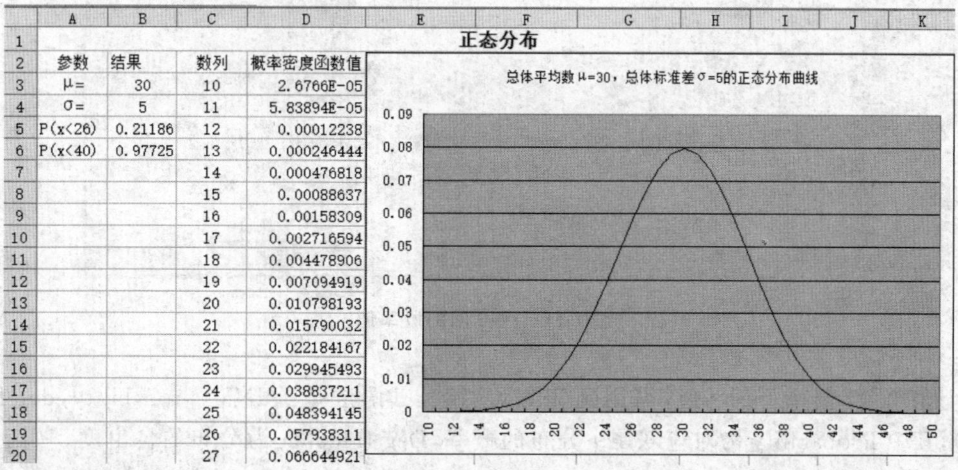

	A	B	C	D
1				
2	参数	结果	数列	概率密度函数值
3	μ=	30	10	2.6766E-05
4	σ=	5	11	5.83894E-05
5	P(x<26)	0.21186	12	0.00012238
6	P(x<40)	0.97725	13	0.000246444
7			14	0.000476818
8			15	0.00088637
9			16	0.00158309
10			17	0.002716594
11			18	0.004478906
12			19	0.007094919
13			20	0.010798193
14			21	0.015790032
15			22	0.022184167
16			23	0.029945493
17			24	0.038837211
18			25	0.048394145
19			26	0.057938311
20			27	0.066644921

图 4-10　正态分布曲线

(二)t 分布函数

1. 说明

t 分布函数(TDIST)返回 student 的 t 分布数值。t 分布用于小样本数据集合的假设检验。使用此函数可以代替 t 分布的临界值表。

2. 语法

TDIST(x,degrees_freedom,tails)

X 为需要计算分布的数字。

Degrees_freedom 为表示自由度的整数。

Tails 指明返回的分布函数是单尾分布还是双尾分布。如果 Tails=1，函数 TDIST 返回单尾分布。如果 Tails=2，函数 TDIST 返回双尾分布。

3. 实例

已知某小样本的统计量服从 t 分布，对应样本容量为 10，试确定 t 值为 2 对应的概率值，0.95 概率下的 t 值。

具体方法：在工作表中单击要输出这一计算结果的单元格，然后单击按钮【fx】，在【选择类别】下拉列表框中选择【统计】，在其下方的【选择函数】列表中选择 TDIST 函数，单击【确定】按钮，弹出对话框，在对话框中的 X 框中输入 2，在 Deg_freedom 框中输入 9，在 Tails 框中输入 2，按【确定】按钮，在选定的单元格中就显示所需要的 TDIST(2,9,2)＝0.076 553(图 4-11)。

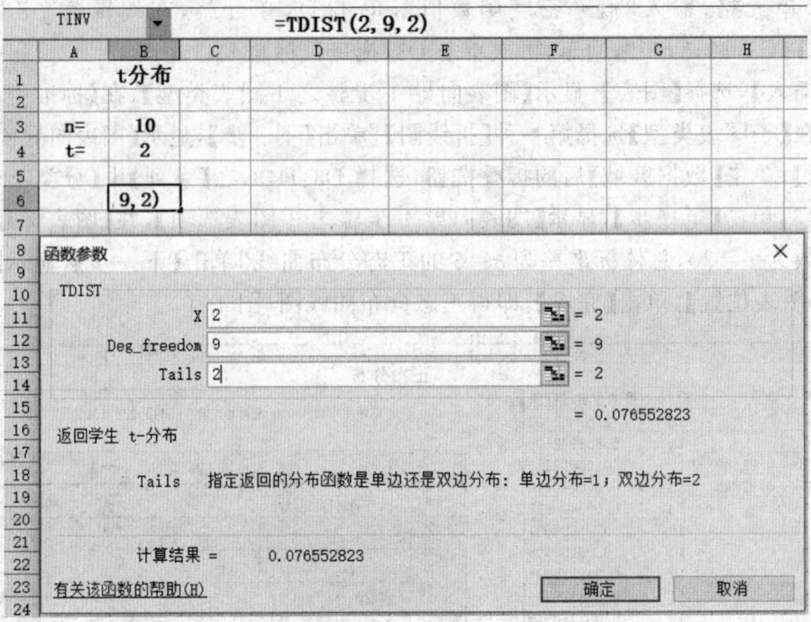

图 4-11 *t*＝2 时的概率值

计算 0.95 概率下的 *t* 值，需用到 TINV 函数，其语法是：TINV(probability，deg-freedom)，其中 Probability 为对应双尾 *t* 分布的概率，Deg-freedom 为分布的自由度。如上题：TINV(0.95，9)＝0.064 477(图 4-12)。

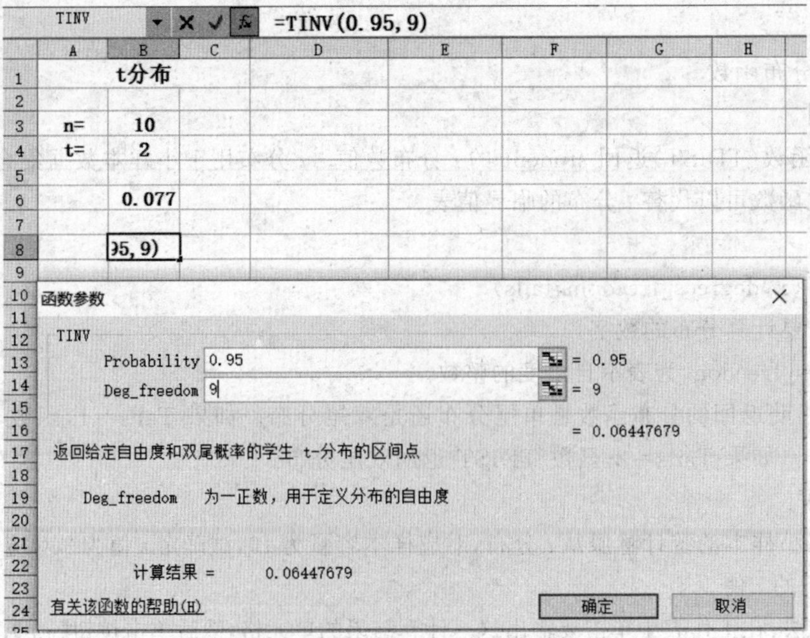

图 4-12 0.95 概率下的 *t* 值

(三)*F* 分布函数

1. 说明

F 分布函数(FDIST),返回 *F* 概率分布(图 4-13)。

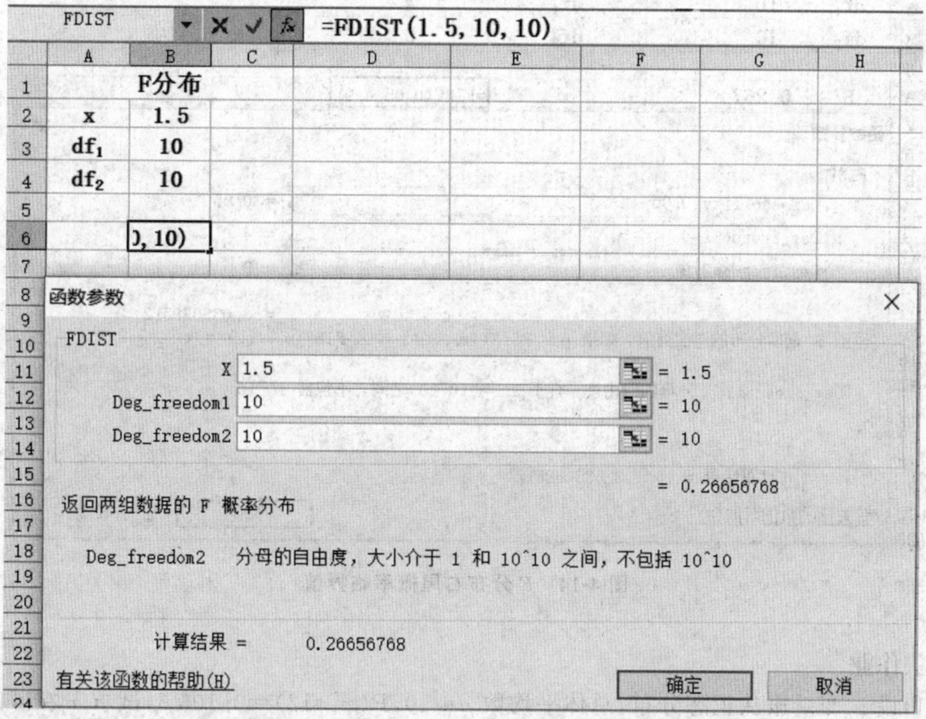

图 4-13　*F* 分布概率值

2. 语法

FDIST(X,Degree-freedom1,Degree-freedom2)

X 为参数值;

Degree-freedom1 为分子自由度;

Degree-freedom2 为分母自由度。

3. 实例

FDIST(1.5,10,10)= 0.266 568

FINV:返回 *F* 概率分布的反函数值,他是计算给定右尾概率时 *F* 分布的临界值。

语法:FINV(Probability,Degree-freedom1,Degree-freedom2),其中 Probability 为与 *F* 累积分布相关的概率值,Degree-freedom1 为分子自由度,Degree-freedom2 为分母自由度(图 4-14)。

举例:FINV(0.05,4,9)= 3.633 089(图 4-14)。

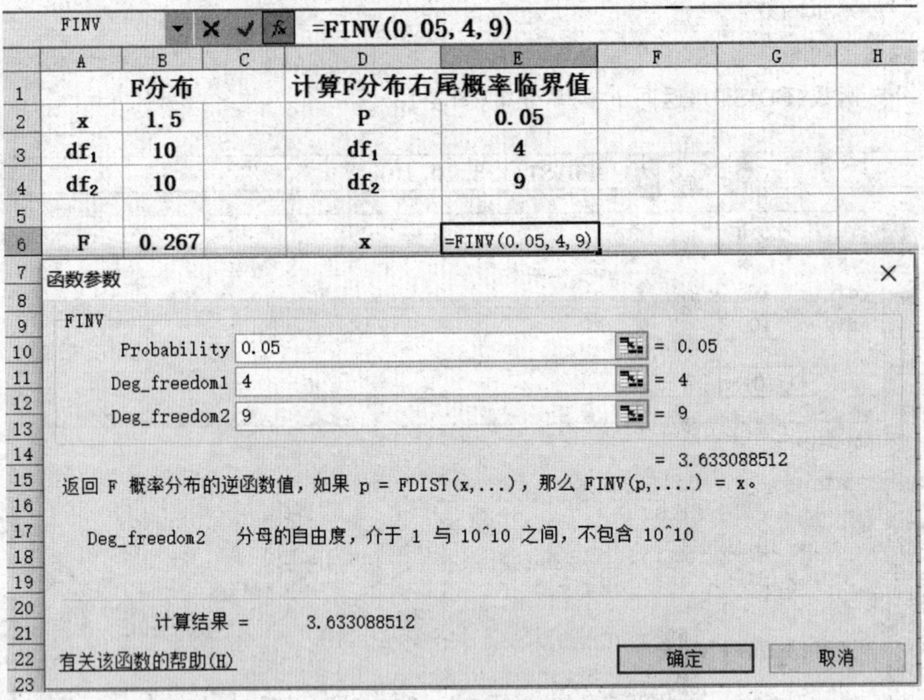

图 4-14 *F* 分布右尾概率临界值

三、作业

(1)设 x 变量服从正态分布，总体平均数 $\mu=10$，$P(x\geqslant 12)=0.1056$，试求 x 在区间 6～16 内取值的概率。

(2)变量 x 服从正态分布 $N(12.86, 1.33^2)$，求 x 在 11.53～14.19 范围内的概率。

第二节 统计假设测验

一、统计假设测验意义

由一个样本或一系列样本所得的结果去推断总体，即统计推断。统计推断包括参数估计和假设测验两个方面。参数估计是由样本结果对总体参数做出点估计和区间估计。点估计是以统计数估计相应的参数，例如以 $\bar{x}$ 估计 μ；区间估计是以一定的概率作保证估计总体参数位于某两个数值之间。但是试验工作更关心的是有关估计值的利用，即利用估计值去作统计假设测验。此法首先是根据试验目的对试验总体提出两种彼此对立的假设，然后由样本的实际结果，经过一定的计算，做出在概率意义上应接受哪种假设的推断。由于此种测验法首先对总体提出假设，所以称为统计假设测验。

二、统计假设测验基本方法

1. 提出假设

统计假设测验首先要对研究总体提出假设。假设一般有两种，一种是无效假设，记作 H_0；另一种是备择假设，记作 H_A。无效假设是假设处理效应为零，试验结果所得的差异乃随机误差所致。备择假设是和无效假设相反的一种假设，即认为试验结果所得的差异是由于真实处理效应所引起的。

(1)单个平均数的假设　假设一个样本平均数 $\bar{x}$ 是从一个已知总体(总体平均数为 μ_0)中随机抽出的，记作 $H_0:\mu=\mu_0$，对 $H_A:\mu\neq\mu_0$。

例如，有一个小麦品种产量总体是正态分布的，总体平均 667 m^2 产量 μ_0 为 360 kg，标准差 σ 为 40 kg。但此品种经多年种植后出现退化，必须对其进行改良，改良的品种种植 16 个小区，得其平均 667 m^2 产量为 380 kg。试问这个改良品种在产量性状上是否和原品种相同。

此乃单个平均数的假设测验，是要测验改良品种的总体平均 667 m^2 产量 μ 是否还是 360 kg。记为 $H_0:\mu=\mu_0$(360 kg)，$H_A:\mu\neq\mu_0$。

(2)两个平均数相比较的假设　假设两个样本平均数 $\bar{x}_1$ 和 $\bar{x}_2$ 是从两个具有相等平均数的总体中随机抽出的，记为 $H_0:\mu_1=\mu_2$，$H_A:\mu_1\neq\mu_2$。

例如，测验两个小麦品种的总体平均产量是否相等，两种农药的杀虫效果是否一样，等等。这些无效假设认为它们是相同的，两个样本的平均数差 $\bar{x}_1-\bar{x}_2$ 是由于随机误差引起的；备择假设则认为两个总体平均数不相同，$\bar{x}_1-\bar{x}_2$ 除随机误差外，还包含真实差异。

此外，百分数、变异数以及多个平均数的假设测验，也应根据试验目的提出无效假设和备择假设，这里不再一一列举。

2. 规定显著水平

接受或否定 H_0 的概率标准叫显著水平，记作 α。α 是人为规定的小概率的数量界限，在生物研究中常取 $\alpha=0.05$ 和 $\alpha=0.01$ 两个等级。这两个等级是专门用于推断 H_0 正确与否而设立的。

3. 计算概率

在无效假设正确的前提下，计算差异属于误差造成的概率。

在上述例中，$H_0:\mu=\mu_0$ 的假设下，就有了一个具有平均数 $\mu=\mu_0=360$ kg，标准误 $\sigma_{\bar{x}}=\frac{\sigma}{\sqrt{n}}=\frac{40}{\sqrt{16}}=10$(kg)的正态分布总体，而样本平均数 $\bar{x}=380$ kg 则是此分布总体中的一个随机变量。据此，就可以根据正态分布求概率的方法，算出在平均数 $\mu_0=360$ kg 的总体中，抽到一个样本平均数 $\bar{x}$ 和 μ_0 的相差≥20 kg 的概率。

$$u=\frac{\bar{x}-\mu_0}{\sigma_{\bar{x}}}=\frac{380-360}{10}=2$$

查附表 2，$P(|u|>2)=P(|\bar{x}-\mu_0|\geq 20)=2\times 0.022\,8=0.045\,6$。

4.统计推断

据“小概率原理”做出接受或否定 H_0 的结论。假设测验中若计算的概率小于0.05或0.01，就可以认为是概率很小的事件，在正常情况下一次试验实际上不会发生，而现在依然发生了，这就使我们对原来作的假设产生怀疑，认为这个假设是不可信的，应该否定。反之，如果计算的概率大于0.05或0.01，则认为不是小概率事件，在一次试验中很容易发生，H_0 的假设可能是正确的，应该接受。

上例中，计算出在 $\mu=360$ kg 这样一个总体中，得到一个样本平均数 $\bar{x}$ 和 μ 相差超过20 kg的概率是0.045 6，小于显著水平 $\alpha=0.05$，可以推断改良后的品种在产量性状上已不同于原品种，否定 $H_0:\mu=\mu_0=360$ kg 的假设。

在实际测验时，计算概率可以简化，因为在标准正态 u 分布下 $P(|u|=1.96)=0.05$，$P(|u|=2.58)=0.01$，因此，在用 u 分布作测验时，实际算得的 $|u|\geqslant1.96$，表明概率 $P\leqslant0.05$，可在0.05水平上否定 H_0；实际算得的 $|u|\geqslant2.58$，表明概率 $P\leqslant0.01$，可在0.01水平上否定 H_0。反之，若实际算得的 $|u|\leqslant1.96$，表示 $P\geqslant0.05$，可接受 H_0，不必再计算实际的概率。

值得注意的是，利用小概率原理进行推断，并不是百分之百地肯定不发生错误，一般而论，假设测验可能会出现两类错误：如果假设是正确的，但通过试验结果的测验后却否定了它，这就造成所谓第一类错误，即 α 错误；反之，如果假设是错误的，而通过试验结果的测验后却接受了它，这就造成所谓第二类错误，即 β 错误。

综上所述，假设测验可分为四个步骤：

(1)对样本所属总体提出无效假设和备择假设。

(2)规定测验的显著水平 α 值。

(3)在无效假设正确的前提下，根据统计数的分布规律，算出实得差异由误差造成的概率。

(4)根据误差造成的概率大小来推断差异是否显著。

三、两尾测验和一尾测验

1.接受区间和否定区间

假设测验这种方法从本质上说是把统计数的分布划分为接受区间和否定区间。所谓接受区间就是接受 H_0 的区间，统计数落到这个区间就接受 H_0；否定区间则为否定 H_0 的区间，统计数落到这个区间就否定 H_0。对于平均数 $\bar{x}$ 的分布，当取 α 为0.05时，可划出接受区间 $(\mu-1.96\sigma_{\bar{x}},\mu+1.96\sigma_{\bar{x}})$，$\bar{x}$ 落入这个区间的概率是95%。而 $(-\infty,\mu-1.96\sigma_{\bar{x}})$ 和 $(\mu+1.96\sigma_{\bar{x}},+\infty)$ 为两个对称的否定区间，$\bar{x}$ 落入此区间的概率为5%(图4-15)。同理，当取 $\alpha=0.01$ 时，可划出否定区间为 $(-\infty,\mu-2.58\sigma_{\bar{x}})$ 和 $(\mu+2.58\sigma_{\bar{x}},+\infty)$，$\bar{x}$ 落入此区间的概率为1%。一般将接受区间和否定区间的两个临界值写成 $\mu\pm u_\alpha\sigma_{\bar{x}}$。以上述小麦改良品种为例，在 $H_0:\mu_{\bar{x}}=360$ kg 的假设下，以 $n=16$ 抽样，样本平均数 $\bar{x}$ 是一个具有 $\mu_{\bar{x}}=360$ kg，$\sigma_{\bar{x}}=10$ kg 的均数正态分布。当 $\alpha=0.05$ 为显著水平时，接受区间下限为 $360-1.96\times10=340.4$ (kg)，上限为 $360+1.96\times10=379.6$ (kg)，它的两个否定区间为 $\bar{x}<340$ kg 和 $\bar{x}>376$ kg。在这个例子中，实际得到的 $\bar{x}=380$ kg 已落入否定区间。所以，可以冒5%的风险否定 H_0。

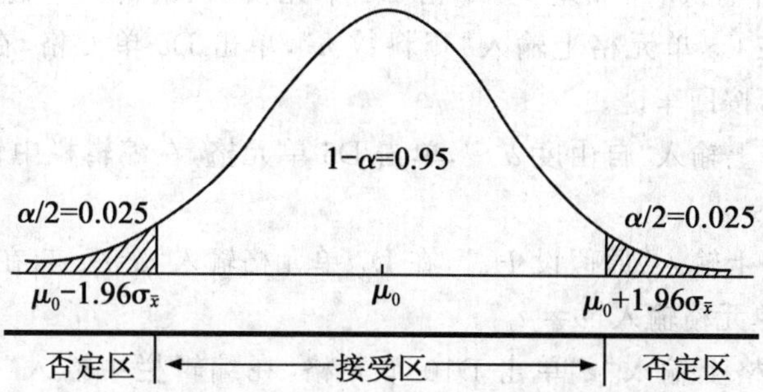

图 4-15　0.05 显著水平接受区间和否定区间

2. 两尾测验和一尾测验

假设测验时考虑的概率标准为左右两尾之和，称两尾测验，具有左尾和右尾两个否定区间。这类测验考虑的问题是 μ 可能大于 μ_0，也可能小于 μ_0，测验的关键是 μ 和 μ_0 是否相等，无效假设的形式是 $H_0:\mu=\mu_0$，对 $H_A:\mu\neq\mu_0$。在 μ 不等于 μ_0 的情况下，μ 可小于 μ_0，样本平均数 $\bar{x}$ 就落入左尾否定区；μ 可大于 μ_0，$\bar{x}$ 就落入右尾否定区，这两种情况都属于($\mu\neq\mu_0$)的情况。在假设中考虑的概率标准为左尾或右尾的概率称为一尾测验，它具有一个否定区。一般其 H_0 假设形式为 $H_0:\mu>\mu_0$ 或 $H_0:\mu<\mu_0$，对 $H_A:\mu<\mu_0$ 或 $H_A:\mu>\mu_0$。在生产和科研当中有些情况下两尾测验不一定符合实际需要，应当采用一尾测验。

一尾测验与两尾测验的推理方法是相同的，只是在具体测验时，一尾测验的显著水平 α 取 0.05 时，其临界 $u(t)$ 值就是两尾测验 α 取 0.1 所对应的临界 $u(t)$ 值。因此，一尾测验比两尾测验更容易否定 H_0。如当 $\alpha=0.05$ 时，两尾测验临界 u 的 $|u|=1.96$，而一尾测验 $|u|=1.645$。所以，在利用一尾测验时，应有足够的依据。

技能训练 4-2　差异显著性测验

一、准备

(一)目的要求

了解显著性测验的意义和基本原理，掌握利用 Excel 进行假设测验的方法。

(二)训练内容

利用相应的 Excel 工作表函数及公式计算出样本统计数，然后再编辑公式计算 t 值，对单个样本资料进行假设测验。

(三)材料用具

装有 Excel 软件的计算机。

二、测验步骤

结合教材【例 4.12】的数据进行。

(1)新建一个工作表，输入表头"单个样本平均数的假设测验"，从 A2 单元格开始按列输入数据资料，直至 A18 结束。

(2)在 C2 单元格输入"总体平均数 μ_0"，在 D2 单元格输入"16"；在 C3 单元格输入"平均数 $\bar{x}$"，单击 D3 单元格，在编辑栏中输入"＝AVERAGE(A2:A18)"，按回车键。

(3)在 C4 单元格输入“标准差 s”,单击 D4 单元格,在编辑栏中输入“＝STDEV(A2:A18)”,按回车键。在 C5 单元格上输入“资料数 n”,单击 D5 单元格,在编辑栏中输入“＝COUNT(A2:A18)”,按回车键。

(4)在 C6 单元格上输入“自由度 df”,单击 D6 单元格,在编辑栏中输入“＝D5-1”,按回车键。

(5)在 C7 单元格上输入“原假设 H_0”,在 D7 单元格输入“$\mu=\mu_0$”,在 C8 单元格输入“备择假设 H_A”,在 D8 单元格输入“$\mu\neq\mu_0$”。

(6)在 C10 单元格上输入“t”单击 D10 单元格,在编辑栏中输入“＝(D3－D2)/(D4/SQRT(D5))”,按回车键。

(7)在 C11 单元格上输入“$t_{0.05}$”,单击 D11 单元格,在编辑栏中输入“＝TINV(0.05,16)”,按回车键。在 C12 单元格上输入“$t_{0.01}$”,单击 D12 单元格,在编辑栏中输入“＝TINV(0.01,16)”,按回车键。

(8)得出结论,从计算结果看,t 值大于 $t_{0.01}$ 值,推断滴灌对大豆的百粒重有显著影响。在 C14 单元格输入“测验结论:拒绝 H_0”,如图 4-16 所示。

D10 ▾ fx =(D3-D2)/(D4/SQRT(D5))

	A	B	C	D	E
1	单个样本平均数的假设测验				
2	19		总体平均数 μ_0	16	
3	17.3		平均数 $\bar{x}$	18.08823529	
4	18.2		标准差s	0.985445555	
5	19.5		资料数n	17	
6	20		自由度df	16	
7	18.8		原假设 H_0	$\mu=\mu_0$	
8	17.7		备择假设 H_A	$\mu\neq\mu_0$	
9	16.9				
10	18.2		t	8.73717949	
11	17.5		$t_{0.05}$	2.119905285	
12	18.7		$t_{0.01}$	2.920781621	
13	18				
14	17.9		测验结论:拒绝 H_0		
15	19				
16	17.6				
17	16.8				
18	16.4				

图 4-16 单个样本平均数的假设测验(方法一)

也可采用以下方法:

(1)单击【工具】/【数据分析】命令,弹出【数据分析】对话框,选择【描述统计】选项,单击【确定】按钮。

(2)在弹出的【描述统计】对话框中,单击【输入】选项组中【输入区域】后的折叠按钮,选择 A2:A18 单元格区域,单击选中【输出选项】中的【输出区域】单选按钮,并单击【输出区域】后的折叠按钮,选择单元格 C2,去掉第 K 大值和第 K 小值勾选,完成后单击【确定】按钮(图 4-17)。结果如图 4-19 列 1 所示:我们可以得到该组资料的平均数、标准差、观测值个数等。

(3)在 C17 单元格上输入“原假设 H_0”,在 D17 单元格输入“$\mu=\mu_0$”;在 C18 单元格输入“备择假设 H_A”,在 D18 单元格输入“$\mu\neq\mu_0$”;将 A19 至 C19 合并,并输入“未滴灌的某大豆品种百粒重(g)$\mu_0=$”在 D19 单元格输入数据“16”。

(4)计算 t 值:选择单元格 D20,在编辑栏中输入“=(D4-D19)/(D8/SQRT(D16)),按回车键即得出 t 值。

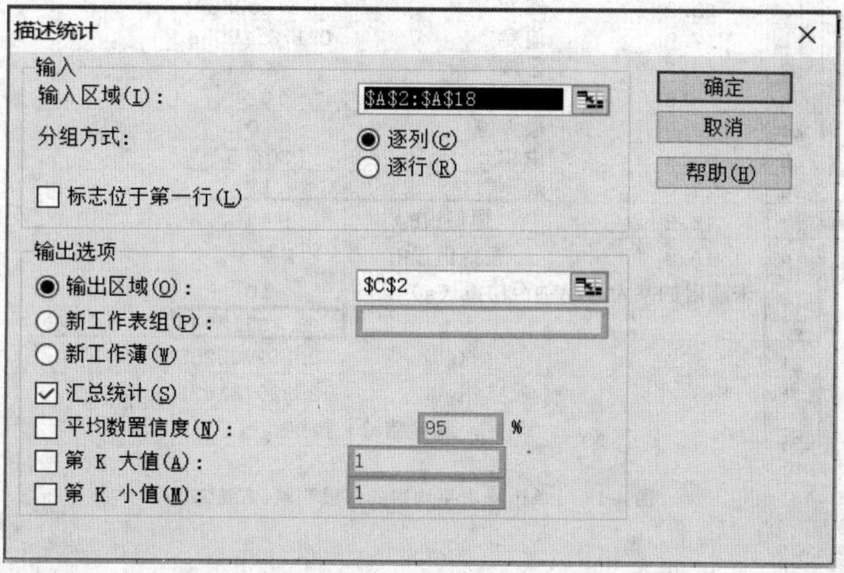

图 4-17　描述性统计

(5)计算 $t_{0.05}$ 和 $t_{0.01}$ 值:选择单元格 D21,在编辑栏中输入“=TINV(0.05,16)”,按回车键;选择单元格 D22,在编辑栏中输入“=TINV(0.01,16)”,按回车键。

(6)得出结论,从计算结果看,t 值大于 $t_{0.01}$ 值,推断滴灌对大豆的百粒重有显著影响,在 C23 单元格输入“测验结论:拒绝 H_0”,如图(4-18)所示。

三、作业

(1)假设根据小麦某品种历年表现,已知种子千粒重的总体平均数为 $\mu=28$ g,某单位采用系统育种的方法从这一品种中选出了一个新品系,新品系随机抽取了 10 个点的种子,经千粒重检验样本平均数为 $\bar{x}=29$ g,标准差为 $s=1.8$ g,试测验新品系的千粒重与原品种差异是否显著?

(2)假设大豆某品种历年各地含油量的测定,已知总体平均数为 $\mu=21.5\%$,从这一品种中采用系统育种的方法选出的新品系,经 6 个点测定的含油量的百分率为 22.0,21.8,21.6,22.3,22.4,22.5,试测验新品系的含油量与原品种差异是否显著?

D20 | f_x =(D4-D19)/(D8/SQRT(D16))

	A	B	C	D	E
1	单个样本平均数的假设测验				
2	19		列1		
3	17.3				
4	18.2		平均	18.08823529	
5	19.5		标准误差	0.239005654	
6	20		中位数	18	
7	18.8		众数	19	
8	17.7		标准差	0.985445555	
9	16.9		方差	0.971102941	
10	18.2		峰度	-0.512085591	
11	17.5		偏度	0.178119038	
12	18.7		区域	3.6	
13	18		最小值	16.4	
14	17.9		最大值	20	
15	19		求和	307.5	
16	17.6		观测数	17	
17	16.8		原假设H_0	$\mu=\mu_0$	
18	16.4		备择假设H_A	$\mu\neq\mu_0$	
19	未滴灌的某大豆品种百粒重（g）μ_0=			16	
20			t	8.73717949	
21			$t_{0.05}$	2.119905285	
22			$t_{0.01}$	2.920781621	
23			测验结论：拒绝H_0		

图 4-18　单个样本平均数的假设测验(方法二)

第三节　*u* 测验

一、总体平均数 *u* 测验

当样本总体方差 σ^2 已知或大样本情况 σ^2 未知时，采用 u 测验法。

【例 4.9】　有一玉米杂交种每 667 m² 产量总体为正态分布，其总体平均产量 $\mu_0=430$ kg，标准差 $\sigma=30$ kg。为提高制种产量进行反交制种，对反交种进行 9 个小区试验，得平均每 667 m² 产量 $\bar{x}=415$ kg，问反交种在产量上是否和正交种有显著差异？

本例总体方差为已知，可进行 u 测验。另外，反交种的产量可能高于正交种，也可能低于正交种，故用两尾测验。

(1)提出假设　H_0：$\mu=\mu_0$，即反交杂交种的总体平均产量和正交种相同。对 H_A：$\mu\neq\mu_0$。

(2)规定显著水平　$\alpha=0.05$。

(3)测验计算

$$\sigma_{\bar{x}}=\frac{\sigma}{\sqrt{n}}=\frac{30}{\sqrt{9}}=10(\text{kg})$$

$$u=\frac{\bar{x}-\mu}{\sigma_{\bar{x}}}=\frac{415-430}{10}=-1.5$$

(4)推断　u 分布中，两尾概率 $\alpha=0.05$ 时，临界 u 值为 1.96，而实得 $|u|=1.5$，小于 $u_{0.05}(1.96)$，$P>0.05$。故接受 H_0，认为此玉米杂交种正反交产量差异不显著。

【例 4.10】　某一棉花品种的纤维长度平均为 29.8 mm，现从一棉花新品系中以 $n=100$ 抽样，测得其纤维平均长度 $\bar{x}=30.1$ mm，标准差 $s=1.5$ mm，问此结果下可否认为这一新品系的纤维长度不同于原棉花品种？

本例总体方差 σ^2 未知，但 $n\geqslant30$，故可采用 u 测验。新品系纤维长度可能大于原品种，也可能小于原品种，故可用两尾测验。

(1)提出假设　$H_0:\mu=29.8$ mm，即新品系棉花纤维长度和原指定品种相同。对 $H_A:\mu\neq29.8$ mm。

(2)规定显著水平　$\alpha=0.05$。

(3)测验计算

$$s_{\bar{x}}=\frac{s}{\sqrt{n}}=\frac{1.5}{\sqrt{100}}=0.15$$

$$u=\frac{\bar{x}-\mu}{s_{\bar{x}}}=\frac{30.1-29.8}{0.15}=2$$

(4)推断　u 分布中，当 $\alpha=0.05$ 时，$u_{0.05}=1.96$。实得 $|u|>1.96$，故可在 0.05 的水平上否定 H_0，接受 H_A，认为新品系平均纤维长度和原指定品种有显著差异。

二、总体平均数之差 u 测验

在两个样本总体方差 σ_1^2 和 σ_2^2 已知，或未知但两个样本都是大样本($n_1\geqslant30$，$n_2\geqslant30$)时，用 u 测验。一般情况下，两个总体的方差 σ_1^2 和 σ_2^2 未知，因此这里着重讨论两个大样本的比较。

由抽样分布公式可知

$$s_{\bar{x}_1-\bar{x}_2}=\sqrt{\frac{s_1^2}{n_1}+\frac{s_2^2}{n_2}}$$

故而

$$u=\frac{(\bar{x}_1-\bar{x}_2)-(\mu_1-\mu_2)}{s_{\bar{x}_1-\bar{x}_2}} \tag{4-35}$$

由于假设 $H_0:\mu_1=\mu_2$

故

$$u=\frac{\bar{x}_1-\bar{x}_2}{s_{\bar{x}_1-\bar{x}_2}} \tag{4-36}$$

如果实得 $|u|\geqslant u_\alpha$，$P\leqslant0.05$ 否定 H_0，接受 H_A。当 $<u_\alpha$ 时，接受 H_0。

【例 4.11】 表 4-2 是水稻不同插秧期的每穗结实数，试测验两个插秧期对水稻每穗结实数有无影响。

表 4-2 水稻不同插秧期的每穗结实数

插秧期	每穗结实数									
6 月 4 日	31	84	71	38	46	46	54	44	88	24
	81	62	45	57	62	39	37	69	21	53
	44	53	61	45	72	35	62	70	42	88
	37	74	42	87	47	46	65	54	28	58
	63	54	62	59	30	53	29	62	78	53
6 月 17 日	31	44	65	32	40	53	54	60	34	49
	46	48	49	31	23	69	58	42	44	24
	51	32	43	33	25	49	47	66	36	36
	34	33	41	62	38	38	40	66	47	71
	24	53	20	25	31	41	60	32	56	38

(1)提出假设　$H_0:\mu_1=\mu_2$，对 $H_A:\mu_1\neq\mu_2$。

(2)规定显著水平　$\alpha=0.01$

(3)测验计算

$$\bar{x}_1=\frac{1}{50}(31+84+\cdots+53)=54.10$$

$$s_1^2=\frac{31^2+84^2+\cdots+53^2-\dfrac{(31+84+\cdots+53)^2}{50}}{50-1}=294.5$$

$$\bar{x}_2=\frac{1}{50}(31+44+\cdots+38)=43.28$$

$$s_2^2=\frac{31^2+44^2+\cdots+38^2-\dfrac{(31+44+\cdots+38)^2}{50}}{50-1}=174.3$$

$$s_{\bar{x}_1-\bar{x}_2}=\sqrt{\frac{s_1^2}{n_1}+\frac{s_2^2}{n_2}}=\sqrt{\frac{294.5}{50}+\frac{174.3}{50}}=3.036$$

由式(4-36)得

$$u=\frac{\bar{x}_1-\bar{x}_2}{s_{\bar{x}_1-\bar{x}_2}}=\frac{54.10-43.28}{3.036}=3.54$$

(4)推断　实得 $|u|>u_{0.01}=2.58$，所以否定 H_0，接受 H_A，即两个插秧期的每穗结实数有极显著差异。

技能训练 4-3　*u* 测验

一、准备

(一)目的要求

掌握利用电子表格进行 u 测验的方法。

(二)训练内容

(1)方差已知条件下总体平均数 u 测验。

(2)方差未知且为大样本条件下总体平均数 u 测验。

(3)方差未知且为大样本条件下总体平均数之差 u 测验。

(三)材料用具

装有 Excel 软件的计算机。

二、测验步骤

(一)方差已知条件下总体平均数 u 测验【例 4.9】

1.新建一工作表,输入表头,"方差已知条件下总体平均数 u 测验"。

2.输入已知参数,$n=9$,$\sigma=30$,$\alpha=0.05$,$\mu_0=430$,在 B3,B4,B5,B6 单元格分别输入"n""σ""α""μ_0",在 C3,C4,C5,C6 单元格分别输入"9""30""0.05""430"。

3.输入样本平均数,在 B7 单元格输入"$\bar{x}$",在 C7 单元格输入"415"。

4.输入原假设和备择假设,在 B8 单元格输入"原假设 H_0",在 C8 单元格输入"$\mu=\mu_0$",在 B9 单元格输入"备择假设 H_A",在 C9 单元格输入"$\mu\neq\mu_0$"。

5.计算 u 的值,在 B10 单元格输入"u",单击 C10 单元格,在编辑栏中输入"(C7-C6)/(C4/SQRT(C3))",按回车键。所得 u 值为-1.5,其绝对值小于 1.96。

6.得出结论,单击 B11 单元格,在编辑栏中输入"测验结论:接受 H_0"。最终结果如图 4-19 所示

	A	B	C	D	E
1	方差已知条件下总体平均数u测验				
2					
3		n	9		
4		σ	30		
5		α	0.05		
6		μ_0	430		
7		$\bar{x}$	415		
8		原假设H_0	$\mu=\mu_0$		
9		备择假设H_A	$\mu\neq\mu_0$		
10		u	-1.5		
11		测验结论:接受H_0			

图 4-19　方差已知条件下总体平均数 *u* 测验

(二) 方差未知且为大样本条件下总体平均数 u 测验【例 4.10】

1. 新建一工作表，输入表头“方差未知且为大样本条件下总体平均数 u 测验”。

2. 输入已知参数，$n=100$，$s=30$，$\mu_0=29.8$，$\alpha=0.05$，在 B3，B4 单元格分别输入“n”，“μ_0”，在 C3，C4 单元格分别输入“100”“29.8”，在 D3，D4 单元格分别输入“s”“α”，在 E3，E4 单元格分别输入“30”“0.05”。

3. 输入样本平均数，在 B5 单元格输入“$\bar{x}$”，在 C5 单元格输入“30.1”。

4. 输入原假设和备择假设，在 B6 单元格输入“原假设 H_0”，在 C6 单元格输入“$\mu=\mu_0$”，在 B7 单元格输入“备择假设 H_A”，在 C7 单元格输入“μ_0”。

5. 计算 u 的值，在 B8 单元格输入“u”，单击 C8 单元格，在编辑栏中输入“=(C5-C4)/(E3/SQRT(C3))”，按回车键。所得 u 值为 2，大于 1.96。

6. 得出结论，单击 B9 单元格，输入“测验结论：拒绝 H_0”。最终结果如图 4-20 所示：

	A	B	C	D	E	F
1		方差未知且为大样本条件下总体平均数u测验				
2						
3		n	100	s	1.5	
4		μ_0	29.8	α	0.05	
5		$\bar{x}$	30.1			
6		原假设H_0	$\mu=\mu_0$			
7		备择假设H_A	$\mu\neq\mu_0$			
8		u	2			
9		测验结论：拒绝H_0				

图 4-20　方差未知且为大样本条件下总体平均数 u 测验

(三) 方差未知且为大样本条件下总体平均数之差 u 测验【例 4.11】

1. 新建一工作表，输入表头：“方差未知且为大样本条件下总体平均数之差 u 测验”；

2. 输入原始数据：在 A3：A52 单元格区域中输入表中插秧期为 6 月 4 日的每穗结实数，在 B3：B52 单元格区域中输入表中插秧期为 6 月 17 日的每穗结实数；

3. 输入已知参数：$n_1=50$，$n_2=50$，$\alpha=0.05$，在 D3，D4，D5 单元格分别输入“n_1”“n_2”“α”，在 E3，E4，E5 单元格分别输入“50”“50”“0.05”；

4. 计算样本方差，在 D6，D7 单元格分别输入“s_2^2”“s_2^2”，单击 E6 单元格，在编辑栏中输入“=VAR(A3：A52)”，按回车键；单击 E7 单元格，在编辑栏中输入“=VAR(B3：B52)”，按回车键。

5. 输入原假设和备择假设，在 D8 单元格输入“原假设 II_0”，在 E8 单元格输入“$\mu_1=\mu_2$”，在 D9 单元格输入“备择假设 HA”，在 E9 单元格输入“$\mu_1\neq\mu_2$”。

6. 进行假设测验，单击【工具】/【数据分析】命令，弹出【数据分析】对话框，选择【z 检验：双样本平均差检验】选项，单击【确定】按钮，在弹出的【z 检验：双样本平均差检验】对话框中，单击【输入】选项组中【变量 1 的区域】后的折叠按钮，选择 A3:A52 单元格区域，单击【输入】选项组中【变量 2 的区域】后的折叠按钮，选择 B3:B52 单元格区域，在【假设平均差】文本框中输入“0”，在【变量 1 的方差】文本框中输入“294.5”(求出的 s_1^2 的值)在【变量 2 的方差】文本框中输入“174.451”(求出 s_2^2 的值)，在【a】文本框中输入“0.05”，单击选中【输出选项】中的【输出区域】单选按钮，并单击【输出区域】后的折叠按钮，选择单元格，如图 4-21 所示，完成后单击【确定】按钮即可。

单击 D22 单元格，输入“测验结论:拒绝 H_0”。最终结果如图 4-21 所示。

	A	B	C	D	E	F
1	方差未知且为大样本条件下总体平均数之差u测验					
2	6月4日	6月17日				
3	31	31		n_1	50	
4	81	46		n_2	50	
5	44	51		α	0.05	
6	37	34		s_1^2	294.5	
7	63	24		s_2^2	174.451	
8	84	44		原假设H_0	$\mu_1=\mu_2$	
9	62	48		备择假设H_A	$\mu_1\neq\mu_2$	
10	53	32		z-检验：双样本均值分析		
11	74	33				
12	54	53			变量 1	变量 2
13	71	65		平均	54.1	43.28
14	45	49		已知协方差	294.5	174.451
15	61	43		观测值	50	50
16	42	41		假设平均差	0	
17	62	20		z	3.53304	
18	38	32		P(Z<=z) 单尾	0.00021	
19	57	31		z 单尾临界	1.64485	
20	45	33		P(Z<=z) 双尾	0.00041	
21	87	62		z 双尾临界	1.95996	
22	59	25		测验结论：拒绝H_0		

图 4-21　方差未知且为大样本条件下总体平均数之差 *u* 测验

三、作业

1. 假定某地区的水稻栽培品种经多年种植，已知 667 m^2 产量为 300 kg，标准差为 30 kg，现有一新品种经 9 个小区的试验，小区 667 m^2 产量的平均数为 330 kg，试测验新品种与当地品种产量是否有显著差异？

2. 研究甲乙两个玉米杂交种的雄穗分枝数，从甲杂交种随机抽查 55 株($n_1=55$)，得平均分枝数 $\bar{x}_1=21.3$，标准差 $s_1=5.02$；从乙杂交种随机抽查 57 株($n_2=57$)，得平均分枝数 $\bar{x}_2=13.9$，标准差 $s_2=3.31$；试检验两个杂交种在雄穗分枝数这一性状上是否有本质差异？

第四节　t 测验

一、总体平均数 t 测验

单个平均数的假设测验是测验所属的总体平均数是否和某一指定的总体平均数相同。如果总体 σ^2 方差未知，又是小样本(即 $n<30$)，用 t 测验法。

【例 4.12】　已知某大豆品种的百粒重为 16 g，现对该品种进行滴灌试验，17 个小区的百粒重(g)分别为：19.0、17.3、18.2、19.5、20.0、18.8、17.7、16.9、18.2、17.5、18.7、18.0、17.9、19.0、17.6、16.8、16.4。试问滴灌是否对大豆的百粒重有明显的影响？

本例总体方差为未知，又是小样本，所以要用 t 测验法。又因为滴灌对百粒重的影响可能是提高，也可能是降低，目的是测验滴灌对百粒重是否有影响，故采用两尾测验。

(1)提出假设　$H_0:\mu=\mu_0$，对 $H_A:\mu\neq\mu_0$。

(2)规定显著水平　$\alpha=0.05$。

(3)测验计算

$$\bar{x}=\frac{\sum x_i}{n}=\frac{1}{17}\times(19.0+17.3+\cdots+16.4)=\frac{1}{17}\times 307.5=18.09(\text{g})$$

$$s=\sqrt{\frac{\sum x^2-\frac{\left(\sum x\right)^2}{n}}{n-1}}=\sqrt{\frac{19.0^2+17.3^2+\cdots+16.4^2-\frac{307.5^2}{17}}{17-1}}=0.99$$

$$s_{\bar{x}}=\frac{s}{\sqrt{n}}=\frac{0.99}{\sqrt{17}}=0.24$$

$$t=\frac{\bar{x}-\mu}{s_{\bar{x}}}=\frac{18.09-16}{0.24}=8.71$$

(4) 推断　查附表 4，当 $df=17-1=16$ 时，两尾概率 α 为 0.05 的临界值 $t_{0.05}=2.12$，实得 $t=8.71$，故实得 $|t|>t_{0.05}$，$P<0.05$，否定 H_0，接受 H_A。因此，推断滴灌对大豆的百粒重有显著影响。

如果本例问题是滴灌对大豆的百粒重是否有明显的提高作用，则可采用一尾测验。因为从试验结果可以推测，滴灌对百粒重只有提高，而没有降低的可能。且试验者所关心的是滴灌是否有显著的提高作用，降低和相等的情况都是试验者所不希望的。测验的步骤基本同上。

(1)提出假设　$H_0:\mu\leqslant 16$ g，对 $H_A:\mu>16$ g。

(2)规定显著水平　$\alpha=0.05$。

(3)测验计算　$\bar{x}=18.09$ g　$s=0.99$ g　$s_{\bar{x}}=0.24$ g　$t=8.71$

查附表 4，当 $df=17-1=16$ 时，一尾概率 $\alpha=0.05$ 时，$t_{0.05}$(两尾 $t_{0.1}$)$=1.746$，结果实得 $|t|>t_{0.05}$，$P<0.05$，否定 H_0，接受 H_A。

(4)推断　滴灌对百粒重有显著提高作用。

二、总体平均数之差 t 测验

两个样本平均数的假设测验是测验两个样本平均数 $\bar{x}_1$ 和 $\bar{x}_2$ 所属的总体平均数 μ_1 和 μ_2 是否相等。它经常应用于比较不同处理效应的差异显著性。例如,两个品种的生产能力,两种施肥方法对产量的效应,两种饲料配方对动物生长发育的作用等等。这些必须从所涉及的两个总体中取得样本,利用样本平均数之间的差异来推断总体平均数之间的差异。具体测验和估计的方法可由资料的来源不同,分为成组数据的比较和成对数据的比较。

(一)成组数据比较假设测验

成组数据资料的特点是指两个样本的各个观察值是从各自总体中抽取的,样本间的观察值没有任何关联。即两个样本是彼此独立的。这种情况下,无论两样本的容量是否相同,所得数据皆称为成组数据。它是以组平均数作为相互比较的标准测验差异显著性。

在两个样本总体方差 σ_1^2 和 σ_2^2 未知,又是小样本时,可假定 $\sigma_1^2=\sigma_2^2$,用 t 测验。

$$t=\frac{(\bar{x}_1-\bar{x}_2)-(\mu_1-\mu_2)}{s_{\bar{x}_1-\bar{x}_2}} \tag{4-37}$$

由于 $\mu_1=\mu_2$ 故上式为

$$t=\frac{\bar{x}_1-\bar{x}_2}{s_{\bar{x}_1-\bar{x}_2}} \tag{4-38}$$

由于假定 $\sigma_1^2=\sigma_2^2=\sigma^2$,而 s_1^2 和 s_2^2 都是用来作为 σ^2 的无偏估计值的。所以,用两个方差 s_1^2 和 s_2^2 的加权来估计 σ^2。

$$s_e^2=\frac{s_1^2(n_1-1)+s_2^2(n_2-1)}{(n_1-1)+(n_2-1)}=\frac{\sum(x_1-\bar{x}_1)^2+\sum(x_2-\bar{x}_2)^2}{(n_1-1)+(n_2-1)} \tag{4-39}$$

式中:s_e^2 为合并均方,$\sum(x_1-\bar{x}_1)^2$ 与 $\sum(x_2-\bar{x}_2)^2$ 分别为两个样本的平方和,求得 s_e^2 后其两个样本平均数标准误为

$$s_{\bar{x}_1-\bar{x}_2}=\sqrt{s_e^2\left(\frac{1}{n_1}+\frac{1}{n_2}\right)}=\sqrt{\frac{\sum(x_1-\bar{x}_1)^2+\sum(x_2-\bar{x}_2)^2}{n_1+n_2-2}\left(\frac{1}{n_1}+\frac{1}{n_2}\right)}$$

$$df=n_1+n_2-2$$

当 $n_1=n_2=n$ 时

$$s_{\bar{x}_1-\bar{x}_2}=\sqrt{\frac{2s_e^2}{n}}$$

【例 4.13】 为比较水稻田两种氮肥浅施的效果,用完全随机排列进行试验,产量结果列于表 4-3。试测验两种氮肥对水稻产量的差异显著性。

表 4-3　硝酸铵和氯化铵浅施水稻的产量　kg/667 m²

x_1(浅施硝酸铵)	x_2(浅施氯化铵)
239.50	248.15
240.60	255.85
247.50	261.20
232.50	257.40
237.50	255.40

(1)提出假设　$H_0:\mu_1=\mu_2$,对 $H_A:\mu_1\neq\mu_2$。

(2)规定显著水平　$\alpha=0.01$,两尾测验。

(3)测验计算

$$\bar{x}_1=\frac{1}{5}(239.5+240.6+\cdots+237.5)=239.5(\text{kg})$$

$$\bar{x}_2=\frac{1}{5}(248.15+255.85+\cdots+255.4)=255.6(\text{kg})$$

$$\sum(x_1-\bar{x}_1)^2=(239.5^2+240.6^2+\cdots+237.5^2)-\frac{(239.5+240.6+\cdots+237.5)^2}{5}=118.21$$

$$\sum(x_2-\bar{x}_2)^2=(248.15^2+255.85^2+\cdots+255.4^2)-\frac{(248.15+255.85+\cdots+255.4)^2}{5}=90.205$$

$$s_e^2=\frac{s_1^2(n_1-1)+s_2^2(n_2-1)}{(n_1-1)+(n_2-1)}=\frac{\sum(x_1-\bar{x}_1)^2+\sum(x_2-\bar{x}_2)^2}{(n_1-1)+(n_2-1)}=\frac{118.21+90.205}{(5-1)+(5-1)}=26.052$$

$$s_{\bar{x}_1-\bar{x}_2}=\sqrt{\frac{2s_e^2}{n}}=\sqrt{\frac{2\times 26.052}{5}}=3.23(\text{kg})$$

$$t=\frac{\bar{x}_1-\bar{x}_2}{s_{\bar{x}_1-\bar{x}_2}}=\frac{239.5-255.6}{3.23}=-4.98$$

查附表 4,当 $df=5+5-2=8$ 时,$t_{0.01}=3.355$。

(4)推断　实得 $|t|=4.98$,所以 $|t|>t_{0.01}$,否定 H_0。即水田浅施氯化铵与浅施硝酸铵产量有显著差异。

(二)成对数据比较假设测验

成对数据资料要求两个样本各个体间配偶成对,并设有多个配对,每对个体除处理不同外,其余条件(如环境、管理等)应一致或基本一致,对与对之间的条件容许有差异。例如,在条件最为近似的两个小区或盆钵中进行两种不同处理,在同一植株的对称部位上进行两种不同处理,照此方法获得的数据都是成对数据。

在成对数据中,由于同一配对内两个供试单位的试验条件很接近,而不同配对间的条件差异又可通过各个配对差数予以消除,因而可以控制试验误差,具有较高的精确度。

设两个样本的观察值分别为 $\bar{x}_1$ 和 $\bar{x}_2$，共配成 n 对，各个对的差数为 $d=x_1-x_2$，差数的平均数为 $\bar{d}=\bar{x}_1-\bar{x}_2$，差数标准差为

$$s_d=\sqrt{\frac{\sum(d-\bar{d})^2}{n-1}}=\sqrt{\frac{\sum d^2-\frac{\left(\sum d\right)^2}{n}}{n-1}} \tag{4-40}$$

差数平均数的标准误差为

$$s_{\bar{d}}=\frac{s_d}{\sqrt{n}}=\sqrt{\frac{\sum(d-\bar{d})^2}{n(n-1)}}=\sqrt{\frac{\sum d^2-\frac{\left(\sum d\right)^2}{n}}{n(n-1)}} \tag{4-41}$$

因而

$$t=\frac{\bar{d}-\mu_d}{s_{\bar{d}}} \tag{4-42}$$

服从 $df=n-1$ 的 t 分布。

由于假设 $\mu_d=0$，式(4-42)可改写成

$$t=\frac{\bar{d}}{s_{\bar{d}}} \tag{4-43}$$

因此，当实际得到的 $|t|\geqslant t_{0.05}$，可否定 H_0，接受 $H_A:\mu_d\neq 0$，两个样本平均数差异显著。

【例 4.14】 选面积相同的玉米小区 10 个，各分成两半，一半去雄，另一半不去雄，产量结果列于表 4-4。试测验两种处理产量的差异显著性。

表 4-4 玉米去雄与不去雄成对产量数据 kg

区号	去雄(x_{1i})	不去雄(x_{2i})	d_i($x_{1i}-x_{2i}$)
1	14.0	13.0	+1
2	16.0	15.0	+1
3	15.0	15.0	0
4	18.5	17.0	+1.5
5	17.0	16.0	+1
6	17.0	12.5	+4.5
7	15.0	15.5	−0.5
8	14.0	12.5	+1.5
9	17.0	16.0	+1
10	16.0	14.0	+2

各小区的土壤条件接近一致，故两种处理的产量可视为成对数据。

(1)提出假设 $H_0:\mu_d=0$，对 $H_A:\mu_d\neq 0$。

(2)确定显著水平 $\alpha=0.05$。

(3)测验计算

$$\bar{d}=\bar{x}_1-\bar{x}_2=\frac{\sum d_i}{n}=\frac{1+1+\cdots+2}{10}=1.3$$

$$s_{\bar{d}}=\frac{s_d}{\sqrt{n}}=\sqrt{\frac{\sum(d-\bar{d})^2}{n(n-1)}}=\sqrt{\frac{\sum d^2-\frac{\left(\sum d\right)^2}{n}}{n(n-1)}}=\sqrt{\frac{(1^2+1^2+\cdots+2^2)-\frac{(1+1+\cdots+2)^2}{10}}{10(10-1)}}$$

$$=0.423$$

$$t=\frac{\bar{d}}{s_{\bar{d}}}=\frac{1.3}{0.423}=3.07$$

查附表 4,当 $df=n-1=10-1=9$ 时,$t_{0.05}=2.262$。

(4)推断　实得 $|t|=3.07$,$|t|>t_{0.05}$,所以否定 H_0。即玉米去雄与不去雄产量差异显著。

技能训练 4-4　*t* 测验

一、准备

(一)目的要求

了解显著性测验的意义和基本原理,掌握利用 Excel 进行统计假设测验的方法。

(二)训练内容

(1)成组数据比较的 *t* 测验。

(2)成对数据比较的 *t* 测验。

(三)材料用具

装有 Excel 软件的计算机。

二、测验步骤

(一)成组数据比较的 *t* 测验【例 4.13】

成组数据两个样本平均数 *t* 测验是在小样本且两个总体方差相等的假设之下,测验两个总体均值的差值等于指定平均差的假设是否成立的检验。我们可以直接使用在 Excel 数据分析中提供的双样本等方差假设检验工具进行假设测验。

1. 新建一工作表,输入表头"成组数据比较的 t 测验",

2. 单击 A2 单元格,输入"x_1(浅施硝酸铵)",在 A3 至 A7 单元格输入原始数据;单击 B2 单元格,输入"x_2(浅施氯化铵)",在 B3 至 B7 单元格输入原始数据。

3. 单击 A9 单元格,输入"α",单击 B9 单元格,输入"0.01",单击 A10 单元格,输入"原假设 H_0",单击 B10,输入"$\mu_1=\mu_2$"单击 A11 单元格,输入"备择假设 HA",单击 B11 单元格,输入"$\mu_1\neq\mu_2$"如图 4-22 所示。

4. 进行假设测验,单击【工具】/【数据分析】命令,弹出【数据分析】对话框,选择【t 检验:双样本等方差假设】选项,单击【确定】按钮,在弹出的【t 检验:双样本等方差假设】对话框中,单击【输入】选项组中【变量 1 的区域】后的折叠按钮,选择 A3:A7 单元格区域,单击【输入】选项组中【变量 2 的区域】后的折叠按钮,选择 B3:B7 单元格区域,在【假设平均差】文本框中输入“0”,在【α】文本框中输入“0.01”,单击选中【输出选项】中的【输出区域】单选按钮,并单击【输出区域】后的折叠按钮,选择单元格 C2,完成后单击【确定】按钮即可。则可以得到图 4-22 所示的结果。

	A	B	C	D	E
1	总体方差未知小样本条件下假设测验				
2	x1（浅施硝酸铵）	x2（浅施氯化铵）	t-检验：双样本等方差假设		
3	239.5	248.15		变量 1	变量 2
4	240.6	255.85	平均	239.52	255.6
5	247.5	261.2	方差	29.552	22.5513
6	232.5	257.4	观测值	5	5
7	237.5	255.4	合并方差	26.0516	
8			假设平均差	0	
9	α	0.01	df	8	
10	原假设H_0	$\mu_1=\mu_2$	t Stat	-4.9813	
11	备择假设H_A	$\mu_1\neq\mu_2$	P(T<=t) 单尾	0.00054	
12			t 单尾临界	2.89646	
13			P(T<=t) 双尾	0.00108	
14			t 双尾临界	3.35539	
15			测验结论：拒绝H_0		

图 4-22　成组数据比较的 *t* 测验

5. 结果分析:如上表所示,表中分别给出了两组处理的平均值、方差和样本个数。其中,合并方差是样本方差加权之后的平均值,df 是假设检验的自由度,它等于样本总个数减 2,t 统计量是两个样本差值减去假设平均差之后再除于标准误差的结果,“P(T<=t)单尾”是单尾检验的显著水平,“t 单尾临界”是单尾检验 t 的临界值,“P(T<=t)双尾”是双尾检验的显著水平,“t 双尾临界”是双尾检验 t 的临界值。由图 4-22 的结果可以看出 t 统计量绝对值大于两个临界值,所以,在 1% 显著水平下,拒绝两个总体均值相等的假设,即水田浅施两种氮肥对水稻产量有极显著差异。

(二)成对数据比较的 t 测验【例 4.14】

成对数据的两个样本平均数 t 测验,用来确定样本平均值是否相等。此 t 测验并不假设两个总体的方差是相等的。当样本中出现自然配对的观察值时,可以使用此成对检验,例如,对一个样本组进行了两次检验,抽取实验前的一次和实验后的一次。

1. 新建一工作表,输入表头“成对数据比较的 t 测验”,

2. 单击 A2,输入“区号”,在 A3 至 A12 单元格输入 1 至 10;单击 B2,输入“去雄”,在 B3 至 B12 单元格输入原始数据。单击 C2,输入“不去雄”,在 C3 至 C12 单元格输入原始数据。

3. 单击 A14,输入“α”,单击 B14,输入“0.05”,单击 A15,输入“原假设 H_0”,单击 B15,输入“$\mu_d=0$”,单击 A16,输入“备择假设 H_A”,单击 B16,输入“$\mu_d\neq0$”,如图 4-23 所示。

4. 进行假设测验,单击【工具】/【数据分析】命令,弹出【数据分析】对话框,选择【t 检验:平均值的成对二样本分析】选项,单击【确定】按钮,在弹出的【t 检验:平均值的成对二样本分析】对话框中,单击【输入】选项组中【变量 1 的区域】后的折叠按钮,选择 B3:B12 单元格区域,单击【输入】选项组中【变量 2 的区域】后的折叠按钮,选择 C3:C12 单元格区域,在【假设平均差】文本框中输入“0”,在【α】文本框中输入“0.05”,单击选中【输出选项】中的【输出区域】单选按钮,并单击【输出区域】后的折叠按钮,选择单元格 D2,完成后单击【确定】按钮即可。则可以得到图 4-23 所示的结果。

	A	B	C	D	E	F
1	成对数据比较假设测验					
2	区号	去雄	不去雄	t-检验: 成对双样本均值分析		
3	1	14	13			
4	2	16	15		变量 1	变量 2
5	3	15	15	平均	15.95	14.65
6	4	18.5	17	方差	2.13611	2.50278
7	5	17	16	观测值	10	10
8	6	17	12.5	泊松相关系数	0.6163	
9	7	15	15.5	假设平均差	0	
10	8	14	12.5	df	9	
11	9	17	16	t Stat	3.07363	
12	10	16	14	P(T<=t) 单尾	0.00664	
13				t 单尾临界	1.83311	
14	α	0.05		P(T<=t) 双尾	0.01328	
15	原假设H_0	$\mu_d=0$		t 双尾临界	2.26216	
16	备择假设H_A	$\mu_d\neq0$		测验结论: 拒绝H_0		

图 4-23　成对数据比较的 t 测验

5.结果分析:如图 4-23 所示,表中分别给出了两种处理的平均值、方差和样本个数。其中,df 是假设检验的自由度它等于样本总个数减 1,t 统计量是两个样本差值减去假设平均差之后再除于标准误差的结果,“P(T<=t)单尾”是单尾检验的显著水平,“t 单尾临界”是单尾检验 t 的临界值,“P(T<=t)双尾”是双尾检验的显著水平,“t 双尾临界”是双尾检验 t 的临界值。由图 4-24 的结果可以看出 t 统计量均大于两个临界值,所以,在 5% 显著水平下,拒绝两个总体均值相等的假设,即两种处理方法有显著差异。

三、作业

1.研究喷 B_9 对梨新梢生长的抑制作用,选同品种、长势一致的一年生梨苗 16 株,随机选取 8 株喷施 B_9,另 8 株于同期喷清水为对照,在新梢停止生长后测定各株中心主枝延长枝的长度(cm)为

喷 B_9:66.56,63.23,65.89,62.36,61.78,60.33,65.12,63.88

对照:88.78,87.99,86.53,90.22,91.36,89.56,88.20,91.12

试测验 B_9 是否对梨新梢生长有抑制作用?

2.选面积相同的小区 10 个,各分成两半,一半去雄另一半不去雄,得产量(kg)为

去　雄:14,15,16,18,17,17,15,14,17,16

不去雄:13,14,15,16,15,17,13,15,13,16

试测验两种处理产量的差异显著性。

本章关键词

概率;概率分布;假设测验

本章小结

本章在介绍概率论中最基本的两个概念——事件、概率的基础上,重点介绍常用的几种随机变量的概率分布——正态分布以及样本平均数的抽样分布和 t 分布,进而介绍了统计假设测验的基本原理和方法。

事件的概率表示了一次试验某一个结果发生的可能性大小。若要全面了解试验,则必须知道试验的全部可能结果及各种可能结果发生的概率,即必须知道随机试验的概率分布。

正态分布是一种非常重要的连续型随机变量的概率分布。生物现象中有许多变量是服从或近似服从正态分布的。正态分布在估计频数分布、制定参考值范围以及质量控制方面都有重要的实际应用。同时,正态分布是许多统计方法的理论基础,例如 t 分布、F 分布都是在正态分布的基础上推导出来的,u 测验也是以正态分布为基础的。统计假设测验、方差分析等多种统计方法均要求分析的指标服从正态分布。

研究总体与从中抽取的样本之间的关系可从两方面着手,一是从总体到样本,这就是研究抽样分布的问题;二是从样本到总体,这就是统计推断问题。统计推断是以总体分布和样本抽样分布的理论关系为基础的。为了能正确地利用样本去推断总体,并能正确地理解统计推断的结论,须对样本的抽样分布有所了解。

统计假设测验是统计学中一个很重要的内容。统计假设测验方法很多,常用的有 u 测验、t 测验、F 测验等。尽管这些测验方法的用途及使用条件不同,但其测验的基本原理是相同的,即依据"小概率原理"做出测验结果的统计推断。

专项实训

二维码 4　第四章专项实训答案

一、名词解释

随机抽样、复置抽样、非复置抽样、必然事件、不可能事件、随机事件、统计概率、和事件、积事件、互斥事件、对立事件、独立事件、小概率原理、正态分布、标准正态分布

二、简答题

1. 事件的概率具有哪些基本性质?
2. 正态分布的密度曲线有何特点?
3. 样本平均数抽样总体与原始总体的两个参数间有何联系?
4. 显著性检验的基本步骤是什么?根据什么确定显著水平?
5. 什么是 t 分布?它与 u 分布有什么异同?
6. 简述 F 分布与 χ^2 分布的特点和联系?

三、应用题

1. 从随机数字表抽出 0,1,2,3,…,9 十个数的概率是相等的，即 $P(A_i)=1/10$，而 $0\leqslant y\leqslant 9$。试计算：$P(2\leqslant y\leqslant 8)$，$P(1\leqslant y\leqslant 9)$，$P[(2\leqslant y\leqslant 4)$ 或 $P(6\leqslant y\leqslant 8)]$ 以及 $P[(2\leqslant y\leqslant 4)$ 与 $(3\leqslant y\leqslant 7)]$。

2. 某地区小麦产量(x)服从正态分布，其 $\mu=5\ 625\ \text{kg/hm}^2$，$\sigma=375\ \text{kg/hm}^2$。试计算该地区：(1)小麦产量介于 5 250～6 000 kg/hm² 之间概率。(2)小麦产量低于 5 250 kg/hm² 的概率。(3)小麦产量超过 6 000 kg/hm² 的概率。

3. 给定一个正态分布具有平均数为 0，标准差为 1，试计算以下概率：$P(u\geqslant 1.17)$，$P(u\leqslant 1.17)$，$P(u\leqslant -1.17)$，$P(0.42\leqslant u\leqslant 1.61)$，$P(-1.61\leqslant u\leqslant -0.42)$，$P(-1.61\leqslant u\leqslant +0.42)$，$P(|u|\geqslant 1.05)$，$P(|u|\leqslant 1.05)$，并试计算 u 值：$P(|u|\geqslant u_1)=0.05$，$P(u\geqslant u_1)=0.025$。

4. 假定一个总体共有 5 个个体，其值为：$x_1=1$，$x_2=2$，$x_3=3$，$x_4=4$，$x_5=5$。从总体进行复置抽样：(1)每次抽取 2 个观察值，抽出所有样本，共有多少个可能样本？(2)计算总体平均数，方差和标准差。(3)将所有样本求平均数，列出样本平均数次数分布表，绘柱形图，算出平均数分布的平均数和方差。(4)样本平均数分布的平均数与总体平均数有什么关系？平均数分布的方差与总体方差有什么关系？

5. 从一个方差为 24 的正态总体中抽取一个容量为 6 的样本，求得其平均数 $y_1=15$，又从一个方差为 80 的正态总体中抽取一个容量为 8 的样本，并知 $y_2=13$，试取 $\alpha=0.05$ 测验 $H_0:\mu_1=\mu_2$ 和相对应的 $H_A:\mu_1\neq\mu_2$。

6. 某玉米品种在不施氮肥的情况下，一般 667 m² 产量是 250 kg，现在调查该品种在施同样氮肥量情况下，10 个小区的产量数据(kg/667 m²)为：270、300、285、268、275、298、310、295、304、278。试检验施氮肥在产量上是否和未施氮肥差异显著？

7. 随机在甲、乙两地区抽取某品种小麦籽粒样本各一个，分析出这两个样本各单位蛋白质含量(%)如表 4-5 所示：

表 4-5　两个样本各单位蛋白质含量　　%

甲地区	12.6	13.4	11.9	12.8	13.0		
乙地区	13.1	13.4	12.8	13.5	13.3	12.7	12.4

试测验该小麦品种在甲、乙两地种植，其蛋白质含量差异是否显著？

8. 有两种不同烟草花叶病毒，对某烟草叶片的病力有否不同进行测验。试验采用配对设计法，随机在该品种中抽取 8 株作试株，在每株的第二叶片上，随机地在半片叶上接甲病毒，另半片叶上接乙病毒。待发病后，记录叶片上每半片发生花叶病病斑数目如表 4-6 所示，试测验两种病毒对该烟草品种致病能力的差异是否显著？

表 4-6　每半片发生花叶疾病病斑数目　　%

株号	1	2	3	4	5	6	7	8
甲病毒病斑数 x_1	9	17	31	18	7	8	20	10
乙病毒病斑数 x_2	10	11	18	14	6	7	17	5

Chapter 5

第五章 方差分析

本章导读

知识目标：

了解方差分析的概念和作用；理解方差分析的基本原理；掌握完全随机设计试验资料的特点及方差分析方法；掌握随机区组设计试验资料的特点及方差分析方法；了解正交设计试验资料的特点及方差分析方法。

技能目标：

会针对多个处理（样本）不同试验设计资料进行单变数结果分析；

能够正确运用 Excel 进行不同资料的方差分析计算。

一个或两个样本平均数的假设测验，可用 u 测验或 t 测验来测定它们之间的差异显著性。当试验的处理数 $k\geqslant3$ 时，上述方法已不敷应用。其原因是当 $k\geqslant3$ 时就有 $k(k-1)/2$ 个差数进行比较，不仅工作量非常大，且精确度降低。因此，对多个样本平均数的假设测验，需采用一种更为合适的统计方法，即方差分析法。方差分析是生产和科学研究工作的一个十分重要的工具。

第一节　方差分析基本原理

方差分析是建立在 F 分布基础上进行的一种多个样本($k\geqslant3$)单变数比较的统计分析方法，通过方差分析，可以从整体上判断各处理之间的差异显著性。下面简要介绍一下 F 分布的基本知识及方差分析的基本原理。

一、F 分布与 F 测验

(一)F 值定义和 F 分布

在一个平均数为 μ、方差为 σ^2 的正态总体中分别以样本容量 n_1 和 n_2 随机抽取两个独立样本，分别计算其样本方差(亦称均方)s_1^2(或用 MS_1 表示)和 s_2^2(或用 MS_2 表示)，将两个样本方差的比值定义为 F 值：

$$F=\frac{s_1^2}{s_2^2} \tag{5-1}$$

为使问题明确，一般规定在计算 F 值时，将理论上认为较大的方差作为分子 s_1^2，而将理论上认为较小的方差作为分母 s_2^2，即有 $s_1^2>s_2^2$。所以习惯上称 $\nu_1=n_1-1$ 为大方差自由度，$\nu_2=n_2-1$ 为小方差自由度。

如果在给定的 ν_1 和 ν_2 的情况下，进行一系列随机独立抽样，就可得到一系列的 F 值，这些 F 值所形成的概率分布称之 F 分布，根据各不同大小的 F 值出现的概率不同可制作成 F 分布曲线(图 5-1)。

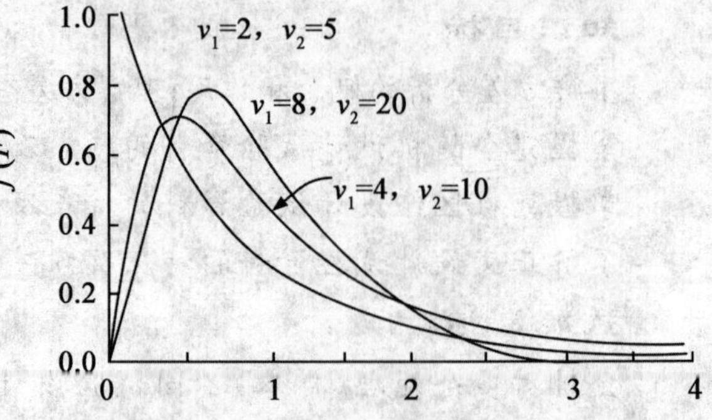

图 5-1　ν_1、ν_2 不同的三个 F 分布曲线

F 分布是由 ν_1 和 ν_2 所决定的一系列曲线。在 $\nu_1 \leqslant 2$ 时，曲线严重倾斜，呈反向 J 形。当 $\nu_1 \geqslant 3$ 时，曲线转为偏态。F 分布的平均数 $\mu_F = 1$，其取值范围为 $[0, +\infty]$。

F 分布下一定区间的概率可从已制成的统计表查出。附表 5 为不同 ν_1 和 ν_2 下右尾概率 $\alpha = 0.05$ 和 $\alpha = 0.01$ 时的临界 F 值（一尾概率表）。例如根据 $\nu_1 = 5$、$\nu_2 = 12$ 查表得 $F_{0.05} = 3.33$，$F_{0.01} = 5.64$，即表示以 $\nu_1 = 5$、$\nu_2 = 12$ 在正态总体中连续抽样时，所得 F 值大于 3.33 的概率仅有 5%，而大于 5.64 的仅有 1%。

(二)F 测验

F 测验的目的是为了检验两个不同来源的变异是否同质，即 $H_0: \sigma_1^2 = \sigma_2^2$。测验时先计算 F 值，若计算得的 $F < F_\alpha$，则接受 H_0，可以认为 $\sigma_1^2 = \sigma_2^2$，即认为两者的变异程度一样（同质）；若计算得的 $F \geqslant F_\alpha$，则否定 H_0，可以认为 $\sigma_1^2 \neq \sigma_2^2$ 或 $\sigma_1^2 > \sigma_2^2$，即认为两者的变异程度不一样（异质）。

F 测验需具备两个条件：(1)变数遵循正态分布 $N(\mu, \sigma 2)$，(2)s_1^2 和 s_2^2 彼此独立。当资料不符合这些条件时，需作适当转换，参见本章第五节。

二、方差分析基本原理和方法步骤

方差分析(analysis of variance，ANOVA)就是将多个处理的试验数据的总变异分解为不同来源的相应变异，并做出数量估计，从而发现各个来源的变异原因在总变异中所占的重要程度。即将试验的总变异方差分解成各变因方差，并以其中误差方差作为和其他变因方差比较的标准，以推断其他变因所引起变异量是否真实的一种统计分析方法。

方差分析的基本步骤主要有：

(一)方差分解

要想将一个试验资料的总变异分解为各个不同来源的相应变异，须将方差（用 s^2 或 MS 表示）进行分解，一般通过分解方差的两个因子即离均差平方和(SS)及自由度(df)进行。将总变异的平方和与自由度分解为各个变异来源的平方和与自由度是方差分析的第一步，因此方差分解也称平方和与自由度分解。

例如对 k 个处理（样本）、n 次重复的试验资料，总变异即 kn 个观察值的变异，故其自由度为：$df_T = kn - 1$，而平方和 SS_T 则为：

$$SS_T = \sum_{i=1}^{k} \sum_{j=1}^{n} (x_{ij} - \bar{x})^2 \tag{5-2}$$

这里，可通过总变异的恒等变换来阐明总变异的构成。对于第 i 个处理（样本）的变异，有：

$$\begin{aligned}\sum_{j=1}^{n} (x_{ij} - \bar{x})^2 &= \sum_{j=1}^{n} (x_{ij} - \bar{x}_i + \bar{x}_i - \bar{x})^2 \\ &= \sum_{j=1}^{n} (x_{ij} - \bar{x}_i)^2 + \sum_{j=1}^{n} 2(x_{ij} - \bar{x}_i)(\bar{x}_i - \bar{x}) + \sum_{j=1}^{n} (\bar{x}_i - \bar{x})^2 \\ &= \sum_{j=1}^{n} (x_{ij} - \bar{x}_i)^2 + n(\bar{x}_i - \bar{x})^2\end{aligned}$$

总变异为 k 个处理(样本)的变异相加,利用上式则总变异(5-2)可以剖分为

$$SS_T = \sum_{i=1}^{k}\sum_{j=1}^{n}(x_{ij}-\overline{x})^2 = \sum_{i=1}^{k}\sum_{j=1}^{n}(x_{ij}-\overline{x}_i)^2 + n\sum_{i=1}^{k}(\overline{x}_i-\overline{x})^2 \tag{5-3}$$

因而有:　　总平方和 SS_T=处理内(误差)平方和 SS_e+处理间平方和 SS_t

同理有:　　总自由度 df_T=处理内(误差)自由度 df_e+处理间自由度 df_t

对于不同类型的资料,其平方和及自由度的分解模型是不同的,如单因素完全随机设计试验的变异分解模型为:总变异=处理间变异+误差;两因素随机区组试验的变异分解模型为:总变异=A 处理间变异+B 处理间变异+A×B 互作+区组间变异+误差;不同试验资料的变异分解需要根据不同的模型来进行。

(二)F 测验

变异分解后,可通过对处理均方(MS_t)与误差均方(MS_e)的 F 测验以判断处理效应是否确实存在(是否由误差造成),其方法步骤如下:

首先提出假设,H_0:处理间变异小于或等于误差变异,$\sigma_t^2 \leqslant \sigma_e^2$,即处理效应不存在本质差异;对应的 H_A:处理间变异大于误差变异,$\sigma_t^2 > \sigma_e^2$,即处理间存在真实的效应差异。

在进行处理间平均数差异显著性的 F 测验时,一般把 MS_t 作分子、MS_e 作分母,即:

$$F = \frac{MS_t}{MS_e} \tag{5-4}$$

若 $F < F_\alpha$,则在 α 水平上接受 H_0,即处理效应不存在本质差异;若 $F \geqslant F_\alpha$,则在 α 水平上否定 H_0,接受 H_A,即处理间存在真实的效应差异;如果 $F \leqslant 1$,不用查表即可判断处理间效应差异不显著。查 F_α 值时以分子方差的自由度为 ν_1、以分母方差的自由度为 ν_2。

在实际应用时,为了使测验计算结果一目了然,F 测验一般采用列表的形式进行,方差分析表的格式详见各不同资料的方差分析。

(三)多重比较

F 测验是一个整体测验,只表明处理平均数整体上的差异显著性,并不能说明各处理平均数两两间的差异显著性。故在 F 测验结果达到差异显著或差异极显著时,还需进一步做各个处理平均数之间的差异显著性测验,由于一个试验中 k 个处理平均数间可能有 $k(k-1)/2$ 个比较,因而这种比较亦称为多重比较(multiple comparisons)。当然,如果 F 测验结果处理间差异不显著,则多重比较也就没有必要进行。

多重比较的方法很多,现选其最常用的两种进行介绍。

1. 费雪氏保护最小显著差数法(Fisher′s protected least significant difference)

费雪氏保护最小显著差数法简称最小显著差数法(least significant difference),又称 LSD 法或 PLSD 法,其实质上是 t 测验。其程序是:在处理间的 F 测验为显著的前提下,计算出显著水平为 α 的最小显著差数 LSD_α;任何两个平均数的差数($\overline{x}_i-\overline{x}_j$),如其绝对值≥$LSD_\alpha$,即为在 α 水平上差异显著;反之,则为在 α 水平上差异不显著。

应用 LSD 法进行多重比较时,必须在 F 测验显著的基础上进行,并且各被比较的两个样本平均数在试验前已经指定,因而它们是相互独立的。应用此法时,各试验处理一般是与指定的对照处理进行比较。

LSD 法的步骤如下：

(1)计算平均数差数标准误 $s_{\bar{x}_i-\bar{x}_j}$：

$$s_{\bar{x}_i-\bar{x}_j}=\sqrt{\frac{2MS_e}{n}} \tag{5-5}$$

(2)根据误差自由度 df_e 查 t 值表，得出 t_α 值。

(3)计算最小显著差数 LSD_α。在 t 测验中已知 $t=(\bar{x}_i-\bar{x}_j)/s_{\bar{x}_i-\bar{x}_j}$，则 $\bar{x}_i-\bar{x}_j=t\cdot s_{\bar{x}_i-\bar{x}_j}$，若 t 值定为显著标准 t_α，那么 $t_\alpha\cdot s_{\bar{x}_i-\bar{x}_j}$ 便是达到显著标准的最小差数，称最小显著差数，用 LSD_α 表示，故得：

$$LSD\alpha=t_\alpha\cdot s_{\bar{x}_i-\bar{x}_j} \tag{5-6}$$

当 $\alpha=0.05$ 和 0.01 时，LSD_α 的计算公式分别是：$LSD_{0.05}=t_{0.05}\cdot s_{\bar{x}_1-\bar{x}_2}$ 和 $LSD_{0.01}=t_{0.01}\cdot s_{\bar{x}_1-\bar{x}_2}$。

(4)比较各处理平均数的差异显著性并做出结论。凡两样本平均数的差数 $\bar{x}_i-\bar{x}_j<LSD_{0.05}$，则 $P>0.05$，差异不显著；$\bar{x}_i-\bar{x}_j\geqslant LSD_{0.05}$，则 $P\leqslant 0.05$，差异显著；$\bar{x}_i-\bar{x}_j\geqslant LSD_{0.01}$，则 $P\leqslant 0.01$，差异极显著。

2. 邓肯氏新复极差测验法(Duncan's new multiple range test)

邓肯氏新复极差测验法又称最短显著极差法(shortest significant ranges)，简称 SSR 或 LSR 法，是目前应用比较广泛的一种测验方法，其特点是依平均数大小顺序的不同而采用一系列不同秩序距的显著值，因而就克服了 LSD 法的局限性，可用于所有平均数间的相互比较。秩序距 K 是指所有平均数按大到小顺序排列后，被检极差 R(即所比较的两个平均数的差值)范围内所包含的平均数的个数(含所比较的两个平均数本身)。其步骤如下：

(1)计算平均数标准误 SE(或用 $S_{\bar{x}}$ 表示)：

$$SE=\sqrt{\frac{MS_e}{n}} \tag{5-7}$$

(2)根据误差自由度 df_e 和最大秩序距 K(即处理数 k)查 SSR 表(见附表 6)。

(3)计算不同秩序距 K 下的显著极差 LSR_α：

$$LSR_\alpha=SSR_\alpha\cdot SE \tag{5-8}$$

(4)检验各处理平均数间的差异显著性并做出结论。将任意两个平均数差值(R)与相应秩序距下的 LSR_α 比较，凡 $R<LSR_{0.05}$，$P>0.05$，差异不显著；$R\geqslant LSR_{0.05}$，$P\leqslant 0.05$，差异显著；$R\geqslant LSR_{0.01}$，$P\leqslant 0.01$，差异极显著。

一般而言，若试验事先确定比较的标准，即各处理平均数只要求与对照(或预定要比较的对象)相比较，可选用 LSD 法；而对于试验结论事关重大或有严格要求的，则宜采用 LSR 法。

3. 多重比较结果的表示方法

(1)梯形表法　将全部平均数从大到小顺次排列，比较时先从第 1 列开始，以最小平均数作减数、以最小平均数上方的各处理平均数为被减数，所得差值列在被减数所在行；第 2

列则以第 2 小平均数作减数，同样以其上方的各处理平均数为被减数，所得差值依然列在被减数所在行；依此类推，直至第 $k-1$ 列。由于各平均数间的差数呈阶梯状排列，故称梯形表法。

将各差数与相应标准(LSD_α 或 LSR_α)进行比较，凡达到 $\alpha=0.05$ 水平差异的差数在右上角标一个“*”号，表示差异显著，凡达到 $\alpha=0.01$ 水平差异的差数在右上角标两个“**”号，表示差异极显著，凡未达到 $\alpha=0.05$ 水平差异的差数则不予标记。

该法十分直观，但在处理数较多时占篇幅较大，一般仅在采用 LSD 法对处理与对照进行比较时使用，在科技论文中少见。

(2)标记字母法　在实际比较标记时，需要区分 $\alpha=0.05$ 水平上显著和 $\alpha=0.01$ 水平上显著，一般可以用小写字母表示 $\alpha=0.05$ 显著水平，大写字母表示 $\alpha=0.01$ 显著水平，字母标记法的要点如下：

首先将全部平均数从大到小依次排列，然后在最大的平均数上标上字母 a，并将该平均数依次与其下方各平均数相比较：凡相差不显著的，都在被比较的平均数所在行上标字母 a，直至某一个与之差异显著的平均数，则在该被比较的平均数所在行上标以字母 b(向下过程)；再以标有 b 的这个平均数为标准，与上方各个比它大的平均数相比，凡不显著的也一律标以字母 b(向上过程)。

然后以标有字母 b 的最大平均数为标准，与以下各未标记的平均数相比，凡不显著的继续标以字母 b，直至某一个与之相差显著的平均数则标以字母 c(向下过程)，又再进行向上过程的比较；如此重复向下与向上过程，直至最小的一个平均数有了标记字母且与其上方平均数进行了比较(向上过程)为止。

这样两个处理平均数之间，凡有一个相同标记字母的即为在一定 α 水平上差异不显著，凡没有相同标记字母的即为在一定 α 水平上差异显著。

综上所述，方差分析的基本步骤是：①将资料总变异平方和与自由度分解为各变异来源的平方和与自由度，并进而算得其均方；②列方差分析表，计算均方比，做出 F 测验，以明了各变异因素的重要程度；③对各处理平均数间的差异进行多重比较。

第二节　完全随机设计试验结果资料方差分析

完全随机设计是将 k 个处理完全随机地布置到各个试验单元中去的试验方法，各处理的重复间无“局部控制”的限制，每一处理的重复次数可以相等或不相等，但要求在尽可能一致的环境中进行试验，如温室试验、盆栽试验和实验室试验等。

完全随机设计的试验结果可形成单向分组资料与系统分组资料两种类型，单向分组资料是指观察值仅按一个方向分组的资料，根据处理内观测值数目(重复次数)不同，具方差分析方法也略有不同。

一、各处理重复次数相等单向分组资料方差分析

(一)资料特点

试验分 k 个组，每个组为 1 个处理(样本)，每个处理中含有 n 个观测值，则资料共为 kn 个观测值，其资料整理形式见表 5-1。

表 5-1 每处理具 n 个重复观测值的 k 个处理(样本)数据的单向表

处理(样本)	观察值							处理总和 T_t	处理平均 $\bar{x}_t$
	1	2	3	…	j	…	n		
1	x_{11}	x_{12}	x_{13}	…	x_{1j}	…	x_{1n}	T_{t_1}	$\bar{x}_{t_1}$
2	x_{21}	x_{22}	x_{23}	…	x_{2j}	…	x_{2n}	T_{t_2}	$\bar{x}_{t_2}$
⋮	⋮	⋮	⋮	…	⋮	…	⋮	⋮	⋮
i	x_{i1}	x_{i2}	x_{i3}	…	x_{ij}	…	x_{in}	T_{t_i}	$\bar{x}_{t_i}$
⋮	⋮	⋮	⋮	…	⋮	…	⋮	⋮	⋮
k	x_{k1}	x_{k2}	x_{k3}	…	x_{kj}	…	x_{kn}	T_{t_k}	$\bar{x}_{t_k}$
								$T=\sum x$	$\bar{x}$

表 5-1 中，i 代表资料中任一处理的样本；j 代表样本中任一观测单元；x_{ij} 表示任一处理的任一观测值；T_t 代表处理总和；$\bar{x}_t$ 代表处理平均数；T 为全部观测值总和；$\bar{x}$ 为总平均数。

其变异分解模型为：

总变异＝组间(处理间)变异＋组内(误差)变异

(二)方差分析过程

1. 平方和与自由度的分解

各项变异平方和与自由度的分解计算公式如下：

$$\left.\begin{aligned}
&\text{总变异：} && SS_T=\sum_{1}^{nk}(x_{ij}-\bar{x})^2=\sum x^2-C && df_T=kn-1\\
&\text{组间(处理间)：} && SS_t=n\sum_{1}^{k}(\bar{x}_{t_i}-\bar{x})^2=\frac{\sum_{1}^{k}(T_{t_i}-\overline{T}_t)^2}{n}=\frac{\sum T_t^2}{n}-C && df_t=k-1\\
&\text{组内(误差)：} && SS_e=\sum_{i=1}^{k}\sum_{j=1}^{n}(x_{ij}-\bar{x}_{t_i})^2=SS_T-SS_t && df_e=k(n-1)
\end{aligned}\right\}\quad(5\text{-}9)$$

公式 5-9 中的 C 称矫正数，利用 C 值可较方便地计算各项变异平方和(若在计算机上利用 Excel 的 DEVSQ 函数计算平方和则不需计算 C 值)。矫正数 C 的计算公式如下：

$$C=\frac{(\sum x)^2}{kn}=\frac{T^2}{kn}$$

2. 列方差分析表

将平方和与自由度的计算结果填入方差分析表中后，计算出处理方差 MS_t 和误差方差 MS_e 及 F_t 值后，将 F_t 值与 F_α 进行比较，方差分析表的格式如下(表 5-2)：

表 5-2　各处理重复次数相等的单向分组资料方差分析表

变异来源	SS	DF	MS	F 值	$F_{0.05}$	$F_{0.01}$
处理间	SS_t	df_t	$MS_t=SS_t/df_t$	$F_t=MS_t/MS_e$	查 F 值表的结果	
误　差	SS_e	df_e	$MS_e=SS_e/df_e$			
总变异	SS_T	df_T				

结论：若 $F<F_{0.05}$，即 $P>0.05$，则表明各处理间平均数差异不显著，不需要标记符号；若 $F\geqslant F_{0.05}$，即 $P\leqslant 0.05$，表明各处理间平均数差异显著，需在 F 值的右上方标记“*”；若 $F\geqslant F_{0.01}$，即 $P\leqslant 0.01$，表明各处理间平均数差异极显著，需在 F 值的右上方标记“**”。

3. 处理间平均数的多重比较

在 F 测验结果达到差异显著或差异极显著时，需进一步做各个处理平均数之间的差异显著性测验即多重比较。

(三)方差分析案例

【例 5.1】　在一个药剂处理黄瓜幼苗的盆栽试验中，采用 A、B、C、D 四种不同药剂处理黄瓜幼苗，以未处理(E)为对照，共 5 个处理，采用完全随机设计，以 1 盆为一个试验单元(每盆 1 株)，每处理种植 4 盆即重复 4 次，试验全部 20 个盆置于同一网室中栽培，药剂处理后两周测量株高(cm)，将其结果在 Excel 工作表中整理成单向表(图 5-2)，试分析各处理效果的差异。

	A	B	C	D	E	F	G
1	处　理	株高观测值 (x)				T_t	$\bar{x}_t$
2	A	16	20	22	14	72	18
3	B	21	25	23	23	92	23
4	C	30	28	29	33	120	30
5	D	25	24	28	23	100	25
6	E	17	15	12	16	60	15
7						T=444	$\bar{x}$=22.2

图 5-2　黄瓜不同药剂处理的株高(cm)资料整理的 Excel 图示

分析过程：

1. 平方和与自由度的分解

已知 $k=5$、$n=4$，将图 5-2 的整理结果代入公式 5-9，可计算出各项变异平方和与自由度。

$$矫正数\ C=\frac{T^2}{kn}=\frac{444^2}{5\times 4}=9\ 856.8$$

$$总变异：SS_T=\sum x^2-C=16^2+20^2+\cdots+16^2-C=10\ 502-9\ 856.8=645.2$$

$$df_T=kn-1=4\times 5-1=19$$

处理间：$SS_t = \frac{\sum T_t^2}{n} - C = \frac{72^2 + 92^2 + 120^2 + 100^2 + 60^2}{4} - C = 10\,412 - 9\,856.8 = 555.2$

$$df_t = k - 1 = 5 - 1 = 4$$

误　差：$SS_e = SS_T - SS_t = 645.2 - 555.2 = 90.0$

$$df_e = k(n-1) = 5 \times (4-1) = 15$$

2. 列方差分析表进行 F 测验

将上述计算结果填入方差分析表中，根据表 5-2 中的公式计算出各项变异方差及 F 值后按 $\nu_1 = 4$、$\nu_2 = 15$ 查 F 值表，将 F_t 值与 $F_{0.05}$ 和 $F_{0.01}$ 进行比较并做出结论（表 5-3）：

表 5-3　黄瓜不同药剂处理的株高资料方差分析表

变异来源	SS	DF	MS	F	$F_{0.05}$	$F_{0.01}$
处理间	555.20	4	138.80	23.1333**	3.06	4.89
误差	90.00	15	6.00			
总变异	645.20	19				

结论：$F_t = 23.133 > F_{0.01}$，表明各处理间平均数（即不同药剂处理的黄瓜株高）差异极显著，应进一步做多重比较（在方差分析表中 F_t 值右上角标“**”）。

若利用 Excel 计算，可在图 5-2 整理的数据基础上，输入统计函数“=DEVSQ(B2:E6)”即得 SS_T，输入函数公式“=DEVSQ(F2:F6)/4”（其中 4 为 n 值）即得 SS_t，而对 SS_e、MS_e、MS_t 的计算则可根据相应公式在 Excel 中进行简单的公式编辑即可得出结果。

若在 Excel 中已加载【数据分析】工具，利用【方差分析：单因素方差分析】可直接得出方差分析表中各项数据（图 5-3）：

	A	B	C	D	E	F	G
21	方差分析						
22	差异源	SS	df	MS	F	P-value	F crit
23	组间	555.20	4	138.80	23.13	2.86E-06	3.055568
24	组内	90.00	15	6.00			
25							
26	总计	645.20	19				

图 5-3　【方差分析：单因素方差分析】对图 5-2 资料分析结果的 Excel 图示

图 5-3 中的“组间”即为处理间，“组内”即为误差，“P-value”为 F_t 值出现的概率，“2.86E-06”表示 2.86×10^{-6}，“F crit”为 F_α 值，一般默认为 $F_{0.05}$。

3. 多重比较

在实际应用中，可采用阶梯表法或字母标记法根据需要选择 LSD 法与 LSR 法之一进行多重比较，不要求两种方法都做，本例对两种方法均做一演示。

(1)不同药剂处理与对照（未处理）间平均数比较。可采用 LSD 法，其方法如下：

计算平均数差数标准误 $S_{\bar{x}_i - \bar{x}_j} = \sqrt{\frac{2MS_e}{n}} = \sqrt{\frac{2 \times 6.0}{4}} = 1.732\,1$

查 t 值表，当 $\nu=df_e=15$ 时，$t_{0.05}=2.131$、$t_{0.01}=2.947$，则

$$LSD_{0.05}=t_{0.05}\times S_{\bar{x}_i-\bar{x}_j}=2.131\times 1.732=3.691$$

$$LSD_{0.01}=t_{0.01}\times S_{\bar{x}_i-\bar{x}_j}=2.947\times 1.732=5.104$$

将各处理与 CK 的平均数差值分别与 $LSD_{0.05}$ 和 $LSD_{0.01}$ 比较，若两样本平均数的差数 $\overline{x}i-\overline{x}j<LSD_{0.05}$，则 $P>0.05$，差异不显著(不标记)；$\overline{x}i-\overline{x}j\geqslant LSD_{0.05}$，则 $P\leqslant 0.05$，差异显著(在差值右上角标"*")；$\bar{x}_i-\bar{x}_j\geqslant LSD_{0.01}$，则 $P\leqslant 0.01$，差异极显著(在差值右上角标"**")。一般用简化的梯形表法进行比较(表 5-4)：

表 5-4　不同药剂处理与对照株高差异比较(LSD 法)

处　理	平均株高 $\bar{x}_t$/cm	与对照差异
C	30	15^{**}
D	25	10^{**}
B	23	8^{**}
A	18	3
E(CK)	15	—

测验结果表明：用药剂 C、D、B 处理黄瓜幼苗，株高极显著地高于对照 E；药剂 A 处理与对照 E 差异不显著。

(2)各处理间平均数的比较。可采用 LSR 法，其方法如下：

计算平均数标准误：　$SE=\sqrt{\dfrac{MS_e}{n}}=\sqrt{\dfrac{6.0}{4}}=1.2247$

根据 $\nu=df_e=15$、处理数 $k=5$，查 SSR 表得 $k=2$、3、4、5 时的 SSR_α 值，将各 SSR_α 值与 SE 分别代入公式 5-8，计算得不同秩次距 k 下的 LSR_α 值于表 5-5。

表 5-5　黄瓜不同药剂处理株高多重比较的 LSR 值

项目	k			
	2	3	4	5
$SSR_{0.05}$	3.01	3.16	3.25	3.31
$SSR_{0.01}$	4.17	4.37	4.50	4.58
$LSR_{0.05}$	3.69	3.87	3.98	4.05
$LSR_{0.01}$	5.11	5.35	5.51	5.61

各处理间平均数间的多重比较一般采用字母标记法，本例对梯形表法(表 5-6)及字母标记法(表 5-7)的差异显著性标记方法均做演示，应用时可根据具体情况选用其中之一。

表 5-6 黄瓜不同药剂处理的株高差异显著性(LSR 法、梯形表法)

处理	平均株高 $\bar{x}_t$/cm	差异			
		$\bar{x}_t-15$	$\bar{x}_t-18$	$\bar{x}_t-23$	$\bar{x}_t-25$
C	30	15^{**}	12^{**}	7^{**}	5^{*}
D	25	10^{**}	7^{**}	2	
B	23	8^{**}	5^{*}		
A	18	3			
E(CK)	15				

比较过程说明:①在差异比较的第 1 列,用各处理平均数与处理 E 的平均值 $\bar{x}_E=15$ 相减,所得差值列在各处理所在行。$\bar{x}_C$ 与 $\bar{x}_E$ 间包含了 5 个平均数,其秩次距为 5,将 $\bar{x}_C-\bar{x}_E$ 与 $k=5$ 的 $LSR_{0.05}$ 与 $LSR_{0.01}$ 值比较,$\bar{x}_C-\bar{x}_E=15>LSR_{0.01}=5.61$,因此在 15 的右上角标记“**”;$\bar{x}_D$ 与 $\bar{x}_E$ 间包含了 4 个平均数,其秩次距 $k=4$,$\bar{x}_D-\bar{x}E=10>LSR_{0.01}=5.51$,标记“**”;$\bar{x}_B$ 与 $\bar{x}_E$ 间包含了 3 个平均数,$k=3$,$\bar{x}_B-\bar{x}_E=8>LSR_{0.01}=5.35$,标记“**”;$\bar{x}_A$ 与 $\bar{x}_E$ 间包含了 2 个平均数,$k=2$,$\bar{x}_A-\bar{x}_E=3<LSR_{0.05}=3.69$,不需标记。②第 2 列则用各处理平均数与处理 A 的平均值 $\bar{x}_A=18$ 相减,$\bar{x}_C-\bar{x}_A=12$,秩次距 $k=4$,$12>LSR_{0.01}=5.21$,标记“**”;$\bar{x}_D-\bar{x}_A=7$,秩次距 $k=3$,$7>LSR_{0.01}=5.35$,标记“**”;$\bar{x}_B-\bar{x}_A=5$,秩次距 $k=2$,$5>LSR_{0.05}=3.69$,标记“*”。③依次进行第 3、第 4 列的比较和标记……

表 5-7 黄瓜不同药剂处理的株高差异显著性(LSR 法、字母标记法)

处理	平均株高 $\bar{x}_t$/cm	差异显著性	
		α=0.05	α=0.01
C	30	a	A
D	25	b	AB
B	23	b	BC
A	18	c	CD
E(CK)	15	c	D

比较过程说明:以 $\alpha=0.01$ 水平的差异显著性标记为例,先在最大的平均数 $\bar{x}_C=30$ 所在行上标上字母 A,然后将 $\bar{x}_C$ 与 $\bar{x}_D=25$ 比较,$k=2$,$LSR_{0.01}=5.11$,$\bar{x}_C-\bar{x}_D=5<LSR_{0.01}$,在第 2 行上标记同样字母 A,再将 $\bar{x}_C$ 与 $\bar{x}_B=23$ 比较,$k=3$,$\bar{x}_C-\bar{x}_B=7>LSR_{0.01}=5.35$,在第 3 行上标记字母 B(向下过程);以 $\bar{x}_B=23$ 为标准,与 $\bar{x}_D=25$ 比较,$k=2$,$\bar{x}_D-\bar{x}_B=2<LSR_{0.01}=5.11$,在 $\bar{x}_D$ 所在的第 2 行的 A 后面再标上字母 B,$\bar{x}_B$ 与 $\bar{x}_C$ 已经进行过比较,因此不需要再进行比较(向上过程);又以标有 B 的最大平均数 $\bar{x}_D=25$ 为标准,与下方未比较过的 $\bar{x}_A=18$ 比较,$k=3$,$\bar{x}_D-\bar{x}_A=7>LSR_{0.01}=5.35$,在第 4 行标记字母 C(向下过程);依此类推,直至全部标记完成。

从表 5-6 或表 5-7 可以看到:药剂 C 与 B、A、E 差异极显著,药剂 D 与 A、E 差异极显著,药剂 B 与 E 差异极显著,C 与 D、B 与 A 差异显著,其他处理间差异均不显著。

二、各处理重复次数不完全相等单向分组资料方差分析

处理内观测值数目不等资料方差分析的原理、步骤与处理内观测值数目相等的基本相同,不同的是各处理的样本容量不完全相等,在方差分析时,有关公式因 n_i 不等而需作相应改变。

(一)资料特点

试验中有 k 个处理，每个处理中含有 n_i 个观测值，则资料共为 $\sum_{i=1}^{k} n_i$ 个观测值，其资料整理形式见表 5-8。

表 5-8　每处理具有 n_i 个观测值的 k 组(k 个处理)数据的单向表

处理(样本)	观察值						处理总和 T_t	处理平均 $\bar{x}_t$	样本容量 n_i
	1	2	3	…	j	…			
1	x_{11}	x_{12}	x_{13}	…	x_{1j}	…	T_{t_1}	$\bar{x}_{t_1}$	n_1
2	x_{21}	x_{22}	x_{23}	…	x_{2j}	…	T_{t_2}	$\bar{x}_{t_2}$	n_2
⋮	⋮	⋮	⋮	…	⋮	…	⋮	⋮	⋮
i	x_{i1}	x_{i2}	x_{i3}	…	x_{ij}	…	T_{t_i}	$\bar{x}_{t_i}$	n_i
⋮	⋮	⋮	⋮	…	⋮	…	⋮	⋮	⋮
k	x_{k1}	x_{k2}	x_{k3}	…	x_{kj}	…	T_{t_k}	$\bar{x}_{t_k}$	n_k
							$T=\sum x$	$\bar{x}$	$\sum n_i$

表 5-8 中，i 代表资料中任一处理的样本，$i=1$、2、…、k；j 代表样本中任一观察单元，$j=1$、2、…、n_i；x_{ij}、T_t、$\bar{x}_t$、T 与 $\bar{x}$ 与处理内观测值数目相等的相同。

处理内观测值数目不等资料的变异分解模型与处理内观测值数目相等的相同。

(二)方差分析过程

1. 平方和与自由度的分解

各项变异平方和与自由度的分解计算公式如下：

$$
\left.\begin{aligned}
&\text{矫正数：} && C=\frac{(\sum x)^2}{\sum n_i}=\frac{T^2}{\sum n_i} && \\
&\text{总变异：} && SS_T=\sum_{1}^{nk}(x_{ij}-\bar{x})^2=\sum x^2-C && df_T=\sum n_i-1 \\
&\text{组间(处理间)：} && SS_t=\sum_{1}^{k} n_i(\bar{x}_{t_i}-\bar{x})^2=\sum\frac{T_{t_i}^2}{n_i}-C && df_t=k-1 \\
&\text{组内(误差)：} && SS_e=\sum_{i=1}^{k}\sum_{j=1}^{n}(x_{ij}-\bar{x}_{t_i})^2=SS_T-SS_t && df_e=\sum n_i-k
\end{aligned}\right\}\tag{5-10}
$$

2. 列方差分析表

方差分析表的列制要求与处理内观测值数目相等的资料完全相同，参见表 5-2。

3. 多重比较

由于各处理的重复数不同，需先计算各 n_i 的平均样本容量 n_0，其公式如下：

$$
n_0=\frac{(\sum n_i)^2-\sum n_i^2}{(\sum n_i)(k-1)}\tag{5-11}
$$

然后计算标准误：

LSD 法：
$$S_{\bar{x}_1-\bar{x}_2}=\sqrt{\frac{2MS_e}{n_0}} \tag{5-12}$$

LSR 法：
$$SE=\sqrt{\frac{MS_e}{n_0}} \tag{5-13}$$

(三)方差分析案例

【例 5.2】 调查某苹果品种短枝型 1、2 号与普通型、小老树枝条的节间长度(cm)，每类型样点数不等，调查资料整理如下(图 5-4)，试分析不同类型枝条节间长度的差异显著性。

	A	B	C	D	E	F	G	H	I	J	K	L	M	N	O
1	处 理	样点观测值 (x)											T_t	$\bar{x}_t$	n_i
2		1	2	3	4	5	6	7	8	9	10	11			
3	短枝 1 号	1.7	1.8	1.8	1.6	1.7	1.8	1.9	1.8	1.8	1.8		17.7	1.77	10
4	短枝 2 号	1.9	1.7	1.6	1.8	1.8	1.8	1.8	1.7	1.9			16.0	1.78	9
5	普通型	2.2	2.3	2.4	2.5	2.4	2.4	2.4	2.3	2.2	2.2	2.2	25.5	2.32	11
6	小老树	1.4	1.5	1.4	1.3	1.6	1.7						8.9	1.48	6
7													T=68.1	$\bar{x}$=1.892	Σn_i=36

图 5-4 某苹果品种不同类型枝条节间长度(cm)资料整理的 Excel 图示

分析过程：

1. 平方和与自由度的分解

已知 $k=4$、各处理的 n_i 值不等，将图 5-4 的整理结果分别代入公式 5-10，可计算出各项变异的平方和与自由度。

$$C=\frac{T^2}{\sum n_i}=\frac{68.1^2}{36}=\frac{4\,837.61}{36}=128.822\,5$$

总变异：$SS_T=\sum x^2-C=7^2+1.8^2+\cdots+1.7^2-C=132.45-128.822\,5=3.627\,5$

$$df_T=\sum n_i-1=36-1=35$$

处理间：$SS_t=\sum(\frac{T_t^2}{n_i})-C=\frac{17.7^2}{10}+\frac{16.0^2}{9}+\frac{25.5^2}{11}+\frac{8.9^2}{6}-128.822\,5=3.266\,3$

$$df_t=k-1=4-1=3$$

误 差：$SS_e=SS_T-SS_t=3.627\,5-3.266\,3=0.361\,2$

$$df_e=\sum n_i-k=36-4=32$$

2. 列方差分析表进行 F 测验

将上述计算结果填入方差分析表(表 5-9)中，计算出 F 值后按 $\nu_1=3$，$\nu_2=32$ 查 F 值表，将 F_t 值与 $F_{0.05}$ 和 $F_{0.01}$ 进行比较。

表 5-9 图 5-4 资料的方差分析表

变异来源	SS	DF	MS	F	$F_{0.05}$	$F_{0.01}$
类型间	3.266 3	3	1.088 7	96.442**	2.90	4.46
误　差	0.361 2	32	0.011 3			
总变异	3.627 5	35				

结论：$F_t=96.442>F_{0.01}$，$P<0.01$，表明各处理间平均数（即不同类型枝条的节间平均长度）间差异极显著。

若利用 Excel 计算，可在图 5-4 数据整理基础上，输入函数公式"＝SUMPRODUCT(((M3:M6)^2)/O3:O6)－(SUM(M3:M6)^2)/COUNT(B3:L6)"即得 SS_t，而 SS_T、SS_e、MS_e、MS_t 及 F 值的计算与各处理重复次数相等的单向分组资料的方法相同；若利用 Excel【数据分析】工具，可与各处理重复次数相等资料一样，运用【方差分析：单因素方差分析】工具进行。

3. 多重比较

本例采用 LSR 法，根据公式 5-11、5-13 计算如下：

$$n_0=\frac{\left(\sum n_i\right)^2-\sum n_i^{\,2}}{\left(\sum n_i\right)(k-1)}=\frac{36^2-(10^2+9^2+11^2+6^2)}{36\times(4-1)}=8.87\approx 9$$

$$SE=\sqrt{\frac{MS_e}{n_0}}=\sqrt{\frac{0.011\ 3}{9}}=0.035\ 4$$

根据 $\nu=df_e=32\approx30$、处理数 $k=4$，查 SSR 表得 $k=2$、3、4 时的 SSR_α 值后按公式 5-8 计算得 LSR_α 值于表 5-10，进而得多重比较结果于表 5-11。

表 5-10 某苹果品种不同类型枝条节间长度多重比较的 LSR 值表

项目	k		
	2	3	4
$SSR_{0.05}$	2.89	3.04	3.12
$SSR_{0.01}$	3.89	4.06	4.16
$LSR_{0.05}$	0.102	0.108	0.111
$LSR_{0.01}$	0.138	0.144	0.147

表 5-11 某苹果品种不同类型树枝条节间长度差异显著性（LSR 法）

类型	节间长度 $\bar{x}_t$/cm	差异显著性	
		$\alpha=0.05$	$\alpha=0.01$
普通型	2.32	a	A
短枝 2 号	1.78	b	B
短枝 1 号	1.77	b	B
小老树	1.48	c	C

结论：除短枝型 1 号与 2 号无差异外，其他类型之间差异都极显著。

三、系统分组资料方差分析

系统分组资料，是组内(处理内)又分亚组的单向分组资料的简称。系统分组并不限于组内仅分亚组，亚组内还可分小组，小组内还可分小亚组……如此一环套一环地分下去。这种试验称为巢式试验。在农业试验上系统分组资料是常见的。如对数块土地取土样分析，每块地取了若干样点，而每一样点又做了数次分析的资料；或调查果树病害，随机取若干株，每株取不同部位若干枝条，每个枝条取若干叶片查其病斑数的资料；或在温室里作盆栽试验，每处理若干盆，每盆种若干株的资料等，皆为系统分组资料。下面介绍最简单的系统分组资料——二级系统分组资料的方差分析。

(一)资料特点

试验或调查分 k 个组(处理或样本)，每组内又分 m 个亚组(样点)，每个亚组内又有 n 个试验单元的观测值，则该资料共有 kmn 个观测值，其资料类型如表 5-12 所示。

表 5-12　二级系统分组资料 kmn 个观测值的数据表($i=1,2,\cdots,k;j=1,2,\cdots,m;l=1,2,\cdots,n$)

组(i)	亚组(j)	观测值 x_{ijl}						亚组总和(T_{ij})	亚组平均($\bar{x}_{ij}$)	组总和(T_i)	组平均($\bar{x}_i$)
1	1	x_{111}	x_{112}	$\cdots$	x_{11l}	$\cdots$	x_{11n}	T_{11}	$\bar{x}_{11}$	T_1	$\bar{x}_1$
	2	x_{121}	x_{122}	$\cdots$	x_{12l}	$\cdots$	x_{12n}	T_{12}	$\bar{x}_{12}$		
	$\vdots$	$\vdots$	$\vdots$	$\cdots$	$\vdots$	$\cdots$	$\vdots$	$\vdots$	$\vdots$		
	j	x_{1j1}	x_{1j2}	$\cdots$	x_{1jl}	$\cdots$	x_{1jn}	T_{1j}	$\bar{x}_{1j}$		
	$\vdots$	$\vdots$	$\vdots$	$\cdots$	$\vdots$	$\cdots$	$\vdots$	$\vdots$	$\vdots$		
	m	x_{1m1}	x_{1m2}	$\cdots$	x_{1ml}	$\cdots$	x_{1mn}	T_{1m}	$\bar{x}_{1m}$		
$\vdots$	$\vdots$	$\vdots$	$\vdots$	$\cdots$	$\vdots$	$\cdots$	$\vdots$	$\vdots$	$\vdots$	$\vdots$	$\vdots$
i	1	x_{i11}	x_{i12}	$\cdots$	x_{i1l}	$\cdots$	x_{i1n}	T_{i1}	$\bar{x}_{i1}$	T_i	$\bar{x}_i$
	2	x_{i21}	x_{i22}	$\cdots$	x_{i2l}	$\cdots$	x_{i2n}	T_{i2}	$\bar{x}_{i2}$		
	$\vdots$	$\vdots$	$\vdots$	$\cdots$	$\vdots$	$\cdots$	$\vdots$	$\vdots$	$\vdots$		
	j	x_{ij1}	x_{ij2}	$\cdots$	x_{ijl}	$\cdots$	x_{ijn}	T_{ij}	$\bar{x}_{ij}$		
	$\vdots$	$\vdots$	$\vdots$	$\cdots$	$\vdots$	$\cdots$	$\vdots$	$\vdots$	$\vdots$		
	m	x_{im1}	x_{im2}	$\cdots$	x_{iml}	$\cdots$	x_{imn}	T_{im}	$\bar{x}_{im}$		
$\vdots$	$\vdots$	$\vdots$	$\vdots$	$\cdots$	$\vdots$	$\cdots$	$\vdots$	$\vdots$	$\vdots$	$\vdots$	$\vdots$
k	1	x_{k11}	x_{k12}	$\cdots$	x_{k1l}	$\cdots$	x_{k1n}	T_{k1}	$\bar{x}_{k1}$	T_k	$\bar{x}_k$
	2	x_{k21}	x_{k22}	$\cdots$	x_{k2l}	$\cdots$	x_{k2n}	T_{k2}	$\bar{x}_{k2}$		
	$\vdots$	$\vdots$	$\vdots$	$\cdots$	$\vdots$	$\cdots$	$\vdots$	$\vdots$	$\vdots$		
	j	x_{kj1}	x_{kj2}	$\cdots$	x_{kjl}	$\cdots$	x_{kjn}	T_{kj}	$\bar{x}_{kj}$		
	$\vdots$	$\vdots$	$\vdots$	$\cdots$	$\vdots$	$\cdots$	$\vdots$	$\vdots$	$\vdots$		
	m	x_{km1}	x_{km2}	$\cdots$	x_{kml}	$\cdots$	x_{kmn}	T_{km}	$\bar{x}_{km}$		
										$T=\sum x$	$\bar{x}=\frac{T}{kmn}$

表 5-12 中，i 代表资料中任一组（某处理的样本）；j 代表任一亚组（样本内的某样点）；l 代表亚组内任一观测单元；x_{ijl} 表示任一观测值；T_{ij} 代表亚组总和；$\bar{x}_{ij}$ 代表亚组平均数；T_i 代表处理总和；$\bar{x}_i$ 代表处理平均数；T 为全部观测值总和；$\bar{x}$ 为总平均数。

二级系统分组资料的变异分解模型为：

总变异＝组间（处理间）变异＋组内亚组间变异＋亚组内重复观测值间（误差）变异

（二）方差分析过程

1. 平方和与自由度的分解

各项变异平方和与自由度的分解计算公式如下：

$$\left.\begin{aligned}
&\text{矫正数：} && C=\frac{T^2}{kmn} && \\
&\text{总变异：} && SS_T=\sum_1^{kmn}(x_{ijl}-\bar{x})^2=\sum x^2-C && df_T=kmn-1\\
&\text{组间(处理间)：} && SS_t=mn\sum_1^k(\bar{x}_i-\bar{x})^2=\frac{\sum T_i^2}{mn}-C && df_t=k-1\\
&\text{组内亚组间：} && SS_d=n\sum_1^k\sum_1^m(\bar{x}_{ij}-\bar{x}_i)^2=\frac{\sum T_{ij}^2}{n}-\frac{\sum T_i^2}{mn} && df_d=k(m-1)\\
&\text{亚组内(误差)：} && SS_e=\sum_1^k\sum_1^m\sum_1^n(x_{ijl}-\bar{x}_{ij})^2=\sum x^2-\frac{\sum T_{ij}^2}{n} && df_e=km(n-1)
\end{aligned}\right\}\quad(5\text{-}14)$$

2. 列方差分析表

将平方和与自由度的计算结果填入方差分析表中后，计算出各项变异方差及 F_t 与 F_d 值后，与相应 F_α 值进行比较，二级系统分组资料的方差分析表格式如下（表 5-13）：

表 5-13 二级系统分组资料的方差分析表

变异来源	SS	DF	MS	F 值	$F_{0.05}$	$F_{0.01}$
组间（处理间）	SS_t	df_t	$MS_t=SS_t/df_t$	$F_t=MS_t/MS_e$	F 值表查表结果	
组内亚组间	SS_d	df_d	$MS_d=SS_d/df_d$	$F_d=MS_d/MS_e$	F 值表查表结果	
亚组内	SS_e	df_e	$MS_e=SS_e/df_e$			
总变异	SS_T	df_T				

结论：若为测验各处理间有无不同效应，则根据 F_t 值与相应 $F_{0.05}$ 和 $F_{0.01}$ 的比较结果做出结论；若为测验各亚组间有无不同效应，则根据 F_d 值与相应 $F_{0.05}$ 和 $F_{0.01}$ 的比较结果做出结论，亚组间差异不显著可说明各处理内部的试验环境相近，一般亚组间可不做多重比较。

3. 多重比较

若采用 LSR 法进行多重比较，则在测验各处理间平均数差异显著性时的标准误为：

$$SE_t=\sqrt{\frac{MS_d}{mn}}\tag{5-15}$$

在进行组内亚组间平均数多重比较时其标准误为：

$$SE_d = \sqrt{\frac{MS_e}{n}} \tag{5-16}$$

(三)方差分析案例

【例 5.3】 在温室内以 4 种培养液($k=4$)培养某作物，每种培养液培养 3 盆($m=3$)，每盆 4 株($n=4$)，全试验共有 12 个花盆按完全随机排列，其他管理条件相同，一个月后测定每株植株的株高生长量(mm)，将结果整理于 Excel 工作表内(图 5-5)，试做方差分析。

	A	B	C	D	E	F	G	H	I
1	培养液(i)	盆号(j)	生长量(x_{ijk})				盆总和(T_{ij})	培养液总和(T_i)	培养液平均($\bar{x}_i$)
2		A_1	50	55	40	35	180		
3	A	A_2	35	35	30	40	140	495	41.25
4		A_2	45	40	40	50	175		
5		B_1	50	45	50	45	190		
6	B	B_2	55	60	50	50	215	625	52.08
7		B_3	55	45	65	55	220		
8		C_1	85	60	90	85	320		
9	C	C_2	65	70	80	65	280	880	73.33
10		C_3	70	70	70	70	280		
11		D_1	60	55	35	70	220		
12	D	D_2	60	85	45	75	265	775	64.58
13		D_3	65	65	85	75	290		
14	总　和							T=2775	
15		k=	4	m=	3	n=	4		

图 5-5　4 种培养液下的株高增长量(mm)资料整理的 Excel 图示

分析过程：

1. 平方和与自由度的分解

将图 5-5 的整理结果分别代入公式 5-14，可计算出各项变异的平方和与自由度。

$$C = \frac{T^2}{kmn} = \frac{2\,775^2}{4 \times 3 \times 4} = 160\,429.687\,5$$

总变异：$df_T = kmn - 1 = (4 \times 3 \times 4) - 1 = 47$

$$SS_T = \sum x^2 - C = 50^2 + 55^2 + \cdots + 75^2 - C = 172\,025 - 160\,429.687\,5 = 11\,595.312\,5$$

处理间：$df_t = k - 1 = 4 - 1 = 3$

$$SS_t = \frac{\sum T_i^2}{mn} - C = \frac{495^2 + 625^2 + 880^2 + 775^2}{3 \times 4} - C = 167\,556.25 - 160\,429.687\,5 = 7\,126.562\,5$$

亚组间：$df_d = k(m-1) = 4 \times (3-1) = 8$

$$SS_d = \frac{\sum T_{ij}^2}{n} - \frac{\sum T_i^2}{mn} = \frac{180^2 + 140^2 + \cdots + 290^2}{4} - 167\,556.25 = 168\,818.75 - 167\,556.25 = 1\,262.5$$

误差：$df_e = km(n-1) = 4 \times 3 \times (4-1) = 36$

$$SS_e = \sum x^2 - \frac{\sum T_{ij}^2}{n} = 172\,025 - 168\,818.75 = 3\,206.25$$

2. 列方差分析表进行 F 测验

将上述结果填入方差分析表中，再据表 5-13 中公式计算出各项变异方差及 F 值，查 F 值表，将 F_t 值与 $\nu_1=3$、$\nu_2=8$ 的 $F_{0.05}$ 和 $F_{0.01}$ 进行比较，将 F_d 值与 $\nu_1=8$、$\nu_2=36$ 的 $F_{0.05}$ 和 $F_{0.01}$ 进行比较（表 5-14）。

表 5-14　图 5-5 资料方差分析表

变异来源	SS	DF	MS	F	$F_{0.05}$	$F_{0.01}$
培养液间	7 126.562 5	3	2 375.520 8	15.053**	4.07	7.59
培养液内盆间	1 262.500 0	8	157.812 5	1.772	2.21	3.05
盆内株间（误差）	3 206.250 0	36	89.062 5			
总变异	11 595.312 5	47				

结论：$F_t=15.053>F_{0.01}$，表明各处理间平均数（即不同培养液的株高生长量）差异极显著；而 $F_d=1.772<F_{0.05}$，表明各组内各亚组间平均数（即同一培养液的不同盆间株高生长量）差异不显著。可对不同培养液的株高生长量做进一步的多重比较。

若利用 Excel 计算，可在图 5-5 数据整理基础上，输入相应函数公式即可得出方差分析表各项数据结果（图 5-6）。

	A	B	C	D	E
21	变异来源	SS	DF	MS	F
22	培养液间	=DEVSQ(H2:H13)/E15*G15	=C15-1	=B22/C22	=D22/D23
23	盆间	=SUMSQ(G2:G13)/G15 -SUMSQ(H2:H13)/E15*G15	=C15*(E15-1)	=B23/C23	=D23/D24
24	误差	=SUMSQ(C2:F13)-SUMSQ(G2:G13)/G15	=C15*E15*(G15-1)	=B24/C24	
25	总变异	=DEVSQ(B2:F13)	=C15*E15*G15-1		

图 5-6　二级系统分组资料方差分析表中各项计算的 Excel 公式输入图示

3. 各培养液平均数间的多重比较

采用 LSR 法，首先计算平均数标准误：$SE_t=\sqrt{\dfrac{MS_d}{mn}}=\sqrt{\dfrac{157.812\,5}{3\times4}}=3.626\,4$

据 $\nu=df_d=8$、处理数 $k=4$，查 SSR 表得 $k=2$、3、4 时的 SSR_α 值后按公式 5-8 计算得 LSR_α 值于表 5-15，进而进行多重比较于表 5-16。

表 5-15　多重比较时的 LSR_α 值表

项目	k		
	2	3	4
$SSR_{0.05}$	3.26	3.39	3.47
$SSR_{0.01}$	4.74	5.00	5.14
$LSR_{0.05}$	11.82	12.29	12.58
$LSR_{0.01}$	17.19	18.13	18.64

表 5-16 4 种培养液株高生长量的差异显著性

培养液	平均生长量 $\bar{x}_t$/mm	差异显著性	
		$\alpha=0.05$	$\alpha=0.01$
C	73.3	a	A
D	64.6	a	AB
B	52.1	b	BC
A	41.3	b	C

结论:4 种培养液中,C 与 B、A 差异极显著,D 与 A 差异极显著,D 与 B 差异显著,其他处理间生长量差异均不显著。

第三节 随机区组设计试验结果资料方差分析

随机区组试验设计是把 k 个处理随机排列在一个区组中,区组内条件基本上是一致的,各不同区组间可以有适当的差异。区组相当于一个试验因素,可以从误差中扣除出来,因而降低了试验误差,提高了试验结果分析的精确性。随机区组试验的环境设计较灵活,适合于精确度要求较高的各类比较试验。

随机区组试验的结果需要整理成两向分组资料,两向分组资料是指观察值需按两个不同方向进行分组的资料。根据试验因素的多少,随机区组试验结果的资料主要有单因素随机区组试验资料与多因素随机区组试验资料两种类型。

一、单因素随机区组设计试验结果分析

(一)资料特点

试验只有一个因素,划分为 k 个水平即有 k 个处理(样本),采用随机区组设计,n 个区组(n 次重复),则共得 kn 个观测值,试验资料需按处理与区组整理成两向表(表 5-17):

表 5-17 k 个处理 n 次重复的单因素随机区组试验结果资料整理两向表

处理(样本)	区组							处理总和 T_t	处理平均 $\bar{x}_t$
	1	2	3	…	j	…	n		
1	x_{11}	x_{12}	x_{13}	…	x_{1j}	…	x_{1n}	T_{t_1}	$\bar{x}_{t_1}$
2	x_{21}	x_{22}	x_{23}	…	x_{2j}	…	x_{2n}	T_{t_2}	$\bar{x}_{t_2}$
⋮	⋮	⋮	⋮	…	⋮	…	⋮	⋮	⋮
i	x_{i1}	x_{i2}	x_{i3}	…	x_{ij}	…	x_{in}	T_{t_i}	$\bar{x}_{t_i}$
⋮	⋮	⋮	⋮	…	⋮	…	⋮	⋮	⋮
k	x_{k1}	x_{k2}	x_{k3}	…	x_{kj}	…	x_{kn}	T_{t_k}	$\bar{x}_{t_k}$
区组总和 T_r	T_{r_1}	T_{r_2}	T_{r_3}	…	T_{r_j}	…	T_{r_n}	$T=\sum x$	$\bar{x}$

表 5-17 中，i 代表资料中任一处理的样本；j 代表任一区组；x_{ij} 表示某一处理的某一区组观测值；T_r 代表处理总和；T_t 代表处理总和；$\bar{x}_t$ 代表处理平均数；T 为全部观测值总和；$\bar{x}$ 为总平均数。

其变异分解模型为：

总变异＝处理间变异＋区组间变异＋误差变异

(二)方差分析过程

1. 平方和与自由度的分解

各项变异平方和与自由度的分解计算公式如下：

$$
\left.
\begin{aligned}
&\text{矫正数：}\ C=\frac{(\sum x)^2}{kn}=\frac{T^2}{kn} \\
&\text{总变异：}\ SS_T=\sum_1^{nk}(x_{ij}-\bar{x})^2=\sum x^2-C \qquad df_T=kn-1 \\
&\text{处理间：}\ SS_t=n\sum_1^{k}(\bar{x}_{t_i}-\bar{x})^2=\frac{\sum_1^{k}(T_{t_i}-\overline{T}_t)^2}{n}=\frac{\sum T_t^2}{n}-C \qquad df_t=k-1 \\
&\text{区组间：}\ SS_r=k\sum_1^{n}(\bar{x}_{r_i}-\bar{x})^2=\frac{\sum_1^{n}(T_{r_j}-\overline{T}_r)^2}{k}=\frac{\sum T_r^2}{k}-C \qquad df_r=n-1 \\
&\text{误　差：}\ SS_e=\sum_{i=1}^{k}\sum_{j=1}^{n}(x_{ij}-\bar{x}_{t_i}-\bar{x}_{r_j}+\bar{x})^2=SS_T-SS_t-SS_r \qquad df_e=(k-1)(n-1)
\end{aligned}
\right\}\ (5\text{-}17)
$$

2. 列方差分析表

将平方和与自由度的计算结果填入方差分析表中，计算各项变异方差及 F_t 与 F_r 值后，将 F 值与相应 F_α 值进行比较，单因素随机区组试验资料的方差分析表(表 5-18)格式如下：

表 5-18　单因素随机区组试验结果的方差分析表

变异来源	SS	DF	MS	F 值	$F_{0.05}$	$F_{0.01}$
处理间	SS_t	df_t	$MS_t=SS_t/df_t$	$F_t=MS_t/MS_e$	F 值表查表结果	
区组间	SS_r	df_r	$MS_r=SS_r/df_r$	$F_r=MS_r/MS_e$	F 值表查表结果	
误差	SS_e	df_e	$MS_e=SS_e/df_e$			
总变异	SS_T	df_T				

结论：对处理间的效应差异，根据 F_t 值与相应 $F_{0.05}$ 和 $F_{0.01}$ 的比较结果做出标记及结论；由于区组只是作为减少误差的手段，对区组间效应的差异显著性一般只要求根据 F_r 值与相应 $F_{0.05}$ 和 $F_{0.01}$ 的比较结果在表中 F_r 值的右上角作标记，不需要做文字说明。

3. 多重比较

对各处理间平均数差异显著性测验可根据需要采用 LSD 或 LSR 法，其标准误计算方法参见公式 5-5、5-7。

区组间平均数一般不需要进行多重比较，但如果试验者需要了解不同区组间的环境条件差异时，在 F_r 测验结果达到差异显著或差异极显著时也可采用 LSR 法进行比较，区组间多重比较的标准误计算公式为

$$SE_r = \sqrt{\frac{MS_e}{k}} \tag{5-18}$$

(三)方差分析案例

【例 5.4】 为筛选出适合于本地生态环境条件下种植的小麦新品种，现设计一个包括 A、B、C、D、E、F、G 7 个小麦品种的品种比较试验，以当地最普遍种植的品种 G 为对照品种。试验采用随机区组设计，3 次重复，小区计产面积 30 m²，其田间排列及产量(kg/30 m²)结果见图 5-7，试作分析比较各品种在当地的产量表现。

Ⅰ	B 15.1	D 12.7	E 16.5	C 15.5	A 14.0	G 15.3	F 14.1
Ⅱ	E 19.5	A 16.1	G 12.8	B 17.2	F 14.8	D 15.0	C 17.5
Ⅲ	G 17.1	C 14.7	D 14.1	A 19.7	E 23.5	F 16.5	B 19.6

图 5-7 小麦品比试验田间排列及产量(kg/30 m²)

根据图 5-7 试验结果可按区组与处理整理成两向表(图 5-8)：

	A	B	C	D	E	F
1	处理	区组			T_t	$\bar{x}_t$
2		Ⅰ	Ⅱ	Ⅲ		
3	A	14.0	16.1	19.7	49.8	16.60
4	B	15.1	17.2	19.6	51.9	17.30
5	C	15.5	17.5	14.7	47.7	15.90
6	D	12.7	15.0	14.1	41.8	13.93
7	E	16.5	19.5	23.5	59.5	19.83
8	F	14.1	14.8	16.5	45.4	15.13
9	G	15.3	12.8	17.1	45.2	15.07
10	T_r	103.2	112.9	125.2	T=341.3	$\bar{x}$=16.30
11	k=	7			n= 3	

图 5-8 小麦品比试验产量(kg/30 m²)结果的处理与区组两向表的 Excel 图示

分析过程：

1. 平方和与自由度的分解

将图 5-8 的整理结果分别代入公式 5-17，可计算出各项变异的平方和与自由度。

矫正数：$C=\frac{T^2}{kn}=\frac{341.3^2}{7\times 3}=5\,546.937\,6$

总变异：$SS_T=\sum x^2-C=14.0^2+16.1^2+\cdots+17.1^2-C=137.252\,4 \quad df_T=kn-1=20$

区组间：$SS_r=\frac{\sum T_r^2}{k}-C=\frac{103.2^2+112.9^2+125.2^2}{7}-5\,546.937\,6=34.732\,4 \quad df_r=n-1=2$

品种间：$SS_t=\frac{\sum T_t^2}{n}-C=\frac{49.8^2+51.9^2+\cdots+45.2^2}{3}-5\,546.937\,6=66.605\,7 \quad df_t=k-1=6$

误　差：$SS_e=SS_T-SS_r-SS_t=137.252\,4-34.732\,4-66.605\,7=35.914\,3$

$$df_e=(k-1)(n-1)=12$$

2.列方差分析表进行 F 测验

将上述结果填入方差分析表中，根据表 5-18 中的公式计算出方差及 F 值后，查 F 值表，将 F_t 值与 $\nu_1=6$、$\nu_2=12$ 的 $F_{0.05}$ 和 $F_{0.01}$ 进行比较，将 Fr 值与 $\nu_1=2$、$\nu_2=12$ 的 $F_{0.05}$ 和 $F_{0.01}$ 进行比较(表 5-19)。

表 5-19　图 5-8 资料的方差分析表

变异来源	SS	DF	MS	F 值	$F_{0.05}$	$F_{0.01}$
品种间	66.605 7	6	11.101 0	3.709 2*	3.00	4.82
区组间	34.732 4	2	17.366 2	5.802 5*	3.89	6.93
误　差	35.914 3	12	2.992 9			
总变异	137.252 4	20				

结论：$F_t=3.709\,2>F_{0.05}=3.00$，$P<0.05$，表明各处理间平均数(即不同品种的产量)差异显著，需进一步做多重比较，以明确各品种间的产量显著差异性。

本试验不需对区组间差异显著性进行文字评价。

若利用 Excel 计算，可在图 5-8 数据整理基础上，输入相应函数公式即可得出方差分析表各项数据结果(图 5-9)。

	A	B	C	D	E
21	变异来源	*SS*	*DF*	*MS*	*F*
22	品种间	=DEVSQ(E3:E9)/E11	=B11-1	=B22/C22	=D22/D24
23	区组间	=DEVSQ(B10:D10)/B11	=E11-1	=B23/C23	=D23/D24
24	误差	= B25-B22- B23	= C25-C22- C23	=B24/C24	
25	总变异	=DEVSQ(B3:D9)	=B11*E11-1		

图 5-9　单因素随机区组试验资料方差分析表中各项计算的 Excel 公式输入图示

若在 Excel 中已加载【数据分析】工具，也可利用【方差分析：无重复双因素分析】直接得出方差分析表中各项数据。

3.各品种平均产量间的多重比较

本例中，若只需要了解各品种与对照品种(CK)之间的差异，可采用 LSD 法，若希望对各品种之间的产量差异进行比较，则宜采用 LSR 法，其方法分别如下：

(1)LSD 法　根据品种比较试验要求，对各供试品种应分别与对照品种进行比较。

平均数差数标准误为：$S_{\bar{x}_i-\bar{x}_j}=\sqrt{\dfrac{2MS_e}{n}}=\sqrt{\dfrac{2\times 2.9929}{3}}=1.4125(\text{kg}/30\ \text{m}^2)$

根据 $\nu=12$，查 t 值表得 $t_{0.05}=2.179$，$t_{0.01}=3.055$，故

$$LSD_{0.05}=1.4125\times 2.179=3.08(\text{kg}/30\ \text{m}^2)$$
$$LSD_{0.01}=1.4125\times 3.055=4.32(\text{kg}/30\ \text{m}^2)$$

据上述标准可判断各品种与对照品种(G)的差数及显著性(表 5-20)。

表 5-20　图 5-8 资料各品种与对照产量相比较差异显著性(LSD 法)

品　种	小区平均产量/(kg/30 m²)	与 G(CK)差异
E	19.83	4.77**
B	17.30	2.23
A	16.60	1.53
C	15.90	0.83
F	15.13	0.07
G(CK)	15.07	0.00
D	13.93	-1.13

从表 5-20 可以看出，仅有品种 E 比对照品种增产极显著，其余品种与对照比较均没有显著差异，说明品种 E 能够在当地获得增产。

(2)LSR 法　测验各品种间相互比较的差异显著性。

平均数标准误为：$SE=\sqrt{\dfrac{MS_e}{n}}=\sqrt{\dfrac{2.9929}{3}}=0.9988(\text{kg}/30\ \text{m}^2)$

据 $\nu=df_e=12$、$k=7$，查 SSR 表得 $k=2$、3、…、7 时的 SSR_α 值，按公式 5-8 计算得各 LSR_α 值(表 5-21)，然后用字母标记法以相应 LSR_α 衡量各品种间产量差异显著性(表 5-22)。

表 5-21　图 5-8 资料小麦品比试验产量多重比较的 LSR 值表

项目	k					
	2	3	4	5	6	7
$SSR_{0.05}$	3.08	3.23	3.33	3.36	3.40	3.42
$SSR_{0.01}$	4.32	4.55	4.68	4.76	4.84	4.92
$LSR_{0.05}$	3.08	3.23	3.33	3.36	3.40	3.42
$LSR_{0.01}$	4.31	4.54	4.67	4.75	4.83	4.91

表 5-22　小麦品比试验各品种的产量差异显著性(LSR 法)

处理	$\bar{x}_t$	差异显著性	
		5%	1%
E	19.83	a	A
B	17.30	ab	AB
A	16.60	b	AB
C	15.90	b	AB
F	15.13	b	AB
G	15.07	b	AB
D	13.93	b	B

多重比较结果表明:E 品种与 A、C、F、G、D 五个品种的产量差异显著;E 品种与 D 品种的产量差异极显著,其余品种间产量均无显著差异。

二、多因素随机区组设计试验结果分析

有两个或两个以上试验因素的试验称为多因素试验。这里重点说明两因素随机区组试验结果的统计分析方法。

(一)资料特点

设试验有 A 和 B 两个因素,各具有 a 和 b 个水平,则有 ab 个水平组合(处理),即 $k=ab$,采用随机区组设计,n 个区组(n 次重复),则资料共为 abn 个观测值,其资料同样需按处理与区组整理成两向表(表 5-23),所不同的是对处理还需进一步整理成 A 因素和 B 因素两向表(表 5-24):

表 5-23　k 个处理 n 次重复的两因素随机区组试验结果资料整理两向表

处理		区组							处理总和 T_t	处理平均 $\bar{x}_t$
A 因素	B 因素	1	2	3	…	l	…	n		
A_1	B_1	x_{111}	x_{112}	x_{113}	…	x_{11l}	…	x_{11n}	$T_{t_{11}}$	$\bar{x}_{t_{11}}$
	⋮	⋮	⋮	⋮	…	⋮	…	⋮	⋮	⋮
	B_b	x_{1b1}	x_{1b2}	x_{1b3}	…	x_{1bl}	…	x_{1bn}	$T_{t_{1b}}$	$\bar{x}_{t_{1b}}$
⋮	⋮	⋮	⋮	⋮	…	⋮	…	⋮	⋮	⋮
A_i	B_j	x_{ij1}	x_{ij2}	x_{ij3}	…	x_{ijl}	…	x_{ijn}	$T_{t_{ij}}$	$\bar{x}_{t_{ij}}$
⋮	⋮	⋮	⋮	⋮	…	⋮	…	⋮	⋮	⋮
A_a	B_1	x_{a11}	x_{a12}	x_{a13}	…	x_{a1l}	…	x_{a1n}	$T_{t_{a1}}$	$\bar{x}_{t_{a1}}$
	⋮	⋮	⋮	⋮	…	⋮	…	⋮	⋮	⋮
	B_b	x_{ab1}	x_{ab2}	x_{ab3}	…	x_{abl}	…	x_{abn}	$T_{t_{ab}}$	$\bar{x}_{t_{ab}}$
区组总和 T_r		T_{r_1}	T_{r_2}	T_{r_3}	…	T_{r_l}	…	T_{r_n}	$T=\sum x$	$\bar{x}$

表 5-24　表 5-23 资料 A 因素和 B 因素两向表

A 因素	B 因素					T_A	$\bar{x}_A$
	B_1	…	B_j	…	B_b		
A_1	$T_{t_{11}}$	…	$T_{t_{1j}}$	…	$T_{t_{1b}}$	T_{A_1}	$\bar{x}_{A_1}$
⋮	⋮		⋮		⋮	⋮	⋮
A_i	$T_{t_{i1}}$	…	$T_{t_{ij}}$	…	$T_{t_{ib}}$	T_{A_i}	$\bar{x}_{A_i}$
⋮	⋮	⋮	⋮		⋮	⋮	⋮
A_a	$T_{t_{a1}}$	…	$T_{t_{aj}}$	…	$T_{t_{ab}}$	T_{A_a}	$\bar{x}_{A_1}$
T_B	T_{B_1}	…	T_{B_j}	…	T_{B_b}	$T=\sum T_t$	
$\bar{x}_B$	$\bar{x}_{B_1}$	…	$\bar{x}_{B_j}$	…	$\bar{x}_{B_b}$		$\bar{x}$

表 5-23、5-24 中，i 代表 A 因素的任一水平；j 代表 B 因素的任一水平；l 代表任一区组；x_{ijl} 表示某一处理（A 因素 i 水平与 B 因素 j 水平的组合）的某一区组观测值；T_r 代表区组总和；T_t 代表处理总和；$\bar{x}_t$ 代表处理平均数；T_A 代表 A 因素总和；$\bar{x}_A$ 代表 A 因素平均数；T_B 代表 B 因素总和；$\bar{x}_B$ 代表 B 因素平均数；T 为全部观测值总和；$\bar{x}$ 为总平均数。

其变异分解模型与单因素随机区组相似，均为：总变异＝处理间变异＋区组间变异＋误差变异。但由于处理项是由 A、B 两个因素不同水平的组合，因此处理间变异又可分为解为 A 因素水平间变异、B 因素水平间变异和 A 与 B 的交互作用（A×B）三部分，即：

总变异＝A 因素间变异＋B 因素间变异＋A×B 互作＋区组间变异＋误差变异

(二)方差分析过程

1. 平方和与自由度的分解

各项变异平方和与自由度的分解计算公式如表 5-25 所示：

表 5-25　两因素随机区组试验平方和与自由度分解

变异来源	SS	DF
区组间	$ab\sum_1^r(\bar{x}_r-\bar{x})^2=\dfrac{\sum T_r^2}{ab}-C$	$n-1$
处理间	$n\sum_1^{ab}(\bar{x}_t-\bar{x})^2=\dfrac{\sum T_t^2}{n}-C$	$ab-1$
A 因素间	$nb\sum_1^{a}(\bar{x}_A-\bar{x})^2=\dfrac{\sum T_A^2}{nb}-C$	$a-1$
B 因素间	$na\sum_1^{b}(\bar{x}_B-\bar{x})^2=\dfrac{\sum T_B^2}{na}-C$	$b-1$
A×B 互作	$n\sum_1^{ab}(\bar{x}_t-\bar{x}_A-\bar{x}_B+\bar{x})^2=SS_t-SS_A-SS_B$	$(a-1)(b-1)$
误差	$\sum_1^{abn}(x-\bar{x}_r-\bar{x}_t+\bar{x})^2=SS_T-SS_t-SS_r$	$(ab-1)(n-1)$
总变异	$\sum_1^{abn}(x-\bar{x})^2=\sum x^2-C$	$abn-1$

矫正数：$C=\frac{(\sum x)^2}{abn}=\frac{T^2}{abn}$

2. 列方差分析表

将平方和与自由度的计算结果填入方差分析表中后，计算出各项变异方差后，需分别计算出 F_r、F_t 与 F_A、F_B、F_{AB} 值与相应的 $F_{0.05}$ 和 $F_{0.01}$ 进行比较，两因素随机区组试验资料的方差分析表格式如表 5-26 所示：

表 5-26　两因素随机区组试验资料的方差分析表

变异来源	SS	DF	MS	F	$F_{0.05}$	$F_{0.01}$
区组间	SS_r	df_r	$MS_r=SS_r/df_r$	$F_r=MS_r/MS_e$	F 值表查表结果	
处理间	SS_t	df_t	$MS_t=SS_t/df_t$	$F_t=MS_t/MS_e$		
A 因素间	SS_A	df_A	$MS_A=SS_A/df_A$	$F_A=MS_A/MS_e$		
B 因素间	SS_B	df_B	$MS_B=SS_B/df_B$	$F_B=MS_B/MS_e$		
A×B 互作间	SS_{AB}	df_{AB}	$MS_{AB}=SS_{AB}/df_{AB}$	$F_{AB}=MS_{AB}/MS_e$		
误差	SS_e	df_e	$MS_e=SS_e/df_e$			
总变异	SS_T	df_T				

注：F_A 与 F_B 值的计算方法在不同试验设计理念中会有所不同，农业试验中一般采用表 5-26 中计算公式。

结论：对处理间的效应差异，可根据 F_t 值与相应 $F_{0.05}$ 和 $F_{0.01}$ 的比较结果做出结论；也可直接根据 F_A、F_B、F_{AB} 值的差异显著性对 A 因素间、B 因素间及 A×B 互作分别做出结论。

3. 多重比较

对各处理间平均数差异显著性测验可根据需要采用 LSD 或 LSR 法，其标准误计算方法参见公式 5-5、5-7，但由于处理间差异可体现在各个试验因素及其交互作用上，一般不必另行对处理间进行多重比较。而对各因素及互作间的多重比较，一般采用 LSR 法，其平均数标准误计算公式分别如下：

A 因素间平均数比较的标准误计算公式：$$SE_A=\sqrt{\frac{MS_e}{bn}} \tag{5-19}$$

B 因素间平均数比较的标准误计算公式：$$SE_B=\sqrt{\frac{MS_e}{an}} \tag{5-20}$$

A×B 互作间多重比较的标准误计算公式：$$SE_{AB}=\sqrt{\frac{MS_e}{n}} \tag{5-21}$$

（三）方差分析案例

【例 5.5】　为了解几个玉米新品种的最佳肥料用量，现进行品种与施肥量的两因素试验。品种分为 A_1、A_2、A_3 等 3 个水平；肥料分为 4 个水平，即：B_1（N：135 kg/hm²、P_2O_5：45 kg/hm²、K_2O：120 kg/hm²）、B_2（N：270 kg/hm²、P_2O_5：90 kg/hm²、K_2O：240 kg/hm²）、B_3（N：405 kg/hm²、P_2O_5：135 kg/hm²、K_2O：360 kg/hm²）、B_4（N：540 kg/hm²、P_2O_5：180 kg/hm²、K_2O：480 kg/hm²）；全试验共有 12 个处理（水平组合），随机区组设计，重复

3 次，小区计产面积 25 m^2，收获时测得各处理产量（kg/25 m^2）整理如图 5-10 所示，试作分析。

	A	B	C	D	E	F	G
1	处理		区　组			T_t	$\bar{x}_t$
2			Ⅰ	Ⅱ	Ⅲ		
3	A_1	B_1	16.1	16.3	16.1	48.5	16.17
4		B_2	18.7	18.3	19.0	56.0	18.67
5		B_3	17.3	17.1	16.6	51.0	17.00
6		B_4	12.3	12.3	12.3	36.9	12.30
7	A_2	B_1	12.8	12.1	12.0	36.9	12.30
8		B_2	16.7	16.9	16.2	49.8	16.60
9		B_3	17.5	18.3	17.9	53.7	17.90
10		B_4	16.2	16.6	16.4	49.2	16.40
11	A_3	B_1	11.8	11.6	11.7	35.1	11.70
12		B_2	18.5	17.7	18.2	54.4	18.13
13		B_3	15.1	14.4	15.2	44.7	14.90
14		B_4	10.3	10.3	10.3	30.9	10.30
15		T_r	183.3	181.9	181.9	T=547.1	$\bar{x}$=15.20
16	a=	3	b=	4	n=	3	

图 5-10　玉米不同品种施肥试验产量（kg/25 m^2）结果处理与区组两向表的 Excel 整理图示

根据图 5-10 表格中的产量（kg/25 m^2）数据，计算出各区组总和 T_r、各处理总和 T_t 及平均数 $\bar{x}_t$。然后根据各处理总和 T_t 整理出品种（A）和施肥量（B）两向表（图 5-11）。

	A	B	C	D	E	F	G
20	品种	施肥量				T_A	$\bar{x}_A$
21		B_1	B_2	B_3	B_4		
22	A_1	48.5	56.0	51.0	36.9	192.4	16.03
23	A_2	36.9	49.8	53.7	49.2	189.6	15.80
24	A_3	35.1	54.4	44.7	30.9	165.1	13.76
25	T_B	120.5	160.2	149.4	117.0	547.1	
26	$\bar{x}_B$	13.39	17.80	16.60	13.00		15.20

图 5-11　玉米不同品种施肥试验结果品种和施氮量两向表的 Excel 整理图示

分析过程：

1. 平方和与自由度的分解

将图 5-10、图 5-11 的整理结果分别代入表 5-25 中的公式，计算出各项变异平方和与自由度。

矫正数：$C=\dfrac{T^2}{abn}=\dfrac{547.1^2}{3\times4\times3}=8\,314.400\,278$

总变异：$SS_T=\sum x^2-C=16.1^2+16.3^2+\cdots+10.3^2-C=268.269\,7$　　$df_T=abn-1=35$

区组间：$SS_r=\dfrac{\sum T_r^2}{ab}-C=\dfrac{183.3^2+181.9^2+181.9^2}{3\times4}-C=0.108\,9$　　$df_r=n-1=2$

处理间：$SS_t=\dfrac{\sum T_t^2}{n}-C=\dfrac{48.5^2+56.0^2+\cdots+30.9^2}{3}-C=265.969\,7$　　$df_t=ab-1=11$

误差：$SS_e=SS_T-SS_r-SS_t=268.269\,7-0.108\,9-265.969\,7=2.191\,1$

$df_e=(ab-1)(n-1)=22$

对 SS_t 进一步分解，得各因素及互作间变异平方和与自由度如下：

A 因素间：$SS_A = \frac{\sum T_A^2}{bn} - C = \frac{192.4^2 + 189.6^2 + 165.1^2}{4 \times 3} - C = 37.5939 \qquad df_A = a-1 = 2$

B 因素间：$SS_B = \frac{\sum T_B^2}{an} - C = \frac{120.5^2 + \cdots + 117.0^2}{3 \times 3} - C = 151.5608 \qquad df_B = b-1 = 3$

A×B 互作：$SS_{AB} = SS_t - SS_A - SS_B = 265.9697 - 37.5939 - 151.5608 = 76.8150$

$$df_{AB} = (a-1)(b-1) = 6$$

2. 列方差分析表进行 F 测验

将上述结果填入方差分析表中，根据表 5-26 中的公式计算出各项变异的方差及 F 值后，查 F 值表，将各 F 值与相应的 F_α 进行比较并做出显著性标记（表 5-27）。

表 5-27　图 5-10 玉米不同品种施肥试验资料的方差分析表

变异来源	SS	DF	MS	F	$F_{0.05}$	$F_{0.01}$
区组间	0.108 9	2	0.054 4	0.547	3.44	5.72
处理间	265.969 7	11	24.179 1	242.772**	2.26	3.18
品种间	37.593 9	2	18.796 9	188.732**	3.44	5.72
施肥间	151.560 8	3	50.520 3	507.252**	3.05	4.82
品种×施肥	76.815 0	6	12.802 5	128.544**	2.55	3.76
误差	2.1911	22	0.099 6			
总变异	268.269 7	35				

F 测验结果说明：区组间差异不显著，而处理间、品种间、施肥量间、品种×施肥量间的产量差异极显著。由此说明，品种与施肥量对玉米产量都有不同影响，并且它们之间的相互配合是非常重要的，所以需进一步做各因素及互作效应的差异显著性测验。

若利用 Excel 计算方差分析表中各项数据，可在图 5-10、图 5-11 的数据整理基础上，输入相应函数公式即可得出计算结果（图 5-12）。

	A	B	C	D	E
30	变异来源	SS	DF	MS	F
31	区组间	=DEVSQ(C15:E15)/(B16*D16)	=F16-1	=B31/C31	=D31/$D$36
32	处理间	=DEVSQ(F3:F14)/F16	=B16*D16-1	=B32/C32	=D32/$D$36
33	品种间	=DEVSQ(F22:F24)/(D16*F16)	=B16-1	=B33/C33	=D33/$D$36
34	施肥间	=DEVSQ(B25:E25)/(B16*F16)	=D16-1	=B34/C34	=D34/$D$36
35	品种×施肥	=B32-B33-B34	=(B16-1)(D16-1)	=B35/C35	=D35/$D$36
36	误　差	=B37-B31-B32	=(B16*D16-1)(F16-1)	=B36/C36	
37	总变异	=DEVSQ(C3:E14)	=B16*D16*F16-1		

图 5-12　两因素随机区组试验资料方差分析表中各项计算的 Excel 公式输入图示

（图中 D32～D36 单元格公式可从 D31 单元格复制；E32～E35 单元格公式可从 E31 单元格复制）

3. 各因素及互作间产量的多重比较

采用 LSR 法，各因素及互作间产量的多重比较分别如下：

(1) A 因素(品种)间产量比较　以不同品种的小区平均产量进行比较。

平均数标准误为：$SE_A=\sqrt{\frac{MS_e}{bn}}=\sqrt{\frac{0.0996}{4\times3}}=0.0911(kg/25\ m^2)$

查 SSR 值表，当 $\nu=df_e=22$ 时得 $k=2$、3 的 SSR_α 值，并根据公式 $LSR_\alpha=SSR_\alpha\times SE_A$，计算出不同 k 值下的 LSR_α 值(表 5-28)，然后用相应的 LSR_α 衡量不同品种间产量差异显著性，将比较结果列于表 5-29(字母标记法，下同)。

表 5-28　品种间(A 因素间)产量比较的 LSR_α 值表

项目	k	
	2	3
$SSR_{0.05}$	2.93	3.08
$SSR_{0.01}$	3.99	4.17
$LSR_{0.05}$	0.267	0.281
$LSR_{0.01}$	0.363	0.380

表 5-29　品种间产量差异显著性(LSR 法)

品种	$\bar{x}_A$/(kg/25 m²)	差异显著性	
		5%	1%
A_1	16.03	a	A
A_2	15.80	a	A
A_3	13.76	b	B

结果表明：品种 A_1 与 A_2 之间产量差异不显著，但它们均与 A_3 产量差异极显著。

(2) B 因素(施肥量)间产量比较　以各不同施肥量的小区平均产量进行比较。

平均数标准误为：$SE_B=\sqrt{\frac{MS_e}{an}}=\sqrt{\frac{0.0996}{3\times3}}=0.1052(kg/25\ m^2)$

查 SSR 值表，当 $\nu=df_e=22$ 时得 $k=2$、3、4 的 SSR_α 值，并根据公式 $LSR_\alpha=SSR_\alpha\times SE_B$，计算得不同 k 值下的 LSR_α 值(表 5-30)，然后用相应的 LSR_α 衡量不同施肥量间产量差异显著性(表 5-31)。

表 5-30　施肥量间(A 因素间)产量比较的 LSR_α 值表

项目	k		
	2	3	4
$SSR_{0.05}$	2.93	3.08	3.17
$SSR_{0.01}$	3.99	4.17	4.28
$LSR_{0.05}$	0.308	0.324	0.333
$LSR_{0.01}$	0.420	0.439	0.450

表 5-31　施肥量间产量差异显著性(LSR 法)

施肥量	$\bar{x}_B$/(kg/25 m²)	差异显著性	
		5%	1%
B_2	17.80	a	A
B_3	16.60	b	B
B_1	13.39	c	C
B_4	13.00	d	C

结果表明：除 B_1 与 B_4 施肥量之间产量差异显著，其余各种施肥量间的产量差异均达到极显著，其中以 B_2 施肥量的产量最高。

(3) A×B(品种×施肥量)互作间产量比较　品种与施肥量的交互作用极显著，表明不同品种的适宜施肥量是不同的，需以各水平组合(处理)的小区平均数进行比较。

平均数标准误为：$SE_{AB}=\sqrt{\dfrac{MS_e}{n}}=\sqrt{\dfrac{0.0996}{3}}=0.1822(\text{kg}/25\ \text{m}^2)$

查 SSR 值表，当 $\nu=df_e=22$ 时得 $k=2$、3、4、…、12 的 SSR_α 值，并根据公式 $LSR_\alpha=SSR_\alpha\times SE_{AB}$ 计算得不同 k 值下的 LSR_α 值(表 5-32)。

表 5-32　品种×施肥量间互作产量比较的 LSR_α 值表

项目	k									
	2	3	4	5	6	7	8	9	10	12
$SSR_{0.05}$	2.93	3.08	3.17	3.24	3.29	3.32	3.35	3.37	3.39	3.42
$SSR_{0.01}$	3.99	4.17	4.28	4.36	4.42	4.48	4.53	4.57	4.60	4.65
$LSR_{0.05}$	0.534	0.561	0.578	0.590	0.599	0.605	0.610	0.614	0.618	0.623
$LSR_{0.01}$	0.727	0.760	0.780	0.794	0.805	0.816	0.825	0.833	0.838	0.847

进行互作效应间的多重比较，可以比较全部处理(水平组合)的平均数；也可将每一个品种的四种施肥用量之间进行比较。现将这两种比较方法分别介绍如下：

①各品种不同施肥量间的产量比较。

根据表 5-32 的 LSR_α 值，对每一个品种的四种施肥量之间进行比较，其结果列于表 5-33。

表 5-33　各品种不同施肥量的产量多重比较结果(LSR 法)

A_1 品种				A_2 品种				A_3 品种			
施肥量	$\bar{x}_t$ (kg/25 m²)	差异 5%	差异 1%	施肥量	$\bar{x}_t$ (kg/25 m²)	差异 5%	差异 1%	施肥量	$\bar{x}_t$ (kg/25 m²)	差异 5%	差异 1%
B_2	18.67	a	A	B_3	17.90	a	A	B_2	18.13	a	A
B_3	17.00	b	B	B_2	16.60	b	B	B_3	14.90	b	B
B_1	16.17	c	C	B_4	16.40	b	B	B_1	11.70	c	C
B_4	12.30	d	D	B_1	12.30	c	C	B_4	10.30	d	D

表 5-33 的结果表明：对 A_1 与 A_3 品种而言，B_2 施肥量的产量最高，且与其余三种施肥量的产量差异均达到极显著；对 A_2 品种而言，B_3 施肥量的产量最高，同样比其他三种施肥量的产量有极显著差异。

②不同处理间的产量比较。

根据表 5-32 的 LSR_α 值，对每一处理的小区平均产量进行比较，其结果列于表 5-34。

表 5-34　各处理间产量多重比较结果(LSR 法)

处理(水平组合)	$\bar{x}_t$/(kg/25 m²)	差异显著性	
		5%	1%
A_1B_2	18.67	a	A
A_3B_2	18.13	ab	AB
A_2B_3	17.90	b	B
A_1B_3	17.00	c	C
A_2B_2	16.60	cd	CD
A_2B_4	16.40	d	CD
A_1B_1	16.17	d	D
A_3B_3	14.90	e	E
A_1B_4	12.30	f	F
A_2B_1	12.30	f	F
A_3B_1	11.70	g	F
A_3B_4	10.30	h	G

表 5-34 的结果表明：A_1 品种与 B_2 施肥量的配合较好，除与处理 A_3B_2 差异不显著外，与其他处理的产量差异均为极显著；其次以 A_3B_2 与 A_2B_3 两个处理为好，上述三个水平组合与其余 9 个处理的产量均有极显著差异。

第四节　正交设计试验结果资料统计分析

正交试验设计之所以能得到广泛的应用，其原因不仅在于能使试验的次数减少，而且能够用相应的方法对试验结果进行分析并引出许多有价值的结论。因此，必须对正交试验结果进行认真的分析，否则就失去了应用正交设计的意义和价值。

正交表是正交试验方案设计的基本工具，它主要由三部分构成，通常用 $L_k(m^p)$ 表示。其中 L 代表正交表；k 为正交表的行数，表示该正交表规定的处理(水平组合)数；p 为正交表的列数，表示最多可以安排的因素数目，或者最多可以考察的效应数目(包括主效和互作)；m 表示每个因素(列)的水平数(附表 9)。

【例 5.7】　为明确某植物组织培养中继代增殖培养基的最佳配方，拟考察细胞分裂素(6-BA)、生长素(NAA)和蔗糖的浓度等 3 个因素对增殖培养的影响，每个因素均分 3 水平，

即 $m=3$(表 5-35)。若实施完全试验方案,则有 3×3×3=27 个处理。由于试验的主要目的是考察这三个因素的效应与筛选最佳水平组合,为简化试验,采用 $L_9(3^4)$正交表进行试验方案设计。试验采用随机区组设计,3 次重复,在初代培养的种子萌发并抽出幼芽后,切取幼芽转入继代培养基中进行继代增殖培养。每个试验单元 10 瓶,每瓶培养基 4 个幼芽。30 d 后按试验单元统计各处理的增殖率(表 5-36)。

表 5-35 继代增殖培养基配方的因素水平表

水平编号	因素		
	6-BA 浓度/(mg/L)	NAA 浓度/(mg/L)	蔗糖浓度/(g/L)
1	0.5	0.05	20
2	1.5	0.10	30
3	2.5	0.15	40

表 5-36 继代增殖培养基配方的正交设计方案及试验结果

处理编号	列号(因素)				增殖率/%				
	A	B	C	(空列)	Ⅰ	Ⅱ	Ⅲ	T_t	$\bar{x}_t(x_n)$
1	1(0.5)	1(0.05)	1(20)	1	136	159	149	444	148 (x_1)
2	1(0.5)	2(0.10)	2(30)	2	151	169	190	510	170 (x_2)
3	1(0.5)	3(0.15)	3(40)	3	113	132	130	375	125 (x_3)
4	2(1.5)	1(0.05)	2(30)	3	250	280	277	807	269 (x_4)
5	2(1.5)	2(0.10)	3(40)	1	225	247	197	669	223 (x_5)
6	2(1.5)	3(0.15)	1(20)	2	201	241	221	663	221 (x_6)
7	3(2.5)	1(0.05)	3(40)	2	289	319	310	918	306 (x_7)
8	3(2.5)	2(0.10)	1(20)	3	245	274	264	783	261 (x_8)
9	3(2.5)	3(0.15)	2(30)	1	318	342	300	960	320 (x_9)
T_r					1 928	2 163	2 038	6 129(T)	

注:A、B、C 分别代表细胞分裂素(6-BA)浓度、生长素(NAA)浓度和蔗糖浓度等 3 个试验因素。

对正交设计试验结果资料的分析方法主要有直观分析法与方差分析法两种。

一、直观分析法

(一)直观分析法的特点

直观分析法也称极差分析法,该法计算简便,直观,简单易懂,是正交试验结果分析中常用的方法。该法主要适合无重复设置的试验结果分析;对设置重复的试验结果,则可对各处理平均效应($\bar{x}_t$)进行分析。

(二)直观分析法的步骤

1. 确定试验因素的优水平和最优水平组合

$L_k(m^p)$正交试验方案中，第 i 列(因素)第 j 水平对试验指标的影响可用该列水平所对应的试验指标(x_n)之和 K_{ij} 或其平均值 $\bar{x}_{ij}$ 表示，其中 $i=1、2、\cdots、p$；$j=1、2、\cdots、m$。

根据正交设计的特性，对某一因素来说，各水平间的试验条件是完全一样的(综合可比性)，可进行直接比较。如果该因素对试验指标无影响时，那么各个 K_{ij}(或 $\bar{x}_{ij}$)值应该是相等的；若各个 K_{ij}(或 $\bar{x}_{ij}$)值不相等，则说明该因素的水平变动对试验结果有影响。因此，根据各个 K_{ij}(或 $\bar{x}_{ij}$)值的大小可以判断各水平对试验指标的影响大小，并进而确定该因素的最优水平。

表 5-36 试验结果中，A 因素(6-BA 浓度)各水平所对应的增殖率之和 T_{1j} 及其平均值 $\bar{x}_{1j}$ 分别为：

A_1 水平(0.5 mg/L)：$K_{11}=x_1+x_2+x_3=148+170+125=443$；$\bar{x}_{11}=443\div3=147.7$

A_2 水平(1.5 mg/L)：$K_{12}=x_4+x_5+x_6=269+223+221=713$；$\bar{x}_{12}=713\div3=237.7$

A_3 水平(2.5 mg/L)：$K_{13}=x_7+x_8+x_9=306+261+320=887$；$\bar{x}_{13}=887\div3=295.7$

分析结果表明，A_3 的增殖率最高，且 $K_{13}>K_{12}>K_{11}$，所以可以判断 6-BA 浓度在 2.5 mg/L 时为优水平。

同理，可以计算并确定 B 因素(NAA 浓度)的优水平为 B_1(0.05 mg/L)，C 因素(蔗糖浓度)的优水平为 C_2(30 g/L)，计算结果详见表 5-37。

表 5-37　继代增殖培养基配方的正交设计试验结果分析

分析项目	因素		
	6-BA 浓度/(mg/L)	NAA 浓度/(mg/L)	蔗糖浓度/(g/L)
K_{i1}	443	723	630
K_{i2}	713	654	759
K_{i3}	887	666	654
$\bar{x}_{i1}$	147.7	**241.0**	210.0
$\bar{x}_{i2}$	237.7	218.0	**253.0**
$\bar{x}_{i3}$	**295.7**	222.0	218.0
优水平	水平 3	水平 1	水平 2
极差 R_i	148.0	23.0	43.0

不考虑因素间的交互作用，则三个因素的最优水平组合为各因素优水平的搭配，即本试验中，继代增殖培养基的最佳配方为 2.5 mg/L 的 6-BA、0.05 mg/L 的 NAA 与 30 g/L 的蔗糖。

2. 确定因素的主次顺序

极差 $R_i=\mathrm{MAX}(\bar{x}_{ij})-\mathrm{MIN}(\bar{x}_{ij})$，根据 R_i 的大小可以判断各因素对试验指标的影响主次。上例极差 R_i 计算结果见表 5-37，比较各 R_i 值大小，可见 $R_1>R_3>R_2$，所以试验因素对指标影响的主次顺序是 A＞C＞B。即 6-BA 浓度对继代增殖培养影响最大，其次是蔗糖浓度，而 NAA 浓度的影响较小。

3. 绘制因素与指标趋势图

为了更直观地表现试验指标随着因素水平的变化而变化的趋势，可绘制因素与指标趋势图。趋势图以各因素水平为横坐标，试验指标的平均值($\bar{x}_{ij}$)为纵坐标进行绘制。具体绘制方法可参考有关文献资料。

二、方差分析法

(一)正交试验方差分析法的意义

极差分析法不能估计试验中以及试验结果测定中必然存在的误差大小。为了弥补这个缺点，进一步考察各因素对指标影响的显著程度，在进行正交试验设计时，可适当设置重复，采用方差分析的方法以估计试验误差，从而可获得更全面、准确的信息，更好地反映出试验结果的本质。

(二)方差分析法的步骤

正交试验结果的方差分析方法与复因素试验结果分析方法基本相似，不同之处在于需要根据表头设计对处理进一步分解。

1. 资料整理

将正交设计随机区组试验结果资料整理为处理与区组两向表(表 5-36)和因素水平两向表(表 5-38)。

表 5-38　继代增殖培养基配方的正交设计试验因素水平两向表

水平总和	因素(列号)			
T_{ij}	A(1)	B(2)	C(3)	空列(4)
T_{i1}	1 329 (T_{11})	2 169 (T_{21})	1 890 (T_{31})	2 073 (T_{41})
T_{i2}	2 139 (T_{12})	1 962 (T_{22})	2 277 (T_{32})	2 091 (T_{42})
T_{i3}	2 661 (T_{13})	1 998 (T_{23})	1 962 (T_{33})	1 965 (T_{43})

注：T_{ij} 为第 i 列(因素)第 j 水平所对应的处理总和(T_t)之和，或者说第 i 列第 j 水平所对应的 rk/m 个观察值之和。

2. 平方和与自由度的分解

k 个处理、n 次重复、p 个因素的 $L_k(m^p)$ 正交试验，采用随机区组设计，各项变异的平方和与自由度分解公式如下(表 5-39)：

表 5-39　正交设计的随机区组试验的平方和与自由度分解

变异来源	自由度(DF)	平方和(SS)
区组	$n-1$	$SS_r=\frac{\sum T_r^2}{k}-C$
处理	$k-1$	$SS_t=\frac{\sum T_t^2}{n}-C$
其中：第 i 列变异	$m-1$	$SS_i=\frac{m\sum T_{ij}^2}{kn}-C$
误差	$(k-1)(n-1)$	$SS_{e_2}=SS_T-SS_r-SS_t$
总变异	$kn-1$	$SS_T=\sum x^2-C$

根据表头设计，第 i 列变异可表示相应因素及交互作用的平方和及自由度。空列可作误差看待，通常称之为第一类误差，以 e_1 表示。而由 $SS_T-SS_r-SS_t$ 计算得的误差称为第二类误差，以 e_2 表示。

例 5.7 结果的平方和分解结果如下：

矫正数：$C=\frac{T^2}{kn}=\frac{6\ 129^2}{3\times9}=1\ 391\ 283$

总变异：$SS_T=\sum x^2-C=(136^2+151^2+\cdots+300^2)-C=118\ 912$

区组间：$SS_r=\frac{\sum T_r^2}{k}-C=\frac{1\ 928^2+2\ 163^2+2\ 038^2}{9}-C=3\ 072.222\ 2$

处理间：$SS_t=\frac{\sum T_t^2}{n}-C=\frac{444^2+510^2+\cdots+960^2}{3}-C=113\ 268$

其中：

A 因素：$SS_A=SS_1=\frac{m\sum T_{1j}^2}{kn}-C=\frac{3\times(1\ 329^2+2139^2+2\ 661^2)}{9\times3}-C=100\ 104$

B 因素：$SS_B=SS_2=\frac{m\sum T_{2j}^2}{kn}-C=\frac{3\times(2\ 169^2+1\ 962^2+1\ 998^2)}{9\times3}-C=2\ 718$

C 因素：$SS_C=SS_3=\frac{m\sum T_{3j}^2}{kn}-C=\frac{3\times(1\ 890^2+2\ 277^2+1\ 962^2)}{9\times3}-C=9\ 414$

空列：$SS_{e_1}=SS_4=\frac{m\sum T_{4j}^2}{kn}-C=\frac{3\times(2\ 073^2+2\ 091^2+1\ 965^2)}{9\times3}-C=1\ 032$

误差：$SS_{e2}=SS_T-SS_r-SS_t=2\ 571.777\ 8$

3. F 测验

进行 F 测验前，需先检验第一类误差与第二类误差之间的显著性。若 e_1、e_2 差异不显著，可将 e_1、e_2 的平方和及自由度合并作为全试验的误差估计值；若 e_1、e_2 差异显著，则不能合并，只能以 e_2 作为检验各效应显著性的误差。例 5.7 中：

$$F=\frac{S_{e_1}^2}{S_{e_2}^2}=\frac{1\ 032\div2}{2\ 571.777\ 8\div16}=3.210$$

$F<F_{0.05}=3.63$，测验结果表明 e_1、e_2 差异不显著，可将 e_1、e_2 的平方和及自由度合并：

$$SS_e=SS_{e_1}+SS_{e_2}=1\ 032+2\ 571.777\ 8=3\ 603.777\ 8$$

$$df_e=df_{e_1}+df_{e_2}=2+16=18$$

据此列方差分析表进行 F 测验(表 5-40)。

表 5-40　继代增殖培养基配方的正交设计试验方差分析表

变异来源	DF	SS	MS	F	$F_{0.05}$	$F_{0.01}$
区组间	2	3 072.222 2	1 536.111 1	7.673**	3.55	6.01
处理间	8	113 268.000 0	14 158.500 0	70.718**	2.51	3.71
A 因素	2	100 104.000 0	50 052.000 0	249.998**	3.55	6.01
B 因素	2	2 718.000 0	1 359.000 0	6.788**	3.55	6.01
C 因素	2	9 414.000 0	4 707.000 0	23.510**	3.55	6.01
误　差	18	3 603.777 8	200.209 9			
总变异	26	118 912.000 0				

F 测验结果表明，处理间及 A 因素（6-BA 浓度）、B 因素（NAA 浓度）和 C 因素（蔗糖浓度）间的增殖率均有极显著差异，需做进一步的多重比较。

4. 多重比较

多重比较的方法与复因素试验结果的多重比较方法相似，本节不再赘述。

第五节　试验结果数据转换与方差分析

方差分析是建立在线性可加模型的基础上的，因此进行方差分析的数据必须满足三个基本假定，即数据资料必须具有可加性、正态性和同质性。

试验所得的各种数据，要全部准确地符合上述三个假定，往往是不容易的，因而采用方差分析所得的结果，只能认为是近似的结果。而对于那些明显不符合基本假定的试验资料，在进行方差分析之前，一般需针对数据的主要缺陷，采用相应的变数转换，然后用转换后的数据作方差分析。常用的转换方法有：

1. 平方根转换

平方根转换适用于较少发生事件的计数资料，一般这类资料其样本平均数与方差之间有某种比例关系。如单位面积上某种昆虫的头数或某种杂草的株数等资料。

转换的方法是求出原始数据 x 的平方根，即：$x' = \sqrt{x}$ 。

如果绝大多数原始观测值小于 10，并有接近或等于 0 的数出现，则可用 $x' = \sqrt{x+1}$ 进行数据转换；如果绝大多数原始观测值大于 10，并有接近或等于 0 的数出现，则宜用 $x' = \sqrt{x+0.5}$ 进行数据转换。

2. 对数转换

对数转换适用于来自对数正态分布总体的数据，这类数据表现的效应为非可加性，具有成倍加性或可乘性的特点，同时样本平均数与其极差或标准差成比例关系。如环境中某些污染物的分布、植物体内某些微量元素的分布等资料，可用对数转换改善其正态性。

转换的方法是取原始数据 x 的常用对数（$x' = \lg x$）或自然对数（$x' = \ln x$），如果原始观测值较小，有接近或等于 0 的数出现，可采用 $x' = \lg(x+1)$ 或 $x' = \ln(x+1)$ 进行数据转换。

3. 反正弦转换

反正弦转换适用于成数或百分数资料，这类资料来自于二项分布总体，其方差不符合同质性假定，且当 $p \neq q$ 时其分布是偏态的。因此，在理论上如果 $p < 0.3$ 或 $p > 0.7$ 皆需作反正弦转换，以获得一个比较一致的方差。如发芽率、出苗率、结实率、发病率等资料。

反正弦转换的方法是将百分数 $p(0 < p < 1)$ 的平方根值取反正弦值，即：$x' = \sin^{-1}\sqrt{p}$，也可直接查反正弦转换表（反正弦转换表可查阅相关专业书籍）得到相应的反正弦值。

技能训练 5-1　方差分析

一、准备

（一）目的要求

掌握多个处理的完全随机设计与随机区组设计试验结果资料分析的方法步骤，能自己编辑 Excel 函数公式进行平方和、自由度、方差、F 值的计算(或利用计算器完成上述运算)并正确进行多重比较,会解读方差分析和多重比较的结果。

(二)材料与用具

多样本单变数资料;练习纸、铅笔、装有 Excel 软件的计算机及输出设备(或计算器)。

二、测验步骤

1. 分析资料的类型,确定采用的方差分析方法。

2. 启动 Excel,建立新工作簿。

3. 在 Excel 工作表中输入原始数据。

4. 参照教材例题自行编辑 Excel 函数公式进行平方和、自由度、方差、F 值的计算(若无装有 Excel 软件的计算机,可利用计算器完成上述运算)。

5. 在 Excel 工作表中列制方差分析表(或在练习纸上列制方差分析表)。

6. 编辑 Excel 公式或利用计算器计算 SE(或 $S_{\bar{x}_i-\bar{x}_j}$)值,根据误差自由度 df_e 和最大秩序距 k 查 SSR 值表(或 t 值表),并计算 LSR_α 值(或 LSD_α 值)。

7. 利用 Excel【数据】菜单中的【排序】工具进行平均数的排序并列制多重比较表(或用笔在练习纸上自己列制),采用字母标记法或梯形表法完成多重比较。

8. 针对比较结果,做出适当的结论。

三、作业

根据学时数及设备条件,选择下列多样本单变数资料完成方差分析的全过程,或利用自己所进行的试验观察资料进行整理分析。

【资料 1】 有一玉米播期试验,随机区组设计,重复 3 次,G 为对照,小区计产面积 30 m^2,其田间布置及产量结果(kg/30 m^2)如下(图 5-13):

Ⅰ	B 29.7	G 21.0	D 24.0	E 22.0	C 27.6	A 30.5	F 22.4
Ⅱ	E 22.4	C 25.2	A 33.2	F 23.9	D 24.9	B 28.5	G 21.8
Ⅲ	A 31.1	F 21.0	B 27.9	C 28.1	G 23.0	E 23.0	D 27.2

图 5-13 玉米播期试验田间布置图

【资料 2】 测定 4 种种植密度下金皇后玉米的千粒重(g)各 4 次,得结果如下(表 5-41),试对 4 种密度下的千粒重进行分析。

表 5-41 金皇后玉米不同密度的千粒重

密度/(株/667 m^2)	千粒重/g			
2 000	249	258	256	251
4000	238	244	246	236
6 000	214	227	221	218
8 000	210	204	200	210

【资料 3】 对苹果新品种进行氮肥经济用量试验。品种(A)有 3 个水平，A_1 为甲品种，A_2 为乙品种，A_3 为丙品种；氮肥用量(B)有 4 个水平，B_1 为不增氮肥，B_2 为低氮(增氮低水平)，B_3 为中氮，B_4 为高氮，全试验共有 12 个处理组合，随机区组设计，采用单株小区，重复 3 次，调查第三年果实产量(kg/株)如下(表 5-42)：

表 5-42 苹果新品种施肥试验结果

处理	产量		
	Ⅰ	Ⅱ	Ⅲ
A_1B_1	40	41	39
A_1B_2	43	44	42
A_1B_3	46	47	44
A_1B_4	43	42	46
A_2B_1	36	36	38
A_2B_2	48	44	42
A_2B_3	44	49	49
A_2B_4	46	41	40
A_3B_1	30	34	38
A_3B_2	40	42	50
A_3B_3	64	52	60
A_3B4	44	44	36

【资料 4】 假设有 4 个小麦新品系，进行完全随机盆栽试验，其苗高(cm)结果如下(表 5-43)，试作分析。

表 5-43 小麦新品系的苗高(cm)资料

品 系	观测值(x)								
	1	2	3	4	5	6	7	8	9
甲	12	10	14	16	12	18	14	12	18
乙	8	10	12	14	12	16			
丙	14	16	13	16	10	15	14		
丁	16	18	20	16	14	16	18	18	

【资料 5】 玉米 5 个杂交种和一个 CK 品种比较试验，随机区组设计，4 次重复，小区计产面积 66 m^2，田间排列与产量如下(图 5-14)所示，试作方差分析。

E	CK	D	A	B	C
40.5	37.2	41.4	34.8	33.6	43.2

Ⅰ

A	CK	D	C	B	E
36.0	41.4	42.0	40.8	32.4	43.8

Ⅱ

A	C	B	E	D	CK
40.2	39.6	34.8	46.8	43.2	39.6

Ⅲ

A	C	B	E	D	CK
36.0	42.0	45.6	37.8	36.6	44.4

Ⅳ

图 5-14 玉米品种试验的田间排列图和产量(kg/66 m^2)结果

【资料 6】 对 A、B、C、D、E 等 5 个杂交水稻品种($k=5$)的干物质积累过程进行测定，每次每品种随机取两个($m=2$)样点，每点 5 株($n=5$)，其中一次的结果如下(表 5-44)，试作分析。

表 5-44 杂交水稻品种的干物质重量资料

品种	样点	干物质重量/(g/株)				
A	1	7.8	8.9	9.2	11.4	10.5
	2	12.1	10.6	8.7	9.9	10.1
B	1	7.4	8.8	8.9	7.8	9.8
	2	6.2	6.6	5.3	7.5	8.1
C	1	12.6	10.2	11.4	11.8	12.1
	2	15.2	15.1	12.3	12.5	12.9
D	1	5.8	4.7	6.6	7.4	7.9
	2	6.4	6.8	8.1	7.2	7.9
E	1	13.8	15.1	13.4	12.6	16.6
	2	11.7	17.2	15.6	15.1	15.8

本章关键词

方差分析；平方和；自由度；方差分析表；F 测验；多重比较；最小显著差数法(LSD 法)；新复极差法(SSR 法)；单向分组资料；两向分组资料

本章小结

本章主要介绍了方差分析基本原理、方法步骤和多样本单变数资料方差分析。方差分析基本原理主要介绍了检验两个不同来源的变异是否同质的 F 测验；方法步骤主要包括平方和自由度的分解 F 测验与多重比较。多样本单变数资料方差分析中介绍了完全随机设计试验资料的方差分析、随机区组设计试验资料的方差分析和正交设计试验资料的方差分析。完全随机设计试验资料的方差分析包括各处理重复次数相等的单向分组资料方差分析、各处理重复次数不等的单向分组资料方差分析和组内又分亚组的二级系统分组资料方差分析。随机区组设计试验资料方差分析主要是由单因素随机区组设计试验资料方差分析和两因素随机区组设计试验资料方差分析两部分组成。正交设计试验资料的方差分析包括直观分析法和方差分析法。

专项实训

1. 方差分析的基本原理是什么？
2. 方差分析的基本步骤包括哪些？
3. 最小显著差数法与新复极差测验法的主要区别是什么？
4. 在多重比较中，标记字母法是怎样进行的？
5. 进行 5 个白菜品种的品比试验，完全随机排列，重复

二维码 5 第五章专项实训答案

4 次，得小区产量(kg/小区)如表 5-45 所示，试分析不同白菜品种产量影响。

表 5-45 小区产量

品 种	小区产量/kg			
A	37.1	39.0	37.2	38.3
B	41.0	39.1	40.1	43.2.
C	33.1	35.2	36.2	37.3
D	30.2	28.1	28.3	31.0
E	30.5	33.2	34.1	32.3

6. 假设有某作物 4 个新品种进行完全随机的盆栽试验，调查其苗高(cm)结果如表 5-46 所示，试分析不同新品种对苗高的影响。

表 5-46 苗高

cm

品种	苗高观察值 x_i									T_t	$\bar{x}_t$	n_i
A	12	10	14	16	12	18	14	12	18			
B	8	10	12	14	12	16						
C	14	16	13	16	10	15	14					
D	16	18	20	16	14	16	18	18				

7. 从 3 块水稻田排出的水中取 3 个水样，每个水样分析含盐量 2 次，得结果如表 5-47 所示，试测验(1)同一稻田不同水样含盐量有无差别？(2)不同稻田的含盐量有无差别？

表 5-47 稻田水样含盐量

项目	稻田								
	1			2			3		
水样	1	2	3	1	2	3	1	2	3
含盐量/(mg/L)	1.1	1.3	1.2	1.3	1.4	1.4	1.8	2.1	2.2
	1.2	1.1	1.0	1.4	1.5	1.2	2.0	2.0	1.9

8. 以稻草(A_1)麦草(A_2)、花生秸(A_3)三种培养基，在 28℃(B_1)、32℃(B_2)、36℃(B_3)三种温度下，培养草菇菌种，研究其菌丝生长速度。采用完全随机试验设计，每个处理组合培养 3 瓶。记录从接种到菌丝发满菌瓶的天数。试验结果如表 5-48 所示，试分析不同培养基在不同温度下对菌种的影响。

表 5-48 试验结果记录

培养基	瓶号 n	温度 B_1	温度 B_2	温度 B_3
A_1	1	5.1	4.1	5.6
	2	4.3	4.7	4.9
	3	4.6	4.2	5.3
A_2	1	6.4	5.3	6.1
	2	6.3	5.7	5.9
	3	5.9	5.5	6.3
A_3	1	6.5	7.5	7.9
	2	6.9	7.9	8.1
	3	7.1	7.3	7.5

Chapter 6

第六章

顺序排列试验结果统计分析

本章导读

知识目标：

掌握对比法田间试验结果统计分析；

掌握间比法田间试验结果统计分析。

技能目标：

学会对比法田间试验结果统计分析；

学会间比法田间试验结果统计分析。

顺序排列的试验设计主要有对比法和间比法两种。由于各处理顺序排列，不能正确地估计出无偏的试验误差，因而试验结果不能采用方差分析的方法进行显著性测验。顺序排列的试验设计一般采用百分比法，即设对照(CK)的产量(或其他性状)为100，然后将各处理产量和对照相比较，求出其百分数。顺序排列也有一定的优点，如设计简单，播种、观察、收获等工作不易发生差错，可按品种的成熟期、株高等排列，以减少处理间的生长竞争。

第一节　对比法试验结果统计分析

对比法设计试验的产量分析，处理的结果一般都与邻近对照比较，处理间不直接进行比较。结果分析的方法用百分比法，以对照的产量为100，用处理产量与相邻对照产量相比较，计算出各处理对相邻对照产量的百分比(即相对生产力)，用以评定处理的优劣(位次)。

【例 6.1】 设有 A、B、C、D、E、F 6 个小麦品种的比较试验，设标准品种为 CK，采用对比法设计，小区面积 35 m^2，3 次重复，田间小区排列和产量(kg/35 m^2)(图 6-1)，试分析不同品种对产量的影响。

Ⅰ	A 26	CK 21	B 22	C 21	CK 24	D 30	E 26	CK 25	F 26
Ⅱ	C 31	CK 29	D 27	E 25	CK 25	F 30	A 30	CK 25	B 23
Ⅲ	E 28	CK 27	F 25	A 29	CK 25	B 24	C 24	CK 26	D 30

图 6-1　小麦品种比较试验田间小区排列和产量(单位:kg/35 m^2)

一、列产量结果表

将图 6-1 中各品种及对照各次重复的产量列为表 6-1，并计算其产量总和与平均小区产量。

表 6-1　小麦品比试验(对比法)的产量结果分析

品种	各重复小区产量/(kg/35 m^2)					与邻近 CK 的百分比/%	矫正产量/(kg/hm^2)	位次
	Ⅰ	Ⅱ	Ⅲ	总和	平均			
A	26	30	29	85	28.33	119.7	8 626.68	1
CK	21	25	25	71	23.67	100.0	7 205.71	(5)
B	22	23	24	69	23.00	97.2	7 002.51	6
C	21	31	24	76	25.33	96.2	6 931.89	7
CK	24	29	26	79	26.33	100.0	7 205.71	(5)

续表 6-1

品种	各重复小区产量/(kg/35 m^2)					与邻近 CK 的百分比/%	矫正产量/(kg/hm^2)	位次
	Ⅰ	Ⅱ	Ⅲ	总和	平均			
D	30	27	30	87	29.00	110.1	7 935.65	2
E	26	25	28	79	26.33	102.6	7 393.06	4
CK	25	25	27	77	25.67	100.0	7 205.71	(5)
F	26	30	25	81	27.00	105.2	7 579.69	3

二、计算各品种与邻近对照产量百分比

$$与邻近\ CK\ 的百分比=\frac{某品种各小区产量总和}{邻近\ CK\ 产量总和}\times 100\% \quad (6\text{-}1)$$

或

$$与邻近\ CK\ 的百分比=\frac{某品种各小区平均产量}{邻近对照平均产量}\times 100\% \quad (6\text{-}2)$$

例如:A 品种对邻近 CK 的百分比$=\frac{85}{71}\times 100\%=119.7\%$,或$\frac{28.33}{23.67}\times 100\%=119.7\%$;

B 品种对邻近 CK 的百分比 $=\frac{69}{71}\times 100\%=97.2\%$,或$\frac{23.00}{23.67}\times 100\%=97.2\%$;

C 品种对邻近 CK 的百分比 $=\frac{76}{79}\times 100\%=96.2\%$,或$\frac{25.33}{26.33}\times 100\%=96.2\%$;

……

依次类推,将算得的各品种与邻近 CK 的百分数填入表 6-1。

三、计算各品种矫正产量

各品种的小区产量是在不同土壤肥力条件下形成的,这些产量可能因小区土壤肥力的差异而偏高或偏低,而对照品种在整个试验区分布比较普遍,其平均产量能够代表对照品种在试验区一般肥力条件下的产量水平。另外,作物产量习惯于用每公顷产量表示,可用对照品种的平均产量为标准,计算各品种在一般肥力条件下的矫正产量(kg/hm^2)。

1.计算对照区的平均产量

$$对照区平均产量\overline{CK}=\frac{对照区产量总和}{对照区总数} \quad (6\text{-}3)$$

$$本例对照区平均产量\overline{CK}=\frac{71+79+77}{9}=25.22(kg/m^2)$$

2.计算对照品种单产(kg/hm^2)

$$对照品种单产=对照区平均产量\overline{CK}\times\frac{10\ 000}{小区面积/m^2} \quad (6\text{-}4)$$

$$本例对照品种单产=25.22\times\frac{10\ 000}{35}=7\ 205.71(kg/hm^2)$$

3. 计算各品种的矫正产量(kg/hm^2)

$$品种的矫正产量=对照品种单产\times品种与邻近CK产量的\% \tag{6-5}$$

本例A 品种的矫正产量=7 205.71×119.7%=8 626.68(kg/hm^2)；

B 品种的矫正产量=7 205.71×97.2%=7 002.51(kg/hm^2)；

C 品种的矫正产量=7 205.71×96.2%=6 931.89(kg/hm^2)；

……

以此类推，并将算得的各品种矫正产量数据列入表 6-1。

四、确定位次

按照品种(包括对照)矫正产量的高低排列名次(表 6-1)。

五、试验结论

相对生产力大于 100%的品种，其百分数愈高，就愈可能优于对照品种。但决不能认为超过 100%的所有品种，都是显著地优于对照的，因将品种与相邻对照相比只是减少了误差，而不能排除误差。所以，一般田间试验认为：相对生产力比对照超过 10%及以上，可判定处理的生产力确实优于对照；凡相对生产力仅超过 5%左右的品种，应继续试验再作结论。当然，由于不同试验的误差大小不同，上述标准也仅供参考。

本例结论：A 品种产量最高，比对照增产 19.72%；D 品种占第二位，比对照增产 10.13%，大体上可以认为他们确实优于对照；F 品种占第三位，比对照增产 5.19%，应继续试验后再作结论；B、E 与 C 品种与对照持平或低于对照，比对照减产，应淘汰。

第二节 间比法试验结果统计分析

与对比法试验设计相比，间比法设计的两个对照区中间一般是隔 4 个、9 个或 19 个处理小区，这样有些处理与对照区不相邻，因此，与各处理相比较的是前后两个对照区指标值的平均数(记作$\overline{CK}$)，该平均数称为理论对照标准。

【例 6.2】 有 12 个品系的马铃薯品种比较试验，以一推广品种为对照，采用 2 次重复，间比法设计，小区计产面积 15 m^2，每隔 4 个品系设一对照，田间小区排列和产量($kg/15\ m^2$)如图 6-2 所示，试分析各品系的相对生产力。

Ⅰ	CK	1	2	3	4	CK	5	6	7	8	CK	9	10	11	12	CK
	27.0	30.4	33.6	29.2	30.0	31.0	36.4	34.4	41.6	37.2	35.0	42.0	34.4	34.8	36.4	35.8
Ⅱ	CK	12	11	10	9	CK	8	7	6	5	CK	4	3	2	1	CK
	27.0	34.4	30.8	38.0	35.2	31.0	34.0	42.4	27.6	30.0	29.8	30.0	30.8	30.0	26.0	24.2

图 6-2 马铃薯品系试验田间小区排列和产量(单位：$kg/15\ m^2$)

一、列产量结果表

将图 6-2 中各品系及对照各重复的产量列为表 6-2，并计算各品系及对照产量的总和 T_t 与平均产量 $\bar{x}_t$。

二、计算各段平均对照产量$\overline{CK}$

例如：品系 1、2、3、4 为第一段，其$\overline{CK}=\frac{CK_1+CK_2}{2}=\frac{25.6+30.4}{2}=28.0(kg/15\ m^2)$；

品系 5、6、7、8 为第二段，其$\overline{CK}=\frac{CK_2+CK_3}{2}=\frac{30.4+33.0}{2}=31.7(kg/15\ m^2)$；

品系 9、10、11、12 为第三段，其$\overline{CK}=\frac{CK_3+CK_4}{2}=\frac{33.0+31.4}{2}=32.2(kg/15\ m^2)$；

逐项计算，列入表 6-2。

表 6-2 马铃薯品系试验(间比法)的产量结果分析

品系代号	各重复小区产量/(kg/15 m²)		T_t	$\bar{x}_t$	对照标准	品系与$\overline{CK}$的
	Ⅰ	Ⅱ			$\overline{CK}$	百分比/%
CK_1	27.0	24.2	51.2	25.6		
1	30.4	26.0	56.4	28.2	28.0	100.7
2	33.6	30.0	63.6	31.8	28.0	113.6
3	29.2	30.8	60.0	30.0	28.0	107.1
4	30.0	30.0	60.0	30.0	28.0	107.1
CK_2	31.0	29.8	60.8	30.4		
5	36.4	30.0	66.4	33.2	31.7	104.7
6	34.4	27.6	62.0	31.0	31.7	97.8
7	41.6	42.4	84.0	42.0	31.7	132.5
8	37.2	34.0	71.2	35.6	31.7	112.3
CK_3	35.0	31.0	66.0	33.0		
9	42.0	35.2	77.2	38.6	32.2	119.9
10	34.4	38.0	72.4	36.2	32.2	112.4
11	34.8	30.8	65.6	32.8	32.2	101.9
12	36.4	34.4	70.8	35.4	32.2	109.9
CK_4	35.8	27.0	62.8	31.4		

三、计算各品系相对生产力

$$品系1的相对生产力=\frac{品系1的平均产量}{品系1所在段的平均对照产量(\overline{CK})}\times100\%$$

$$=\frac{28.2}{28.0}\times100\%=100.7\%$$

$$品系2的相对生产力=\frac{品系2的平均产量}{品系2所在段的平均对照产量(\overline{CK})}\times100\%$$

$$=\frac{31.8}{28.0}\times100\%=113.6\%$$

……

依此类推，将算得结果列于表 6-2。

四、结论

相对生产力超过对照 10%以上的有 2、7、8、9、10 五个品系，其中品系 7 增产幅度最大，达到 32.5%；超过对照 5%以上的有 3、4、12 三个品系，有必要作进一步试验观察；其余品系可以淘汰。

技能训练 6-1　顺序排列试验结果统计方法

一、准备

练习纸、铅笔、装有 Excel 软件的计算机及输出设备或计算器。

二、测验步骤

【资料 1】　大白菜品种比较试验，对比法设计，3 次重复，阶梯式排列，小区田间排列和产量($kg/20\ m^2$)如图 6-3 所示。试进行产量分析。

Ⅰ	A 16	CK 14	B 13	C 14	CK 15	D 12	E 15	CK 12	F 13
Ⅱ	C 13	CK 14	D 11	E 13	CK 13	F 14	A 18	CK 13	B 13
Ⅲ	E 16	CK 14	F 14	A 17	CK 14	B 14	C 14	CK 15	D 13

图 6-3　大白菜品种比较试验田间布置图

【资料 2】　有一柑橘品系比较试验，12 个品系和 1 个对照品种，其代号分别为 1、2、…、12 和 CK。单株小区，间比法设计，每隔 4 个品系设一对照(CK)，4 次重复。所得小区产量(kg)如表 6-3 所示。试作分析。

表 6-3　柑橘品系比较试验(间比法)产量结果　　kg

品系代号	重复			
	Ⅰ	Ⅱ	Ⅲ	Ⅳ
CK_1	67	54	48	43
1	65	61	52	50
2	64	67	60	58
3	71	58	62	61
4	66	60	60	57

续表 6-3

品系代号	重复			
	Ⅰ	Ⅱ	Ⅲ	Ⅳ
CK_2	68	62	60	58
5	70	73	60	62
6	71	69	55	58
7	84	83	85	80
8	81	74	68	72
CK_3	75	70	62	64
9	73	84	70	72
10	70	69	76	75
11	74	71	62	65
12	73	74	69	73
CK_4	60	72	54	58

三、作业

对上述两个资料分别进行分析，其步骤如下：

【资料 1】

1. 列制产量结果表

将图 6-3 中各品种及对照各次重复的产量列表，并计算其产量总和与平均小区产量。可在装有 Excel 软件的计算机上操作或使用计算器计算。

2. 计算各品种对邻近对照产量的百分比

$$品种对邻近CK百分比=\frac{某品种产量总和}{邻近\ CK\ 产量总和}\times 100\%$$

或

$$=\frac{某品种平均产量}{邻近\ CK\ 平均产量}\times 100\%$$

3. 计算各品种的矫正产量

(1)计算对照区的平均产量

$$对照区平均产量=\frac{对照区产量总和}{对照区总数}$$

(2)计算对照品种单产(kg/hm^2)

$$对照品种单产=对照区平均产量\times\frac{10\ 000}{小区面积/m^2}$$

(3)计算各品种的矫正产量(kg/hm^2)

$$品种的矫正产量=对照品种单产\times 品种对邻近\ CK\ 产量的百分比$$

4. 确定位次

按照品种(包括对照)矫正产量的高低排列名次。

5. 结论

比对照增产10%以上的,可认为确实优于对照;比对照增产5%以上,但低于10%,应继续试验后再作结论;与对照持平或低于对照的,应淘汰。

【资料2】

1. 列制产量结果表

将表6-3中各品系及对照各次重复的产量列表,并计算其产量总和与平均小区产量。可在装有Excel软件的计算机上操作或使用计算器计算。

2. 计算各段平均对照产量$\overline{CK}$。

品系1、2、3、4为第一段,其$\overline{CK}=\frac{\overline{CK}_1+\overline{CK}_2}{2}$;

品系5、6、7、8为第二段,其$\overline{CK}=\frac{\overline{CK}_2+\overline{CK}_3}{2}$;

品系9、10、11、12为第三段,其$\overline{CK}=\frac{\overline{CK}_3+\overline{CK}_4}{2}$;

3. 计算各品系的相对生产力

$$某品系的相对生产力=\frac{某品系的平均产量}{该品系所在段的平均对照产量(\overline{CK})}\times100\%$$

4. 结论

相对生产力超过对照10%以上的品系可升级试验,超过对照5%以上的品系,有必要做进一步试验观察,其余品系与对照持平或低于对照,可以淘汰。

本章关键词

统计分析;对比法;间比法;试验结果统计分析

本章小结

本章介绍了顺序排列试验设计结果的统计分析,顺序排列的试验设计主要有对比法和间比法两种。由于这类设计中各处理顺序排列,不能正确地估计出无偏的试验误差,因而试验结果不能采用方差分析的方法进行显著性测验;一般采用百分比法分析,即设对照(CK)的产量(或其他性状)为100,然后将各处理产量和对照相比较,求出其百分数,做出评判。在对比法(产量试验)中,因试验结果很多将应用于农业生产,而生产实践中常用单位产量(kg/667 m^2或kg/hm^2)来描述作物产量,因此要计算矫正产量。

专项实训

1. 大白菜品种比较试验,对比法设计,3次重复,阶梯式排列,小区田间排列和产量(kg/20 m^2)如图6-4所示。试分析品种对产量的影响,(最后结果用kg/667 m^2表示)。

Ⅰ	A 16	CK 14	B 13	C 14	CK 15	D 12	E 15	CK 12	F 13
Ⅱ	C 13	CK 14	D 11	E 13	CK 13	F 14	A 18	CK 13	B 13
Ⅲ	E 16	CK 14	F 14	A 17	CK 14	B 14	C 14	CK 15	D 13

图 6-4　大白菜品种比较试验田间布置图

二维码 6　第六章专项实训答案

2.有一柑橘品系比较试验，12 个品系和一个对照品种，其代号分别为 1、2、…、12 和 CK。单株小区，间比法设计，每隔 4 个品系种植 CK，4 次重复，所得小区产量(kg)如表 6-4 所示。试分析品种对产量的影响。

表 6-4　柑橘品系比较试验(间比法)产量

品系代号	重复			
	Ⅰ	Ⅱ	Ⅲ	Ⅳ
CK_1	67	54	48	43
1	65	61	52	50
2	64	67	60	58
3	71	58	62	61
4	66	60	60	57
CK_2	68	62	60	58
5	70	73	60	62
6	71	69	55	58
7	84	83	85	80
8	81	74	68	72
CK_3	75	70	62	64
9	73	84	70	72
10	70	69	76	75
11	74	71	62	65
12	73	74	69	73
CK_4	60	72	54	58

Chapter 7

第七章

直线回归和相关

本章导读

知识目标：

了解相关与回归的概念；

掌握简单直线相关与回归分析的方法与步骤。

技能目标：

学会简单直线相关与回归分析的方法。

前面几个章节我们所讨论的问题都仅涉及一个变数的特征及其变化规律，如产量、株高、叶长、叶宽的分布及假设测验等。但客观世界是一个有机的整体，各事物或现象在发展过程中是相互联系、相互影响的，因而在农业生产和试验中常常要研究两个或两个以上变数间的关系。如我们常听到的农作物病虫害二代棉铃虫的预测即是根据棉铃虫的发育与温度、湿度的关系而得出的。本章要介绍的就是这种两个及两个以上的变数关系的统计分析方法。

第一节　相关分析

一、相关系数计算公式

一个变数的变异度的度量基础是各个观察值与平均数的差数的平方和 $\sum(x-\bar{x})^2$，在这里，双变数的密切程度及其性质的度量的基础也是各个观察值与平均数的差数平方的和，只不过是双变数离均差的乘积的和 $\sum_{1}^{n}(x-\bar{x})(y-\bar{y})$。如上节我们所讲的将其用符号 SP 来表示。

SP 是用来描述两个变数间相互联系的最基本的统计值，SP 值的正负可用来表示相关的性质，其大小可用来表示相关的密切程度。SP 值的绝对值越大，说明两变数之间的相互联系程度越密切；其绝对值越小，说明两变数之间的相互联系越小；如果等于或接近 0，则说明二者无相关。

但是，x 和 y 所取的单位、变异程度及 n 的大小都会影响 $\sum_{1}^{n}(x-\bar{x})(y-\bar{y})$，为消除这些因素的影响可将离均差转换成以各自的标准差为单位，使其成为标准化离差，再以 $n-1$ 除之即可得双变数样本的相关系数

$$r=\frac{\sum(x-\bar{x})(y-\bar{y})/(n-1)}{s_x s_y}=\frac{\sum(x-\bar{x})(y-\bar{y})/(n-1)}{\sqrt{\frac{\sum(x-\bar{x})^2}{n-1}\times\frac{\sum(y-\bar{y})^2}{n-1}}}$$

$$=\frac{\sum(x-\bar{x})(y-\bar{y})}{\sqrt{\sum(x-\bar{x})^2(y-\bar{y})^2}}=\frac{SP}{\sqrt{SS_x\cdot SS_y}} \tag{7-1}$$

式 7-1 中的 s_x 为 x 变数的标准差，s_y 为 y 变数的标准差，SS_x 为 x 变数的平方和，SS_y 为 y 变数的平方和。

SS_x、SS_y、SP 三值中前两个均为正值，只有 SP 可正可负，所以 r 的正负取决于 SP 的正负，正的 r 值表示正相关，即 y 随 x 的增大而增大；负的 r 值表示负相关，即 y 随 x 的增大而减少。另一方面，r 的取值区间是[-1,1]，$|r|$ 的大小决定相关的程度，$|r|$ 越接近于 1，相关越密切；越接近于 0，越可能无相关。当 $r=0$ 时，所有点均匀地分布在四个象限内，无任何直

线趋势，当 $r=1$ 时，所有点在一条直线上，两变数存在实际的直线函数关系，而此现象在生物界是不存在的。

习惯上，我们有如下表达：

$r=1$	完全正相关	$r=-1$	完全负相关
$r\geqslant 0.66$	强相关	$0.33<r<0.66$	中等相关
$r\leqslant 0.33$	弱相关	$r=0$	无相关

二、相关系数计算

【例 7.1】 试计算表 7-1 资料某地 5 月中旬降水量与 6 月上、中旬黏虫发生量的相关系数和决定系数。

例 7.1 中已计算出资料的 6 个一级数据和 5 个二级数据，其中 5 个二级数据分别是：$SS_x=884.335\,0$，$SS_y=134\,616.875\,0$，$SP=10\,002.875\,0$，$\bar{x}=38.525\,0$，$\bar{y}=251.125\,0$，代入相关系数及决定系数公式即可。

将相关二级数据代入相关系数与决定系数公式，得：

$$r=\frac{10\,002.875\,0}{\sqrt{884.335\,0\times 134\,616.875\,0}}=0.916\,8$$

$$r^2=(0.916\,8)^2=0.840\,5$$

以上结果说明，某地5月中旬降水量与6月上、中旬黏虫发生量成正相关，即5月中旬降水量越大，6月上、中旬黏虫发生量越多。

三、相关系数特征

上节所举进行直线回归分析的事例中 X 和 Y 都有自变数与依变数之分。但是有不少双变数资料，其散点图是明显线性的，却并不能区别自变数和依变数。两个变数间为不分主从的平行关系。如某品种玉米果穗的穗长和穗粗的关系，我们既不能认为穗粗决定穗长，也不能认为穗长决定穗粗，穗长与穗粗之间是平行关系。在这种情况下，如果并不需要由 X 来估计 Y，而仅仅是了解 X 和 Y 是否确有相关以及相关的性质（正相关或负相关）及相关的密切程度，则首先应算出表示 X 和 Y 间线性相关密切程度及其性质的统计数 —— 相关系数。另衡量两个变数之间的线性回归好坏的标志也可用相关系数。一般以 ρ 表示总体相关系数，以 r 表示样本相关系数。

四、相关系数假设测验

当两变量互不相关时，理论上的相关系数 r 值应为 0，但由于存在抽样误差，从 $\rho=0$ 的总体中抽得的样本 r 并不一定为 0。所以，为了判断 r 所代表的总体是否确有直线相关，必须测定样本 r 值来自 $\rho=0$ 的总体的概率。只有在这一概率小于 0.05 时，才能冒 5% 以下的危险，推断这个样本所属的总体是有线性相关的。相关系数的显著性测验的方法很多，在这里

我们介绍 t 测验法。

1.提出假设

这是测验一个样本相关系数 r 所来自的总体相关系数 ρ 是否为0，所以应假设为 $H_0:\rho=0$ 对 $H_A:\rho\neq 0$。

2.规定显著水平

$\alpha=0.05$ 或 $\alpha=0.01$

3.测验计算

在 H_0 正确的前提下，计算 t 值，计算公式为

$$t=\frac{r}{S_r} \tag{7-2}$$

其中 S_r，其计算公式为：

$$S_r=\sqrt{\frac{1-r^2}{n-2}} \tag{7-3}$$

此 t 值遵循 $\nu=n-2$ 的 t 分布。

4.推断

计算出 t 值后，与 t 值表中的 t_α 相比较，以确定样本的 t 值在 t 分布中出现的概率，此 t 值遵循 $\nu=n-2$ 的 t 分布。如果实得的 $|t|<t_{0.05}$，$P>0.05$，则接受 H_0，可认为两变数间无相关关系；如果实得的 $t_{0.05}\leqslant|t|<t_{0.01}$，$P\leqslant 0.05$，则接受 H_A，认为两变数间存在显著直线关系相关关系；如果实得的 $|t|\geqslant t_{0.01}$，$P\leqslant 0.01$，则接受 H_A，认为两变数间存在极显著直线关系相关关系。

【例 7.2】 试测验例 7.1 所得 $r=0.916\ 8$ 的显著性。

由(7-3)可得：

$$S_r=\sqrt{\frac{1-(0.916\ 8)^2}{8-2}}=0.163\ 0$$

代入(7-2)得：

$$t=0.916\ 8/0.163\ 0=5.622\ 8$$

查 t 值表，$t_{0.01,6}=3.707$，实得 $|t|=5.622\ 8>t_{0.01}$，所以无效假设 $H_0:\rho=0$ 被否定，备择假设 $H_A:\rho\neq 0$ 被接受，即 r 在 $\alpha=0.01$ 水平上显著。即此 $r=0.916\ 8$ 说明某地5月中旬降水量与6月上、中旬黏虫发生量间是有极显著直线相关的，且5月中旬降水量愈多，6月上、中旬黏虫发生量也愈多。

仔细观察本章的例题，本例 $t=5.622\ 8$ 和该资料在例 8.3 作回归系数的假设测验时的 $t=5.622\ 8$ 完全相同。这不是偶然巧合，而是必然结果。因为对于同一资料来说，无论是对相关系数进行显著性测验，还是对回归系数进行显著性测验，都是测验该总体直线关系存在的可能性的大小。即相关系数线性回归的显著性和线性相关的显著性一定等价。所以在实践应用中，如回归的显著性已测验，相关的显著性就无须再测验；反之亦然。因此，在回归与相关分析的计算程序上，一般先算相关系数并对其进行测验(我们进行相关系数的假设测验时，一般用最简便的查 r 值表的方法)，如其显著可再进行回归分析，且回归不需再做假设测验；

如其不显著就不必再计算下去。

对于相关系数作显著性测验时，计算 S_r 和 t 值比较麻烦，可直接利用相关系数 r 值表，r 值表列出了不同自由度下样本的相关系数达到显著和极显著的临界值。直接将样本相关系数 r 与和 $r_{0.01}$ 相比较即可确定是否显著。当 $|r| < r_{0.05}$ 为不显著，表明 X 和 Y 无相关关系；当 $r_{0.05} \leqslant |r| < r_{0.01}$，为显著，$|r| \geqslant r_{0.01}$ 为极显著，无论显著还是极显著均表明 X 和 Y 有相关关系。这是最简便的相关系数假设测验的方法。

如本例，$r = 0.916\ 8$ 查 r 值表，当 $\nu = 8 - 2 = 6$ 时，$r_{0.05} = 0.707$，$r_{0.01} = 0.834$，实得，$|r| = 0.916\ 8 > r_{0.01}$，故 $P < 0.01$，所以在 $\alpha = 0.01$ 水平上否定 $H_0: \rho = 0$，接受 $H_A: \rho \neq 0$，相关系数极显著，表明某地 5 月中旬降水量与 6 月上、中旬黏虫发生量间是有极显著直线相关的。

第二节　回归分析

一、回归分析基本知识

在统计学中将这些有一定关系的两个及两个以上的变数放在一起，研究其间的关系，找出关系的性质及密切程度的研究方法称为回归和相关的研究。在研究中，由于划分标准不同，回归与相关可分为不同的类型：第一种分类方法是按照所研究的变数的数目的多少，分为简单相关和简单回归与多元相关和多元回归两种类型。前者研究对象是两个变数，研究两者之间的相互关系，而不涉及这两个变数之外的任何事物的统计方法，例如研究玉米的穗长与穗重、小麦叶面积指数与亩产量、作物种植密度与产量的关系等；后者研究的是两个以上的变数间关系的统计方法，例如研究温度、灌水、施肥、光照等与农作物产量的关系，单位面积总铃数、平均铃重、衣分与棉花皮棉产量的关系等。第二种分类方法是按照所研究的变数在图形上表现出来的特点，将回归与相关分为直线回归和直线相关与曲线回归和曲线相关两种类型。如两个变数之间的关系在图形上大体表现为直线的为直线回归和直线相关；两个变数之间的关系可用曲线来描述的是曲线回归和曲线相关。本章将讨论仅涉及两个变数的简单直线回归和简单直线相关的有关问题。

在简单直线回归和简单直线相关研究中，对具有一定联系的两个变数，可分别用变数符号 Y 和 X 表示。画出资料的散点图是对两个变数的资料进行初步考察的简便而有效的方法，即在同一平面直角坐标系中将这两个变数的 n 对观测值 (x_1, y_1)、(x_2, y_2)、…、(x_n, y_n) 分别以坐标点的形式标记，获得的图形称为散点图。根据散点图可初步判定两个变数 X 和 Y 之间是否存在相关回归关系及关系的性质和程度，包括：①X 和 Y 有关还是无关。②X 和 Y 的两个变量间直线关系的性质是正相关还是负相关，关系密切的程度如何。例如 图 7-1 是 3 幅散点图，从中可以看出：①图 7-1(a)中 X 值和 Y 值之间看不出什么规律性的联系，表明两变数间不存在相关关系。②图 7-1(b)和 7-1(c)都是直线形的，但两线性方向相反；在图 7-1(b)中，Y 值随 X 值的增大而增大，随 X 值的减小而减小，表示两个变数的关系是正的，即正相关，在图 7-1(c)中 Y 值随 X 值的增大而减小，表示关系是负的，即负相关。③图 7-1(b)资料中的各个点几乎都落在一直线上，图 7-1(c)则较为分散；因此，图 7-1(b)中 X 和 Y 相关的密切程度应该高于图 7-1(c)。

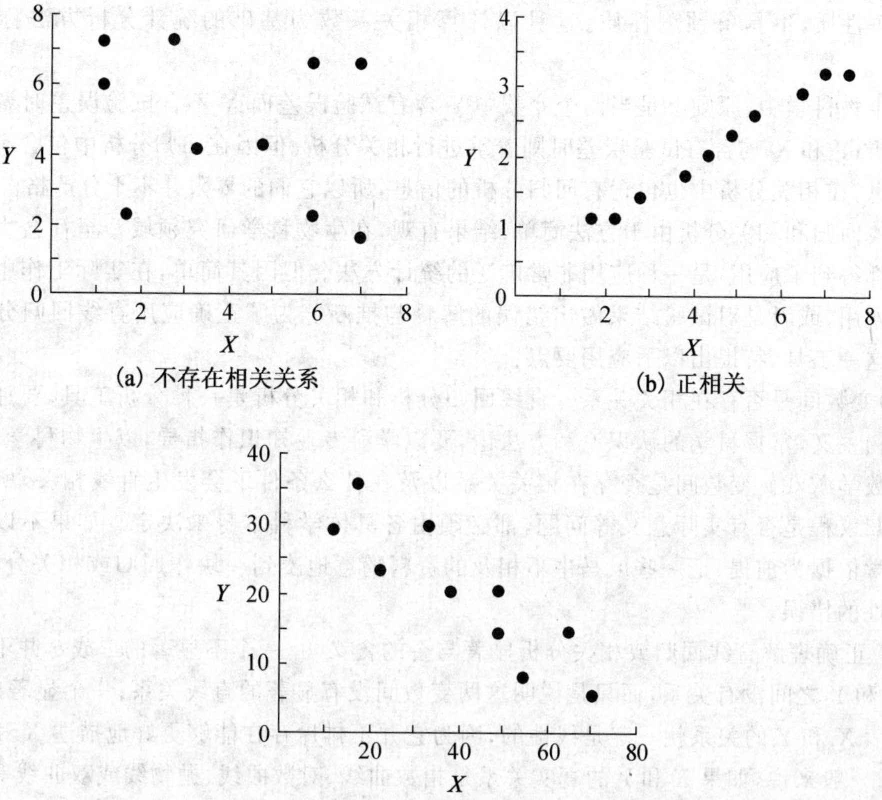

(a) 不存在相关关系　　(b) 正相关

(c) 负相关

图 7-1　某资料的散点图

简单直线回归与相关中两个变数间的关系一般分为两种：一种是两个变数间存在因果关系，我们定义原因变数为自变数，以 X 表示，定义结果变数为依变数，以 Y 表示。一般情况下，X 是固定的，是在试验时预先指定的，几乎没有误差，Y 随 X 的变化而变化，并且有随机误差。例如在磷肥施用量和产量的关系中，磷肥施用量是产量变化的原因，是自变数 (X)，磷肥施用量是事先设计好的，是固定的，没有误差；产量是对磷肥施用量的反映，是依变数(Y)，是随机的，有误差。对具有因果关系的两个变数，统计分析的任务是由试验数据推算出一个表示 Y 随 X 的改变而改变的方程式 $\hat{y} = f(x)$，式中 $\hat{y}$ 表示由该方程估得在给定 x 时的理论 y 值。对回归方程式进行测验结果显著后，即可利用所求得的回归方程式对结果进行预测和对生产进行控制。方程式 $\hat{y} = f(x)$ 为回归方程式，以计算回归方程为基础的统计分析方法称为回归分析。

另一种情况是两个变数 X 和 Y 间是一种不分主从的平行关系，称这两个变数间存在相关关系。相关关系中两个变数都有随机误差，并没有自变数和依变数之分，所以 X 和 Y 代表两个变数中的哪一个要根据实际情况而定。例如在玉米穗长和穗重、穗长和穗粗等两变数的关系中，它们是同步增长、互有影响的，既不能说穗长是穗重的原因，也不能说穗重决定穗长。在这种情况下，X 和 Y 可分别用于表示任一变数，视实际需要而定。这种情况下，统计分析的目标是计算表示两个变数相关密切程度的统计数，并测验其显著性。这一统计数在两个变数关系为直线相关时称为相关系数，记为 r。相关系数只能表示两个变数具有共同变异程度和相关性质，不具备预测性质。这种以计算相关系数为基础的统计分析方法称为相关分析。

在生物科学中，原则上是当两个变数中 Y 含有试验误差而 X 不含试验误差时着重进行回归分析；Y 和 X 均含有试验误差时则着重进行相关分析。但因在回归分析中包含有相关分析的信息，在相关分析中也包含有回归分析的信息，所以它们的界限并不十分严格。

直线回归和相关分析由于方法简单、结果直观，在生物科学研究领域乃至社会生活的各个方面都得到了应用，是一种应用非常广泛的统计方法。但因其简单，在实际工作中也出现了一些误用，或者是对试验结果做出错误的解释与推断。为了正确应用直线回归分析和相关分析这一工具，特提出以下应用要点：

(1)变数间是否存在相关关系　直线回归分析和相关分析是一种分析工具，要加深理解辩证唯物主义，掌握科学的认识论和方法论，要以学科专业知识作指导，以生物科学为基础，不要搞数学游戏。变数间是否存在相关关系以及在什么条件下会发生直线相关，所求出的直线回归议程是否有实际意义等问题，都必须由各具体学科本身来决定。如果不以一定的生物科学依据为前提，把一些风马牛不相及的资料随意地凑到一块作回归或相关分析，那将是根本性的错误。

(2) 正确理解直线回归或相关分析显著与否的含义　一个不显著的 r 或 b 并不意味着变数 X 和 Y 之间没有关系，而只是说明这两变数间没有显著的直线关系；一个显著的 r 或 b 并不代表 X 和 Y 的关系就一定是线性的，因为它并不排斥存在能够更好地描述 X 和 Y 的各种曲线。一般来说，如果 X 和 Y 的真实关系是指数曲线、对数曲线、抛物线或双曲线等非线性关系，当仅观察 (X,Y) 的某一区间时，完全有给出一个极显著的线性关系的可能。对这一问题的正确认识亦有赖于生物学科专业知识的支持。

(3) 贯彻唯一差异原则　要严格控制研究对象之外的条件，尽可能保持一致。由于自然界各种事物间是有一定的相互联系和相互制约的，一事物的变化通常都会受到许多其他事物的影响。所以，如果仅研究该事物或该条件(Y) 和另一事物或另一条件(X) 之间的关系，则要求 X 和 Y 之外的其余事物或条件必须得到尽可能的严格控制。否则，所做的回归和相关分析将可能导致完全虚假甚至错误的结果。如在研究小麦的品种和产量的关系时，由于施肥、光照、温度、灌水量、播期等条件的不一致也影响产量，所以这些条件必须尽可能地控制一致，在此基础上所做的相关与回归分析才能比较真实地反映出小麦的品种和产量的关系。

(4) 观测值要尽可能多　为确保回归及相关分析的准确性，要以大数法则为基础，即两个变数的样本容量 n(观察值对数) 要尽可能大一些，一般至少应有 5 对以上的观测值。同时，X 变数的取值范围也应尽可能大一些，这样才更容易发现两个变数间的变化关系。

(5) 外推要谨慎　虽然显著的直线相关和回归并不意味着 X 和 Y 的真实关系就是线性关系，但在生物科学研究中要发现 X 和 Y 存在真实的曲线关系又是相当困难的。因此，在 X 和 Y 的一定区间内，用线性关系作近似描述是允许的。但超出该区间外的 X 和 Y 的关系是否仍为线性，试验未给出任何信息，所以回归预测必须限制在自变数 X 的取值区间以内，外推要谨慎，否则会得出错误的结论。

二、一元线性回归方程建立及检验

（一）一元线性回归方程建立

如果两个变数在散点图上呈直线趋势，要从 X 的数量变化来预测或估计 Y 的数量变化，应采用直线回归方程来描述。简单直线回归关系可借助数学上的二元一次线性方程式 $y = a + bx$ 来表示，在统计中写成如下方程式：

$$\hat{y} = a + bx \tag{7-4}$$

该式读作"y 依 x 的直线回归方程"。其中 x 是自变数，$\hat{y}$ 是和 x 的量相对应的依变数 y 的点估计值；a 是 $x = 0$ 时的 $\hat{y}$ 值，即回归直线与 y 轴交点的纵坐标，叫回归截距；b 是该回归直线的斜率，但在统计学中称为回归系数。

在 x、y 直角坐标平面上我们可做出无数条直线，要使做出的直线 $\hat{y} = a + bx$ 能够最好地代表 y 和 x 在数量上的互变关系，这条直线应是在一切直线中最接近所有散点的直线。即必须使 $Q = \sum_{1}^{n}(y - \hat{y})^2 = \sum_{1}^{n}(y - a - bx)^2$ 为最小。

其中 Q 称为离回归平方和，因此，分别对 a 和 b 求偏导数并令其为 0，即可获得正规方程组：

$$\begin{cases} an + b\sum x = \sum y \\ a\sum x + b\sum x^2 = \sum xy \end{cases}$$

解之得：

$$a = \bar{y} - b\bar{x} \tag{7-5}$$

$$b = \frac{\sum xy - \frac{1}{n}\sum x \sum y}{\sum x^2 - \frac{1}{n}(\sum x^2)} = \frac{\sum(x - \bar{x})(y - \bar{y})}{\sum(x - \bar{x})^2} = \frac{SP}{SS_x} \tag{7-6}$$

式(7-6)的分子 $\sum(x - \bar{x})(y - \bar{y})$ 是自变数 x 的离均差和依变数 y 的离均差的乘积之和，简称乘积和，记作 SP；分母是 x 的离均差平方和，记作 SS_x。将式(7-5)、(7-6)算得的 a 和 b 值代入(7-4)，即可保证 $Q = \sum(y - \hat{y})^2$ 最小，同时使 $\sum(y - \hat{y}) = 0$。

a 值和 b 值正负均可，因具体资料而异。当 $a > 0$ 时，表示回归直线在 Ⅰ、Ⅱ 象限交于 y 轴；当 $a < 0$ 时，表示回归直线在 Ⅲ、Ⅳ 象限交于 y 轴。b 的正负决定回归直线的斜向，当 b 为正值时，表示 y 与 x 为正相关，即 y 随 x 的增大而增大，随 x 的减小而减小；当 b 为负值时，表示 y 与 x 为负相关，即 y 随 x 的增大而减小；当 $b = 0$ 时，则表明 y 的大小和 x 的取值无关，回归直线与 x 轴平行，二者间不存在线性关系(图 7-2)。

以上是 a 和 b 值的统计学解释。在具体问题中，a 和 b 值将有专业上的具体意义。

将式(7-5)代入式(7-4)可得：

$$\hat{y} = (\bar{y} - b\bar{x}) + bx = \bar{y} + b(x - \bar{x}) \tag{7-7}$$

由(7-7)可见，当 $x=\bar{x}$ 时，则必有 $\hat{y}=\bar{y}$，即回归直线一定通过($\bar{x}$,$\bar{y}$)坐标点。此项在绘制回归方程图时可作为判断直线图是否正确的标准。

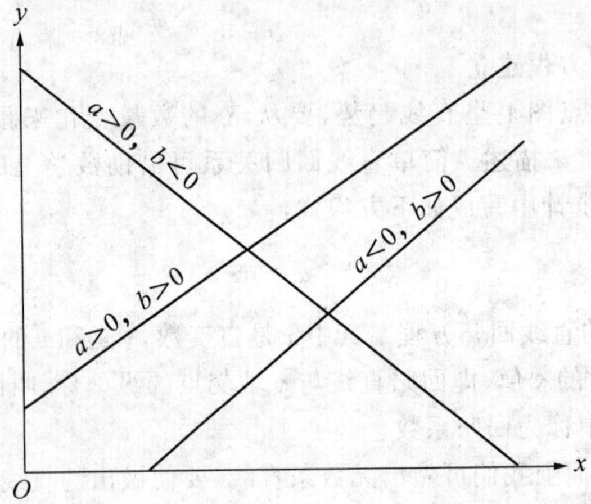

图 7-2 直线回归方程 $\hat{y}=a+bx$ 的图像

(二)直线回归方程计算、图示及性质

1. 直线回归方程式的计算

下面以一个实例说明回归统计数计算的过程。

【例 7.3】 某地对 5 月中旬降水量与 6 月上、中旬黏虫发生量进行了连续 8 年的调查，将结果列于表 7-1，试计算其直线回归方程。

表 7-1 某地 5 月中旬降水量与 6 月上、中旬黏虫发生量关系表

年份	x(降水量，mm)	y(黏虫发生量，头/100 m^2)	x^2	y^2	xy
1	46.10	355.00	2 125.21	126 025.00	16 365.50
2	31.90	251.00	1 017.61	63 001.00	8 006.90
3	55.40	388.00	3 069.16	150 544.00	21 495.20
4	30.60	123.00	936.36	15 129.00	3 763.80
5	50.60	377.00	2 560.36	142 129.00	19 076.20
6	24.80	53.00	615.04	2 809.00	1 314.40
7	40.20	359.00	1 616.04	128 881.00	14 431.80
8	28.60	103.00	817.96	10 609.00	2 945.80
总和	308.20	2 009.00	12 757.74	639 127.00	87 399.60
平均数	38.53	251.13	1 594.72	79 890.88	10 924.95

首先由表 7-1 可得回归分析所必需的 6 个一级数据(即由观察值直接算得的数据)：$n=8$，$\sum x=308.200\ 0$，$\sum x^2=12\ 757.740\ 0$，$\sum y=2\ 009.000\ 0$，$\sum y^2=639\ 127.000\ 0$，$\sum xy=87\ 399.600\ 0$

然后，由一级数据算得 5 个二级数据：

$$SS_x=\sum x^2-\left(\sum x\right)^2/n=12\ 757.740\ 0-(308.200\ 0)^2/8$$
$$=884.335\ 0$$

$$SS_y=\sum y^2-\left(\sum y\right)^2/n=639\ 127.000\ 0-(2\ 009.000\ 0)^2/8$$
$$=134\ 616.875\ 0$$

$$SP=\sum xy-\sum x\sum y/n=87\ 399.600\ 0-(308.200\ 0\times 2\ 009.000\ 0)/8$$
$$=10\ 002.875\ 0$$

$$\bar{x}=\frac{\sum x}{n}=308.200\ 0/8=38.525\ 0$$

$$\bar{y}=\frac{\sum y}{n}=2\ 009.000\ 0/8=251.125\ 0$$

进而有：$b=SP/SS_x=10\ 002.875\ 0/884.335\ 0=11.311\ 2$[头/(100 m^2·mm)]

$a=\bar{y}-b\bar{x}=251.125\ 0-(11.311\ 2\times 38.525\ 0)=-184.638\ 3$(头/100 m^2)

故表 7-1 资料的回归方程应为：$\hat{y}=-184.638\ 3+11.311\ 2x$

或化简成：

$$\hat{y}=-184.6+11.3x$$

上述直线回归方程中回归系数和回归截距的意义为：当 5 月中旬降水量(x)每增加 1 mm 时，6 月上、中旬黏虫发生量平均将增加 11.3 头/100 m^2。由于 x 变数的实测区间为[24.8,55.4]，当 $x<24.8$ 或 $x>55.4$ 时，y 的变化是否还符合 $\hat{y}=-184.6+11.3x$ 的规律，观察数据中未曾得到任何信息。所以，在应用 $\hat{y}=-184.6+11.3x$ 进行预测时，需限定 x 的区间为[24.8,55.4]；如要在 $x<24.8$ 或 $x>55.4$ 的区间外延，则必须有新的依据。

2. 直线回归方程图示

直线回归图包括散点图和回归直线的图像，它可以直接醒目地表示 x 和 y 的数量关系，也便于进行需要的预测。

制作直线回归图时，首先以 x 为横坐标，以 y 为纵坐标构建直角坐标系(横、纵坐标皆需标明名称和单位，且横、纵坐标总长度之比约为 5∶4 或 6∶5)；然后取 x 坐标上的一个小值 x_1 代入回归方程得 $\hat{y}_1$，取一个大值 x_2 代入回归方程得 $\hat{y}_2$，连接坐标点($x_1,\hat{y}_1$)和($x_2,\hat{y}_2$)即成一条回归直线。如例 7-1 资料，以 $x_1=24.8$ 代入回归方程得 $\hat{y}_1=95.64$；以 $x_2=55.4$ 代入回归方程得 $\hat{y}_2=441.42$。在图 7-3 上确定(24.8,95.64)和(55.4,441.42)这两个点，再连接之，即为 $\hat{y}=-184.6+11.3x$ 的直线图像。注意：此直线必通过点($\bar{x},\bar{y}$)，它可作为制图是否正确的核对。最后，将实测的各对(x_i,y_i)数值也用坐标点标于图 7-3 上，并在直线旁边写上回归方程式。

图 7-3 的回归直线是 8 个观察坐标点的代表，它不仅表示了例 7.1 资料的基本趋势，也便于预测。如某年降水量为 40 mm 时，则在图 7-3 上可查到 6 月上、中旬黏虫发生量为 267 头/100 m^2 左右，这和将 $x=40$ 代入原方程得到 $\hat{y}=-184.6+11.3x=267.4$ 是基本一致的。当然，这种估计仍然有随机误差，下面再作介绍。

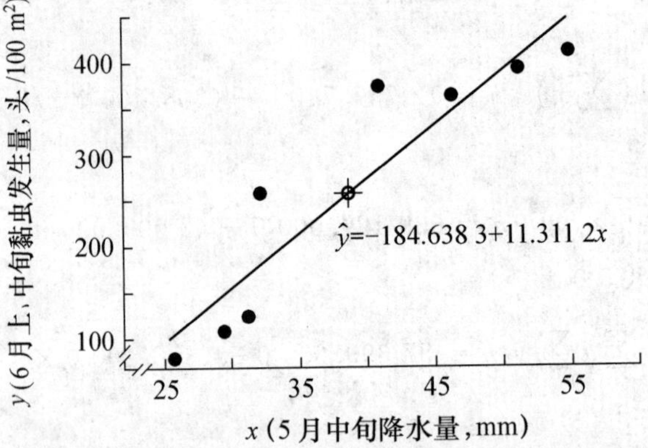

图 7-3　5 月中旬降水量和 6 月上、中旬黏虫发生量的关系

3. 直线回归方程偏离度估计

仔细观察上述直线回归图可见，并不是所有的散点都恰好落在回归直线上，即说明用回归直线的估计值 $\hat{y}$ 与实际调查所得 y 值是有一定的偏差的，这种偏差我们用回归估计标准误（$s_{y/x}$）来表示。

$$s_{y/x}=\sqrt{\frac{Q}{n-2}}=\sqrt{\frac{\sum(y-\hat{y})^2}{n-2}} \tag{7-8}$$

各个观察点越靠近回归直线，则 $s_{y/x}$ 越小（极端地说，当各观察点都落在回归直线上时，$s_{y/x}=0$，而实际工作中是不存在的）；各观察点在回归线上下分散得越远，则 $s_{y/x}$ 越大。故样本的 $s_{y/x}$ 是回归精确度的度量，$s_{y/x}$ 越小，由回归方程估计 y 的精确性越高。

计算 $s_{y/x}$ 非常麻烦，主要在于求 Q。直接计算的话不仅步骤多、工作量大，而且若数字的小数位数保留不够，会引入较大的计算误差。为简化过程，可从下面恒等式得出：

$$Q=\sum(y-\hat{y})^2=SS_y-\frac{(SP)^2}{SS_x} \tag{7-9}$$

【例 7.4】　试计算由表 7-1 资料获得的回归方程的估计标准误。

$$Q=134\ 616.887\ 50-\frac{(10\ 002.875\ 0)^2}{884.335\ 0}=21\ 472.525\ 6$$

据式 7-8 得

$$s_{y/x}=\sqrt{\frac{Q}{n-2}}=\sqrt{\frac{21\ 472.525\ 6}{8-2}}=59.822\ 7(\text{头}/100\ \text{m}^2)$$

上述计算表明，当用回归方程 $\hat{y}=-184.6+11.3x$，由 5 月中旬降水量预测 6 月上、中旬黏虫发生量时，每 100 m² 有一个 59.822 7 头的估计标准误。它的统计学意义是：在 $\hat{y}\pm 59.822\ 7$ 区间内约有 68.27% 个观察点，在 $\hat{y}\pm 109.645\ 4$ 区间内约有 95.45% 个观察点。即在回归关系确定存在的情况下，可用已建立的直线方程或直线图来进行预测，但预测结果将有一个变动范围。

三、直线回归假设测验

假如 X 变数和 Y 变数总体间并不存在直线回归关系，但由 n 对观测值 (x_i, y_i) 也可以根据上面介绍的方法求得一个直线回归方程 $\hat{y}=a+bx$。显然，这样的回归方程所反应的两个变数间的直线关系是不真实的。所以，对于样本的回归方程，应测定其来自无直线回归关系总体的概率大小。只有当这种概率非常小，小于0.05或0.01时，我们才能冒较小的危险确认其所代表的总体存在着直线回归关系。对回归关系的显著性测验，一般我们采用 t 测验。

由(7-7)可推知，若总体不存在直线回归关系，那么总体回归系数 $\beta=0$；若总体存在直线回归关系，则 $\beta\neq 0$，所以对直线回归的假设测验为 $H_0:\beta=0$，对 $H_A:\beta\neq 0$。

由(7-6)可推得回归系数 b 的标准误 s_b 为：

$$s_b=\sqrt{\frac{s_{y/x}^2}{\sum(x-\bar{x})^2}}=\frac{s_{y/x}}{\sqrt{SS_x}} \tag{7-10}$$

而

$$t=\frac{b-\beta}{s_b}$$

因 $H_0:\beta=0$，所以

$$t=\frac{b}{s_b} \tag{7-11}$$

该值遵循 $\nu=n-2$ 的 t 分布，故由 t 值即可得知样本回归系数 b 来自 $\beta=0$ 总体的概率大小。

【例7.5】 试测验例7.1资料回归关系的显著性。

因例7.3和例7.4已算得 $b=11.311\ 2$，$SS_x=884.335\ 0$，$s_{y/x}=59.822\ 7$，故有：

$$s_b=\frac{59.822\ 7}{\sqrt{884.335\ 0}}=2.011\ 7$$

$$t=\frac{11.311\ 2}{2.011\ 7}=5.622\ 8$$

查 t 值表，$t_{0.05,4}=2.447$，$t_{0.01,4}=3.707$。现实得 $|t|=5.622\ 8>t_{0.01}$，表明在 $\beta=0$ 的总体中因抽样误差而获得现有样本的概率 P 小于0.01。所以应该否定 $H_0:\beta=0$，而接受 $H_A:\beta\neq 0$，即认为5月中旬降水量与6月上、中旬黏虫发生量之间是有真实直线回归关系的，或者说此 $b=11.311\ 2$ 是极显著的。

技能训练7-1 直线回归与相关资料结果分析

一、准备

练习纸、铅笔、装有Excel软件的计算机及输出设备。

二、测验步骤

某虫情观测站对二化螟越冬幼虫4月份化蛹高峰日与2～3月平均气温的和作了连续6年的观测(表7-2)。试进行回归分析。

表 7-2　二化螟越冬幼虫 4 月份化蛹高峰日与 2～3 月平均气温的和观测表

年份	2～3 月下旬平均气温的和(x)/℃	4 月份化蛹高峰日(y)/天
1	34.4	19
2	39.6	6
3	42.9	1
4	38.7	10
5	40.3	1
6	38.9	8

(1)录入数据　将上述资料录入某一 Excel 空白工作簿中。

(2)进行数据分析　选择“工具”菜单中的“数据分析”命令，在“数据分析”列表中选择“回归”，单击“确定”按钮，在随即弹出的“回归”对话框中，输入选项区中输入“X 值输入区域”“Y 值输入区域”，并在数据区域中选择选定区域中有无数据标志，在输出选项区中选择——如在本工作表中输出结果则选择“输出区域”，如在其他工作表中输出结果则选择“新工作表组”，如在其他工作簿中输出结果则选择“新工作簿”；在残差选项区，选定残差、线性拟合图二选项，然后单击“确定”按钮即弹出汇总结果。输出结果中各项数据所代表的项目的名称如图 7-4 所示。

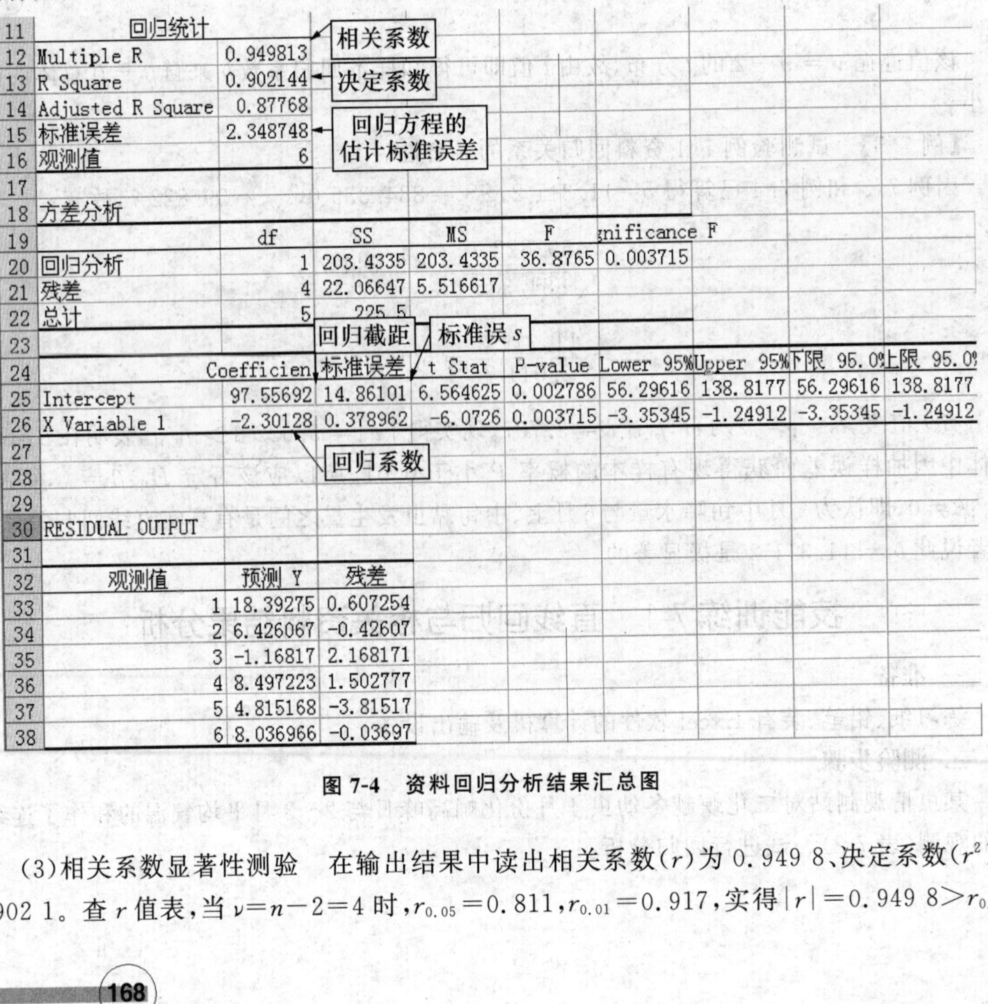

11	回归统计	
12	Multiple R	0.949813
13	R Square	0.902144
14	Adjusted R Square	0.87768
15	标准误差	2.348748
16	观测值	6
17		
18	方差分析	

19		df	SS	MS	F	gnificance F
20	回归分析	1	203.4335	203.4335	36.8765	0.003715
21	残差	4	22.06647	5.516617		
22	总计	5	225.5			
23						

24		Coefficien	标准误差	t Stat	P-value	Lower 95%	Upper 95%	下限 95.0%	上限 95.0%
25	Intercept	97.55692	14.86101	6.564625	0.002786	56.29616	138.8177	56.29616	138.8177
26	X Variable 1	-2.30128	0.378962	-6.0726	0.003715	-3.35345	-1.24912	-3.35345	-1.24912
27									
28									
29									
30	RESIDUAL OUTPUT								
31									

32	观测值	预测 Y	残差
33	1	18.39275	0.607254
34	2	6.426067	-0.42607
35	3	-1.16817	2.168171
36	4	8.497223	1.502777
37	5	4.815168	-3.81517
38	6	8.036966	-0.03697

图 7-4　资料回归分析结果汇总图

(3)相关系数显著性测验　在输出结果中读出相关系数(r)为 0.949 8、决定系数(r^2)为 0.902 1。查 r 值表，当 $\nu=n-2=4$ 时，$r_{0.05}=0.811$，$r_{0.01}=0.917$，实得 $|r|=0.949\ 8>r_{0.01}$，

所以 $P<0.01$，故否定无效假设 H_0，接受备择假设 H_A，相关系数极显著，表明 X 与 Y 高度相关。

(4)列回归方程式　在输出结果中读出回归系数(b)为 -2.3013、回归截距(a)为 97.556 9，并列回归方程 $\hat{y}=97.5567-2.3013x$

(5)绘回归直线图和标定实际相关点

①将线性拟合图中所有预测 Y 值点(粉红色)用一条直线连接即回归直线方程(图 7-5)。

②在直线旁写上回归方程式 $\hat{y}=97.5567-2.3013x$ 。

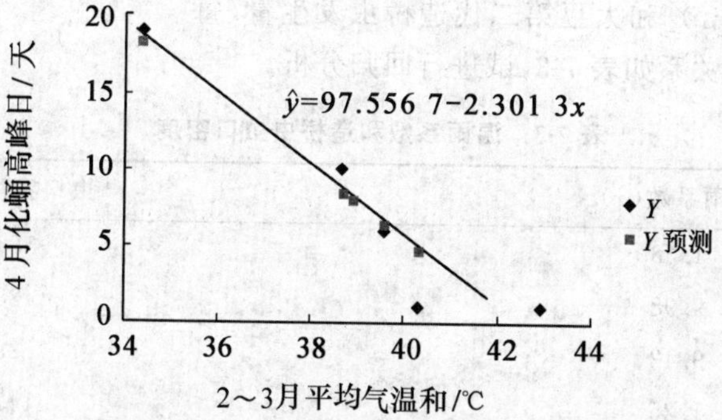

图 7-5　二化螟幼虫 4 月份化蛹高峰日与 2～3 月平均气温之和的关系

(6)推断　二化螟幼虫化蛹高峰日与 2～3 月平均气温之和呈负相关，可利用上述回归方程式和回归直线图预测化蛹高峰日。在 2～3 月平均气温的和在"34.4，42.9"范围内，在 2～3 月平均气温的和每升高 1℃，4 月份化蛹高峰日提前约 2.3 天。

三、作业

同学们可根据例题进行验证性练习。

本章关键词

直线回归；直线相关；相关系数；决定系数

本章小结

本章介绍了直线回归与相关分析，研究有联系的两个及两个以上的变量的关系、性质及密切程度的方法是回归与相关的概念；直线回归方程式计算、直线回归方程式的图示及直线回归方程的显著性测验；相关系数、决定系数的计算，相关系数的显著性测验。

专项实训

1. 什么叫事物间的相关关系？什么叫事物间的回归关系？试举例说明。
2. 相关及回归分析的概念及区别是什么？
3. 利用直线回归和相关分析方法时，应注意哪些问题？

4. 怎样计算相关系数？怎样用相关系数说明事物间的关系的性质的程度？

5. 试述直线回归方程及其含义。如何绘制直线回归图？

6. 为什么要进行相关系数和回归关系的显著性测验？怎样用查 r 值表的方法进行相关系数和回归关系的显著性测验？

7. 许多害虫的发生都和气象条件有一定的关系。山东临沂测定 1964—1973 年(共 10 年)间 7 月下旬的温雨系数[雨量 mm/平均温度(℃)]和大豆第二代造桥虫发生量(每百株大豆上的虫数)的关系如表 7-3，试进行回归分析。

二维码 7　第七章专项实训答案

表 7-3　温雨系数和造桥虫虫口密度

温雨系数(x)	虫口密度(y)
1.58	180
9.98	28
9.42	25
1.25	117
0.3	165
2.41	175
11.01	40
1.85	160
6.04	120
5.92	80

Chapter 8

第八章

卡平方(χ^2)测验

本章导读

知识目标:

了解卡平方(χ^2)测验的基本概念和原理;

掌握适合性测验的基本方法;

掌握独立性测验的基本方法。

技能目标:

掌握适合性测验的基本方法;

掌握独立性测验的基本方法。

第一节　卡平方(χ^2)测验

一、卡平方(χ^2)概念

卡平方(χ^2)测验主要是判断计数资料在某种假设下，其实际观察所得的次数与理论次数间的差异是由于误差造成的还是本质原因造成的。例如，判断某植物两对相对性状的遗传是否独立遗传，就可以运用卡平方(χ^2)适合性测验来进行测验和判断。

如果理论次数与实际次数完全符合，则 $\chi^2=0$，但也因实际调查过程中可能存在的取样误差导致理论次数与实际观察次数之间的差异，影响对真实结果的判断。如果理论次数与实际次数差异纯属误差造成，则差异小，χ^2 值也小，差异一般应在误差允许范围内；如果存在本质差异，理论次数与实际次数差异较大，χ^2 值也大，并且有可能达到无限，χ^2 值大到什么程度才能判断差异显著，需要了解 χ^2 分布并进行差异显著性分析。χ^2 值的基本计算公式为

$$\chi^2=\sum_{i=1}^{k}\frac{(O_i-E_i)^2}{E_i} \tag{8-1}$$

式中：O_i 为实际观察次数，E_i 为理论次数，k 为组数，此公式在自由度 $\nu\geqslant 2$ 时适用。

二、卡平方(χ^2)分布及连续性矫正

1. 卡平方(χ^2)分布

理论研究证明，χ^2 分布为正偏态分布，其分布特点如下：

(1)χ^2 分布没有负值，均在 0～+∞之间，即在 $\chi^2=0$ 的右边，为正偏态分布。

(2)χ^2 分布为连续性分布，而不是间断性的。

(3)χ^2 分布曲线是一组曲线。每一个不同的自由度都有一条相应的 χ^2 分布曲线。

(4)χ^2 分布的偏斜度随自由度 ν 不同而变化。当 $\nu=1$ 时偏斜最厉害，ν 增大则曲线逐渐趋向对称而接近正态分布曲线，当 $\nu\to+\infty$时，则为正态分布。

图 8-1 为几个不同自由度的 χ^2 分布曲线。

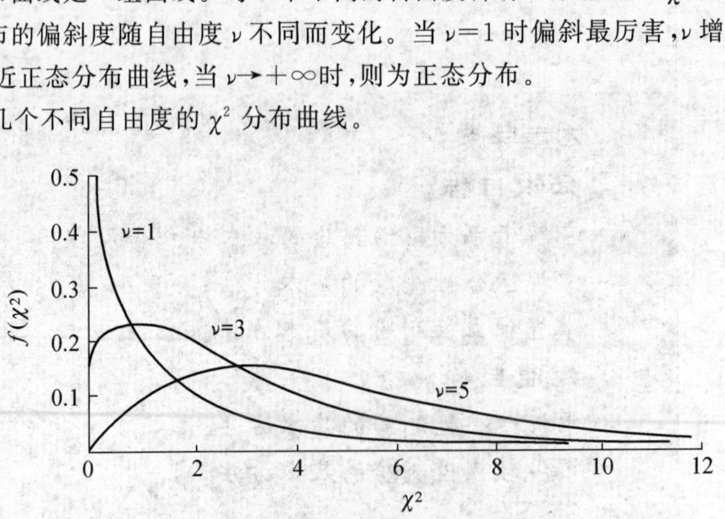

图 8-1　不同自由度的 χ^2 分布曲线

附表 8 列出不同自由度时 χ^2 的一尾(右尾)概率表,可供次数资料的 χ^2 测验之用。

2. 卡平方(χ^2)连续性矫正

χ^2 分布是连续的,而次数资料则是间断性的,由间断性资料算得的 χ^2 值有偏大的趋势,尤其在 $\nu=1$ 时,需作适当的矫正,才能适合 χ^2 理论分布。这种矫正称为连续性矫正,其方法是:在计算观察次数与理论次数的偏差时,将各偏差的绝对值都减去 1/2,即 $|O-E|-1/2$。这样可以使概率值接近 χ^2 分布的真实概率。矫正后的 χ^2 用 χ_c^2 表示,即

$$\chi_c^2=\sum_{i=1}^{k}\frac{\left(|O_i-E_i|-\frac{1}{2}\right)^2}{E_i} \tag{8-2}$$

一般 $\nu=1$ 的样本,在计算 χ^2 值时,必须作连续性矫正,而对 $\nu\geqslant2$ 的样本则可以不作连续性矫正。

三、卡平方(χ^2)测验

χ^2 差异显著性测验主要包括适合性测验和独立性测验两大类,测验原理基本同于总体平均数假设测验。χ^2 的差异显著性测验包括以下步骤:

(1)提出假设　H_0:观察次数与理论次数的差异由取样误差所引起。H_A:观察次数与理论次数间存在真实差异。

(2)规定显著水平　显著水平一般取 $\alpha=0.05$ 或 $\alpha=0.01$。

(3)测验计算　在无效假设正确的前提下,计算 χ^2 值。根据自由度选择公式 8-1 或 8-2。计算 χ^2 值后,按自由度 $\nu=n-1$ 查 χ^2 值表(附表 8),将计算得的 χ^2 值与 $\chi^2_{\alpha,\nu}$ 进行比较。($\chi^2_{\alpha,\nu}$ 值即为相应显著水平和自由度下的 χ^2 最大误差允许临界值)

(4)推断　如果实得的 $\chi^2<\chi^2_{\alpha,\nu}$ 时,则 $P>\alpha$,接受 H_0,即认为观察次数与理论次数相符,其实际差异由取样误差所造成;如果实得的 $\chi^2>\chi^2_{\alpha,\nu}$,则 $P<\alpha$,否定 H_0,即认为观察次数与理论次数差异为真实差异,达到差异显著或差异极显著。

在实际应用时,往往不计算具体的概率值。若实得 $\chi^2>\chi^2_{\alpha,\nu}$ 时,H_0 被否定;若实得的 $\chi^2<\chi^2_{\alpha,\nu}$ 时,则 H_0 被接受,即认为观察次数与理论次数相符。

技能训练 8-1　卡平方(χ^2)测验

【资料 1】　果树中油桃和毛桃杂交,所得的 F_1 代经自交后得 F_2 代杂种实生苗,其中果皮有茸毛的 132 株,无茸毛的 36 株,问果皮茸毛的遗传是否受一对遗传基因控制?

一、准备

根据测验方法步骤列出表格(表 8-1),计算观察株数(O)总和,根据相同总和数按 3∶1 比例计算各项理论数(E)。

表 8-1　两种桃杂交 F_2 代遗传测验

果皮茸毛	观察株数 O	理论株数 E	$O-E$	$(\|O-E\|-1/2)^2/E$
有毛	132	126	6	0.240 1
无毛	36	42	−6	0.720 2
总数	168	168	0	0.960 3

二、测验步骤

(1)提出假设　H_0:有毛与无毛的比例为 3∶1,即桃果皮茸毛受一对基因控制,H_A:不符合 3∶1 分离规律。

(2)规定显著水平　$\alpha=0.05$。

(3)测验计算　分别计算表中各项观察株数与理论株数之差$(O-E)$;再分别计算表中各项观察株数与理论株数之差的平方与理论株数之商$(|O-E|-1/2)^2/E$;最后计算总和 χ_c^2。即:

$$\chi_c^2=\sum_{i=1}^{k}\frac{\left(|O_i-E_i|-\dfrac{1}{2}\right)^2}{E_i}=0.960\ 3$$

查 χ^2 值表,当 $\nu=k-1=1$ 时,$\chi^2_{0.05}=3.84$。

(4)推断　实得 $\chi_c^2=0.960\ 3<\chi^2_{0.05}$,所以接受无效假设 H_0,说明桃果皮茸毛有无性状受一对相对基因控制,符合 3∶1 的分离遗传比例。

第二节　适合性测验

比较试验数据与理论假设是否符合的假设测验为适合性测验。这类试验在研究工作中应用广泛,目的在于探究试验结果是否符合某种理论假设,其特点是理论假设有一定的理论比例,由于试验结果表现的种类多少不同,所用的测验方式也不同。上一节的技能训练 8-1 实际上就是两组试验资料的适合性测验,以下则介绍多组资料适合性测验,试验结果多于两种情况的资料的测验为多组试验资料的适合性测验,多组资料的自由度 $\nu=k-1\geqslant 2$,在计算 χ^2 值时不必作连续性矫正。

技能训练 8-2　卡平方(χ^2)适合性测验

【资料 2】　玉米籽粒的甜质与非甜由一对等位基因控制,胚乳的有色和无色受另一对等位基因控制,根据遗传试验结果,以纯种有色、非甜个体与无色、甜质个体杂交,F_1 表现有色、非甜性状,其与双隐性个体测交一代出现了 4 种表现型,试测验试验结果是否符合 1∶1∶1∶1 的孟德尔遗传测交比例,即判断这两对等位基因是否彼此独立遗传。

一、准备

根据测验方法步骤列出表格(表 8-2),计算观察粒数(O)总和,根据相同总和数按 1∶1∶1∶1 比例计算各项理论粒数(E)。

表 8-2　玉米两对基因遗传的适合测验(测交)

表现型	观察粒数 O	理论粒数 E	$O-E$	$(O-E)^2$	$(O-E)^2/E$
有色非甜	65	76.5	−11.5	132.25	1.728 8
有色甜	72	76.5	−4.5	20.25	0.264 7
无色非甜	80	76.5	3.5	12.25	0.160 1
无色甜	89	76.5	12.5	156.25	2.042 5
总和	306	306	0		3.973 9

二、测验步骤

(1)提出假设　H_0:测交一代比例符合 1∶1∶1∶1,两对相对性状受两对各自独立的等位基因所控制,属独立遗传;H_A:不符合 1∶1∶1∶1 的分离比例。

(2)规定显著水平　$\alpha=0.01$。

(3)测验计算　分别计算表中各项观察粒数与理论粒数之差$(O-E)$;再分别计算表中各项观察粒数与理论粒数之差的平方与理论粒数之商$(O-E)^2/E$,即 χ^2 值;最后计算总和 χ^2。

即:

$$\chi^2=\sum_{i=1}^{k}\frac{(O_i-E_i)^2}{E_i}=3.973\,9$$

查 χ^2 值表,当 $\nu=k-1=4-1=3$ 时,$\chi^2_{0.01}=11.34$。

(4)推断　实得 $\chi^2=3.973\,9<\chi^2_{0.01}$,所以接受无效假设 H_0,说明玉米的两对相对性状测交一代的分离比例符合 1∶1∶1∶1 的孟德尔独立遗传比例,两对相对性状分别由两对相互独立的等位基因控制,是独立遗传。

【资料 3】　水稻稃尖色泽的有无和籽粒糯性各受一对等位基因控制,以纯种有色、非糯个体与无色、糯性个体杂交,F_1 表现有色、非糯性状,F_2 代出现了 4 种表现型,有色、非糯 491 株,有色、糯 76 株,无色、非糯 90 株,无色、糯 86 株。试测验试验结果是否符合 9∶3∶3∶1 的孟德尔遗传自交比例,即判断这两对等位基因是否彼此独立遗传。

一、准备

根据测验方法步骤列出表格(表 8-3),计算观察株数(O)总和,根据相同总和数按 9∶3∶3∶1 比例计算各项理论株数(E)。

表 8-3　水稻两对基因遗传的适合测验(自交)

表现型	观察株数 O	理论株数 E	$O-E$	$(O-E)^2$	$(O-E)^2/E$
有色、非糯	491	417.94	73.06	5 337.763 6	12.771 6
有色、糯	76	139.31	−63.31	4 008.156 1	28.771 5
无色、非糯	90	139.31	−49.31	2 431.476 1	17.453 7
无色、糯	86	46.44	39.56	1 564.993 6	33.699 2
总和	743	743	0		92.696 0

二、测验步骤

(1)提出假设　H_0:F_2 代比例符合 9∶3∶3∶1,两对相对性状受两对各自独立的等位基因所控制,属独立遗传;H_A:不符合 9∶3∶3∶1 的分离比例。

(2)规定显著水平　$\alpha=0.01$。

(3)测验计算　分别计算表中各项观察株数与理论株数之差$(O-E)$;再分别计算表中各项观察株数与理论株数之差的平方与理论株数之商$(O-E)^2/E$,即 χ^2 值;最后计算 χ^2 总和。即:

$$\chi^2=\sum_{i=1}^{k}\frac{(O_i-E_i)^2}{E_i}=92.696\ 0$$

查 χ^2 值表,当 $\nu=k-1=4-1=3$ 时,$\chi^2_{0.01}=11.34$。

(4)推断　实得 $\chi^2=92.696>\chi^2_{0.01}$,所以否定无效假设 H_0,说明水稻的两对相对性状 F_2 代比例不符合 9∶3∶3∶1,两对相对性状受同一对同源染色体上具连锁关系的两对等位基因控制,是连锁遗传关系。

第三节　独立性测验

一、独立性测验意义

独立性测验是测验两个或两个以上变数间是彼此独立还是相互影响的一种统计测验方法,其实质是对次数资料相关关系的研究。独立性测验的自由度随变数各自分组数的不同而不同。设横行分 r 组,纵行分 c 组,则自由度 $\nu=(r-1)\times(c-1)$。

二、独立性测验列联表

1. 2×2 表的独立性测验

横行 $r=2$ 组、纵行 $c=2$ 组的相依表称为 2×2 相依表。2×2 表的一般化形式如表 8-4 所示。在进行独立性测验时,其自由度 $\nu=(2-1)\times(2-1)=1$,故计算 χ^2 值时需作连续性矫正。

表 8-4　2×2 表的一般化形式

	1	2	横行总和
1	O_{11}	O_{12}	R_1
2	O_{21}	O_{22}	R_2
纵行总和	C_1	C_2	n

由上所述，其理论次数计算方法为：每一实测值相应的理论次数等于对应组的总和相乘除以总次数，并且，由于每组的理论次数的总和必等于其组实测值的总和，因此，求出其中一个理论次数后，可用组总和数减去已求出的理论次数，即可得另一个理论次数。

根据公式 8-2 可得

$$\chi_c^2 = \sum_{i=1}^{k} \frac{\left(|O_i - E_i| - \frac{1}{2}\right)^2}{E_i}$$

2×2 表的独立性测验也可不计算理论次数，而直接用实际观察次数计算 χ_c^2 值，从表 8-4 中各个次数可以得到

$$\chi_c^2 = \frac{n\left(|O_{11}O_{22} - O_{12}O_{21}| - \frac{n}{2}\right)^2}{C_1C_2R_1R_2} \quad (8\text{-}3)$$

2. 2×c 表的独立性测验

2×c 表是指横行分为两组，纵行分为 $c \geqslant 3$ 组的相依表资料。在进行独立测验时其自由度 $\nu=(2-1)\times(c-1)=c-1$，其一般形式如表 8-5 所示。

由于 $c-1 \geqslant 2$，故不需作连续性矫正。计算 χ^2 时，可以先计算各项理论值，用公式 8-1 进行计算，也可以根据下式免去理论值的计算。

$$\chi^2 = \frac{n^2}{R_1R_2}\left[\sum\left(\frac{O_{1i}^2}{C_i}\right) - \frac{R_1^2}{n}\right] \quad (8\text{-}4)$$

表 8-5　2×c 表的一般化形式

横行因素	纵行因素						总计
	1	2	…	i	…	c	
1	O_{11}	O_{12}	…	O_{1i}	…	O_{1c}	R_1
2	O_{21}	O_{22}	…	O_{2i}	…	O_{2c}	R_2
总计	C_1	C_2	…	C_i	…	C_c	n

3. r×c 表的独立性测验

r×c 是指 r 和 c 均 ≥3 的计数资料，其 $\nu=(r-1)\times(c-1)>2$，故不需要进行连续性矫正，其一般形式如表 8-6 所示。

表 8-6　r×c 表的一般化形式

横行因素	纵行因素						总计
	1	2	…	i	…	c	
1	O_{11}	O_{12}	…	O_{1i}	…	O_{1c}	R_1
2	O_{21}	O_{22}	…	O_{2i}	…	O_{2c}	R_2
…	…	…	…	…	…	…	…
j	O_{j1}	O_{j2}	…	O_{ji}	…	O_{jc}	R_j
…	…	…	…	…	…	…	…
R	O_{r1}	O_{r2}	…	O_{ri}	…	O_{rc}	R_r
总计	C_1	C_2	…	C_i	…	C_c	n

在进行显著性测验时，可以用公式 8-1 计算，也可以不计算理论值而利用下式直接计算 χ^2 值。

$$\chi^2 = n\left[\sum\left(\frac{O_{ij}^2}{R_iC_j}\right)-1\right] \tag{8-5}$$

技能训练 8-3　卡平方(χ^2)独立性测验

【资料 4】 在防治小麦散黑穗病试验中，调查种子经过灭菌处理的小麦发病穗数和未发病穗数分别为 26 和 50，未灭菌处理的小麦发病穗数和未发病穗数分别为 184 和 200。试分析种子灭菌与否和散黑穗病的穗数多少是否有关。(横行 $r=2$、纵行 $c=2$ 独立性测验，需作连续性矫正)

一、准备

根据测验方法步骤列出表格(表 8-7)，并分别计算种子灭菌与未灭菌总和、发病穗数和未发病穗数总和，根据测验原理分别计算出各项相应的理论数，如既灭菌也发病的理论数 P 的计算方法为：

$$P=460\times P_1\times P_2= 460\times(76/460)\times(210/460)= 34.7$$

其他各项的理论次数均可按此法计算，也可以求出其中一个理论次数后，用该组总和数减去已求出的理论次数，即可得另一个理论次数(如未灭菌发病次数的理论数为 210－34.7＝175.3)，并填入表 8-7 中。

表 8-7　防治小麦散黑穗病观察结果

处理项目	种子灭菌	种子未灭菌	总计
发病穗数	26(34.7)	184(175.3)	210
未发病穗数	50(41.3)	200(208.7)	250
总数	76	384	460

二、测验步骤

(1)提出假设　H_0：种子灭菌与否和散黑穗病穗数多少无关，即两者相互独立。H_A：种子灭菌与否和散黑穗病穗数多少有关。

(2)规定显著水平　$\alpha=0.05$。

(3)测验计算　根据公式 8-2 可得

$$\chi_c^2 = \sum_{i=1}^{k}\frac{\left(|O_i-E_i|-\frac{1}{2}\right)^2}{E_i} = 4.267$$

查 χ^2 值表，当 $\nu=1$ 时，$\chi^2_{0.05}=3.84$。

(4)推断　实得 $\chi_c^2 = 4.267 > \chi^2_{0.05}$，所以应否定 H_0，而接受 H_A。即说明种子灭菌与否和散黑穗病发病的高低有关，也就是说灭菌对防治小麦散黑穗病有一定的效果。

【资料 5】 为了解某苹果开花花期不同与坐果的关系，调查立夏前的第一批花 200 朵，坐果 72 个，立夏至小满第二批花 150 朵，坐果 48 个，小满以后第三批花 50 朵，坐果 3 个，问坐果高低与开花期是否有关？（横行 $r=2$、纵行 $c\geqslant 3$ 独立性测验，由于 $c-1\geqslant 2$，故不需作连续性矫正）

一、准备

根据测验方法步骤列出表格（表 8-8），并分别计算出每批次未坐果花朵数，根据测验原理分别计算出各项相应的理论数，填入表 8-8，方法同资料 4。

二、测验步骤

(1)提出假设　H_0：开花期不同对苹果坐果率的影响是相同的，即坐果率与开花期早晚无关。H_A：两者有关。

(2)规定显著水平　$\alpha=0.01$。

(3)测验计算　根据公式 8-1 可得

$$\chi^2=\sum_{i=1}^{k}\frac{(O_i-E_i)^2}{E_i}=17.18$$

查 χ^2 值表，当 $\nu=2$ 时，$\chi^2_{0.01}=9.21$。

(4)推断　实得 $\chi^2=17.18>\chi^2_{0.01}=9.21$，所以否定无效假设 H_0，说明开花期与坐果率有关，开花期极显著地影响坐果率。

表 8-8　苹果开花期与坐果关系相依表

	立夏前	立夏至小满	小满后	横行总和
坐果花数	72(61.5)	48(46.125)	3(15.375)	123
未坐果花数	128(138.5)	102(103.875)	47(34.625)	277
总计	200	150	50	400

【资料 6】　调查某苹果不同树龄各类枝组坐果数（数据见表 8-9），试测试坐果能力是否与枝组大小有关？

一、准备

根据测验方法步骤列出表格（表 8-9），计算纵、横各项总和，在进行显著性测验时，可以用公式 8-1 计算，也可以不计算理论值用公式 8-4（表 8-10）直接计算 χ^2 值。

表 8-9　苹果不同年龄各类枝组坐果情况

树龄	大枝组坐果	中枝组坐果	小枝组坐果	合计
15	109(O_{11})	40(O_{12})	80(O_{13})	229(R_1)
22	147(O_{21})	39(O_{22})	95(O_{23})	281(R_2)
48	149(O_{31})	100(O_{32})	107(O_{33})	356(R_3)
合计	405(C_1)	179(C_2)	282(C_3)	866(n)

二、测验步骤

(1)提出假设　H_0：坐果能力与枝组大小无关，H_A：有关。

(2)规定显著水平　$\alpha=0.01$。

(3)测验计算　根据公式 8-4 得

$$\chi^2 = n\left[\sum\left(\frac{O_{ij}^2}{R_iC_j}\right)-1\right]=21.824$$

查 χ^2 表，当 $\nu=4$ 时，$\chi^2_{0.01}=13.28$

(4)推断　实得 $\chi^2=21.824>\chi^2_{0.01}$，故否定 H_0，差异极显著，坐果能力受枝组大小的影响非常大。

本章小结

本章主要学习了卡平方测验的基本原理及应用技术。卡平方测验法是次数资料或计数资料的统计分析方法。主要内容包括卡平方概念、分布特点、测验原理及种类，其中重点介绍利用卡平方测验法进行适合性测验和独立性测验的具体方法。卡平方测验的基本步骤包括提出假设、规定显著水平、进行测验计算、统计推断四大方面。其中，比较试验数据与理论假设是否符合的假设测验为适合性测验，这类试验在研究工作中应用广泛，目的在于探究试验结果是否符合某种理论假设，其特点是理论假设有一定的理论比例，由于试验结果表现的种类多少不同，所用的测验方式也不同。独立性测验是测验两个或两个以上变数间是彼此独立还是相互影响的一种统计测验方法，其实质是对次数资料相关关系的研究，独立性测验的自由度随变数各自分组数的不同而不同。

表 8-10　χ^2 测验公式汇总及应用表

公式序号	公式	应用范围	应用说明
8-1：卡平方值计算基本公式	$\chi^2=\sum_{i=1}^{k}\frac{(O_i-E_i)^2}{E_i}$	适合性测验，独立性测验	$\nu\geqslant 2$，计算理论数，不作矫正
8-2：卡平方值计算基本公式	$\chi_c^2=\sum_{i=1}^{k}\frac{\left(\lvert O_i-E_i\rvert-\frac{1}{2}\right)^2}{E_i}$	适合性测验，独立性测验	$\nu=1$，计算理论数，需要矫正
8-3：卡平方值直接计算公式	$\chi_c^2=\frac{n\left(\lvert O_{11}O_{22}-O_{12}O_{21}\rvert-\frac{n}{2}\right)^2}{C_1C_2R_1R_2}$	2×2 独立性测验	$\nu=1$，不计算理论数，需要矫正
8-4：卡平方值直接计算公式	$\chi^2=\frac{n^2}{R_1R_2}\left[\sum\left(\frac{O_{1i}^2}{C_i}\right)-\frac{R_1^2}{n}\right]$	$2\times c$ 独立性测验	$c\geqslant 3$，不计算理论数，不需矫正
8-5：卡平方值直接计算公式	$\chi^2=n\left[\sum\left(\frac{O_{ij}^2}{R_iC_j}\right)-1\right]$	$r\times c$ 独立性测验	$c\geqslant 3$，$r\geqslant 3$，不计算理论数，不需矫正

专项实训

二维码 8　第八章专项实训答案

1. 什么叫卡平方(χ^2)测验、适合性测验和独立性测验？

2. 大豆花色的遗传研究，在 F_2 代获得红花植株 210 株、百花植株 80 株。问这一资料的实际观测数是否符合 3∶1 的理论数值？(答案：$\chi_c^2=0.901$ 不显著)

3. 对以下两组玉米性状杂交结果进行适合性测验。

(1)自交结果

性状	有色、非甜	有色、甜	无色、非甜	无色、甜	总 数
实际数 O	224	57	66	21	
理论数 E					
$O-E$					
$(O-C)^2/E$					
结论					

(2)测交结果

性状	有色、饱满	有色、凹陷	无色、饱满	无色、凹陷	总 数
实际数 O	203	11	5	196	
理论数 E					
$O-E$					
$(O-C)^2/E$					
结论					

Chapter 9

第九章

试验总结

本章导读

知识目标：

了解试验的基本情况、试验田间管理措施、总结等；

掌握试验资料初步整理方法，试验总结报告的基本格式与撰写要求。

技能目标：

能根据老师或技术人员提供的原始资料进行试验资料的整理；

能根据老师或技术人员提供的资料撰写科技论文。

第一节 试验数据整理与分析

进行试验总结的核心是撰写试验总结报告。要撰写好试验总结，首先要做好试验总结的基础工作，如试验数据资料的初步整理、试验基本汇总、试验田间管理措施总结等。

一、试验资料的初步整理

一般来说，为了保证试验客观真实，试验过程中往往实地调查、观察记载、考种、分析测定，得到很多资料数据，但试验报告中只是利用其中的部分。因此，在撰写试验总结报告前，需要对整个试验的资料进行分析，选出对试验报告有用的资料。

在第二章中，我们得到了有很多数据的基础数据表，这些数据还不能直接用于试验总结撰写，需要进行进一步的整理，如田间调查表、产量结果表等（表 9-1，表 9-2）。

表 9-1 水稻试验田间调查表

处理	插秧期	分蘖数	抽穗期	成熟期	株高/cm	倒伏度（级）	穗长/cm	每穗粒数	不实率/%	平方米穗数	备注
1											
2											
3											
4											
5											
…											
…											

表 9-2 地膜彩色马铃薯不同种植密度试验产量结果表

处理	区组Ⅰ	区组Ⅱ	区组Ⅲ	总和	平均
1					
2					
3					
4					
5					
总和					
平均					

二、试验基本情况

在试验总结报告中，往往需要对试验地基本情况、供试作物、供试材料进行描述。因此有必要对原始资料中的相关基本情况进行提炼汇总。如第二章的地膜彩色马铃薯不同种植密度试验部分。

三、试验田间管理措施

在试验总结报告中，往往需要对试验作物的施肥、耕作、病虫害防治等田间管理措施进行简单描述。因此，对试验初稿过程中记载的管理措施进行提炼汇总。

如第二章的地膜彩色马铃薯不同种植密度试验部分田间管理栽培措施，每 667 m^2 施有机肥 2 000 kg、氮肥(N)40 kg、磷肥(P_5O_2)15 kg、钾肥(K_2O)20 kg，一次性混合施入土中。试验于 2016 年 3 月 30 日播种，采用 1.4 m 1 带 2 行，每小区 3 带 6 行，双行大小垄种植，大行距 0.9 m，小行距 0.5 m，起畦种植，深 30 cm。

技能训练 9-1　试验数据整理与分析

一、准备

(1)根据老师或技术人员提供的试验课题及要求，将全班同学按 2～4 人一组分成若干组。准备好试验数据整理与分析所需纸、笔、调查表等工具。

(2)通过网络、期刊查询，图书借阅等途径，查阅试验数据整理与分析等有关资料。

二、实施步骤

1.作物生物性状资料的整理

根据老师或技术人员提供的试验项目的供试作物，经过田间布置后，选定观察项目进行观察记载和室内考种，获得如表 9-1 和表 9-2 所示的资料。在试验报告中往往只是选取其中一部分指标进行分析。如水稻试验田间调查表中，有些项目是从田间观察时直接获得，如：插秧期、分蘖数、抽穗期、成熟期、倒伏度(级)、平方米穗数等；有些是室内考种项目获得，如株高、穗长、每穗粒数、不实率等；但在报告中就只选几项关键指标进行分析。

2.产量结果初步整理

根据老师或技术人员提供的试验项目，作物收获时每小区获得产量资料，进行产量分析。可用小区产量，也可以用单位产量。如表 9-2 的产量结果表所示。

3.室内测定结果资料初步整理

根据老师或技术人员提供的试验项目目的和作物类型，选定室内测定项目，参考国家或行业标准进行室内测定。

三、技能训练

根据老师或技术人员提供的试验项目进行试验资料的初步整理。

第二节 试验报告撰写

一、试验总结报告撰写

试验结束后，一般都要求试验单位撰写一份反映试验全过程和实施情况及创新发现的文字材料，以使人能对试验结果做正确的评估和利用，这一文字材料称为试验总结报告或技术论文。

试验总结的基本格式可概括为以下四个方面，各部分的写作内容要求如下：

1.标题

标题是对试验总结内容的高度概括，也是读者窥视全文的窗口，因此一定要下功夫拟好标题。标题应能充分体现出试验研究的代表性及独特之处，应能反映出供试作物类型或品种名称、试验因素及主要指标，有时也可在课题名称中反映出试验的时间与地点。如《诱蝇剂的不同悬挂高度对柑橘虫害的防效研究》《种植密度对冬种甜玉米鲜苞产量的影响》《木薯渣对平菇产量和品质的影响》等。

标题要求简练、清晰、确切，不宜太笼统、宽泛。如《豫西地区深秋阴雨低温天气对当地麦茬稻、春稻籽粒灌浆曲线的影响以及不同年份同一水稻品种千粒重变化特点的研究》，这样的标题显然冗长、啰嗦，而《低温天气对水稻的影响》又显得太宽泛，若改成《灌浆后期的低温天气对豫西水稻千粒重的影响》就比较恰当。

拟写标题时还要注意：一要题文相符，若研究工作不多或仅做了平常的试验，却冠以“×××的研究”或“×××机理的探讨”等就不太恰当，如果改成“×××问题的初探”或“对×××的观察”等较为合适。二要语言明确，要认真推敲标题的每一个字，严格限定所述内容的深度和范围。三要新颖简要，标题字数一般以20字以内为宜，不宜过长。四要用语恰当，不宜使用化学式、数学公式及商标名称等。五要居中书写，若数字较多需转行，断开处在文法上要自然，且两行的字数不宜差距过大。

2.作者署名

标题下要写出作者姓名及工作单位。集体撰写的论文，可按贡献大小依次署名，署名人数一般不宜超过六人，所有作者工作单位均要写全称。

3.摘要及关键词

摘要写作时要求做到短、精、准、明、完整和客观。“短”即行文简短扼要，字数一般在150～300字；“精”即字字推敲，添一字则显多余，减一字则显不足；“准”即忠实于原文，准确、严密地表达论文的内容；“明”即表述清楚明白、不含混；“完整”即应做到结构严谨、语言连贯、逻辑性强；“客观”即如实地浓缩本文内容，不加任何评论。摘要有时在试验总结中也可省略。

关键词是指能体现出论文研究范围的词语，一般有3～5个即可。

4.正文

试验总结的正文一般包括引言、材料和方法、结果与分析、小结与讨论（或总结）等四个部分内容。

(1)引言　主要包括试验研究的背景、理由、范围、方法、依据等。写作时要注意谨慎评价,切忌自我标榜、自吹自擂;不说客套话,长短适宜,一般为300～500字。

(2)材料和方法　要将试验材料、仪器、试剂、设计和方法写清楚,力求简洁。材料包括材料的品种、来源、数量;试验设计要写清是随机区组试验还是其他试验,试验地的位置、地力基础、前茬作物等;试验方法要说明采用何种方法、试验过程的操作管理措施、观察与记载项目和方法等。

(3)结果与分析　是论文的“心脏”,其内容包括:一要逐项说明试验结果;二要对试验结果做出定性、定量分析,说明结果的必然性。在写作时要注意:一要围绕主题,略去枝蔓,选择典型、最有说服力的材料,紧扣主题来写;二要实事求是反映结果;三要层次分明、条理有序;四要多种表述,配合适宜,要合理使用表、图、公式等。

(4)小结与讨论(或总结)　写作时要注意:第一,措辞严谨、贴切,不模棱两可。对有把握的结论,可用“证明”“证实”“说明”等表述,否则在表述时要留有余地;第二,实事求是地说明结论适用的范围;第三,对一些概括性或抽象性词语,必要时可举例说明;第四,结论部分不得引入新论点;第五,只有在证据非常充分情况下,才能否定别人结论。有时在总结末尾还要写出致谢、参考文献等内容。

二、试验总结的编写特点和要求

1.试验总结的写作特点

试验总结既有情报交流作用,又有资料保留作用。不少试验总结本身就是很有学术价值的科技文献。因此试验总结在写作时要体现以下特点:

(1)尊重客观事实　写试验总结必须尊重客观事实,以试验获得的数据为依据。真正反映客观规律,一般不加入个人见解。对试验的内容,观察到的现象和所做的结论,都要从客观事实出发,不弄虚作假。

(2)以叙述说明为主要表达方式　要如实地将试验的全过程,包括方案、方法、结果等,进行解说和阐述。切忌用华丽的词语来修饰。

(3)兼用图表公式　将试验记载获得的数据资料加以整理、归纳和运算,概括为图、表或经验公式,并附以必要的文字说明,不仅节省篇幅,而且有形象、直观的效果。

2.试验总结的写作要求

试验总结报告是科技工作者写作时经常使用的文体,因此应熟练其写作要求。试验总结报告的写作要求是:

(1)读者要明确　在动手写试验报告时,要弄清是为哪些人写的,如果是写给上级领导看的,就应该了解他是否是专家。如果不是,在写作时就要尽可能通俗,少用专门术语,如果使用术语则要加以说明,还可以用比喻、对比等手法使文章更生动。如果文章的读者是本行专家,文章就应尽可能简洁,大量地使用专门术语、图、表及数字公式。

(2)内容要可靠　试验报告的内容必须忠实于客观实际,向对方提供可靠的报告。无论是陈述研究过程,还是举出收集到的资料、调查的事实、观察试验所得到的数据,都必须客观、准确无误。

(3)论述要有条理　试验报告的文体重条理、重逻辑性。也就是说只要把情况和结论有条理地、依一定逻辑关系提出来，达到把情况讲清楚的目的即可。

(4)篇幅要短　试验报告的篇幅不要过长，如果内容过多，应用摘要的方式首先说明主要的问题和结论，同时还应把内容分成章节并用适当的标题把主要问题突出出来。

(5)观点要明确　客观材料和别人的思考方法要与作者的见解严格地区分开。作者要在报告中明确地表示出哪些是自己的观点。

技能训练 9-2　试验报告撰写

一、准备

(1)根据老师或技术人员提供的试验课题及要求，将全班同学按 2～4 人一组分成若干组。准备好试验数据整理与分析所需纸、笔、调查表等工具。

(2)通过网络、期刊查询，图书借阅等途径，查阅试验报告撰写的有关资料。

二、实施步骤

根据资料进行试验总结报告的撰写。

本章关键词

试验总结；试验数据处理与分析；报告的撰写

本章小结

本章介绍了试验数据的整理与分析及试验报告的撰写，通过上面的内容学习，学生应该掌握科学试验报告的写法，能把在实际工作中研究的问题总结出来。

附 表

附表 1　10 000 个随机数字表

	0～4	5～9	10～14	15～19	20～24	25～29	30～34	35～39	40～44	45～49
0	69 479	20 203	64 858	58 027	92 125	25 769	91 020	19 017	06 865	45 793
1	43 550	95 280	25 371	63 134	91 795	04 327	18 350	04 593	20 311	08 899
2	12 271	24 230	08 707	43 481	17 334	67 856	97 106	12 900	91 939	66 103
3	94 703	94 152	57 694	14 914	31 170	66 944	25 232	96 261	57 783	31 265
4	04 051	28 703	73 205	77 210	90 113	22 023	06 477	81 616	87 905	58 613
5	73 082	25 324	04 865	34 032	57 885	56 316	45 124	14 269	14 057	80 634
6	68 215	34 212	69 125	56 820	32 696	94 500	99 963	03 416	38 866	00 632
7	27 477	74 994	62 837	37 709	16 710	00 366	87 921	49 650	24 268	15 209
8	33 662	53 403	57 140	31 246	09 510	96 528	13 474	09 219	32 061	83 378
9	55 747	30 600	63 738	65 899	77 232	73 740	38 120	40 392	02 527	90 484
10	21 443	76 144	45 297	59 690	41 652	84 109	73 318	22 778	64 230	32 440
11	08 749	69 715	49 765	05 470	63 483	96 463	96 992	49 998	73 315	19 940
12	39 717	67 213	72 317	93 377	27 468	90 470	08 405	94 253	73 246	27 819
13	49 891	23 700	31 028	28 573	50 474	91 131	75 869	69 721	59 286	08 870
14	87 459	15 662	63 761	75 073	52 705	57 526	58 093	46 485	77 813	39 459
15	17 529	18 120	58 446	31 015	84 240	56 454	64 176	92 211	91 706	96 071
16	40 718	65 903	61 500	67 149	40 373	81 901	89 972	66 104	39 990	02 527
17	26 761	93 706	78 909	10 925	89 290	44 961	37 845	94 789	24 472	27 844
18	21 886	49 805	67 101	13 424	45 905	13 817	09 100	24 174	65 612	32 262
19	06 121	87 948	87 603	62 536	64 601	31 538	28 673	54 281	56 219	02 655
20	62 443	44 359	95 513	13 636	20 390	07 390	31 732	08 321	69 093	43 283
21	61 237	33 740	68 290	13 359	80 269	84 288	17 599	32 510	08 456	67 080
22	28 470	97 662	16 926	48 135	36 436	47 389	65 556	17 226	13 938	65 581
23	12 083	82 858	44 158	84 126	24 727	84 438	67 953	42 372	32 128	85 126
24	47 426	87 118	07 068	38 901	19 828	74 729	47 552	66 355	01 876	46 908
25	18 907	26 180	48 571	69 187	36 495	06 006	25 583	97 304	87 670	22 338
26	00 567	29 559	30 838	77 836	84 443	07 650	75 673	22 330	19 224	62 930
27	19 745	84 117	30 328	68 178	74 320	99 280	62 184	24 838	09 822	72 954
28	84 699	14 647	09 253	35 599	20 243	77 498	56 256	57 396	82 255	16 199
29	00 065	34 069	26 525	28 894	90 827	96 852	09 901	25 633	44 622	62 063

续附表 1

	0～4	5～9	10～14	15～19	20～24	25～29	30～34	35～39	40～44	45～49
30	22 367	88 952	65 655	55 220	27 453	44 950	60 051	11 866	69 098	36 535
31	55 601	87 263	47 923	55 216	88 910	74 925	16 691	12 714	48 327	34 557
32	53 046	82 252	58 280	74 600	91 906	46 831	54 940	43 314	77 087	73 086
33	47 276	29 027	97 992	20 023	33 326	47 147	38 552	34 572	15 550	01 826
34	73 725	37 740	17 745	63 068	95 809	57 541	33 293	77 691	55 271	70 489
35	22 626	26 119	68 872	49 561	01 376	27 343	54 249	47 930	46 755	32 666
36	55 602	67 670	31 282	07 691	38 728	50 130	18 292	91 306	51 603	40 125
37	37 260	16 946	99 599	28 761	15 156	86 150	85 831	52 747	41 880	17 338
38	14 102	90 472	97 971	04 398	79 821	59 381	66 389	79 922	14 856	47 143
39	84 128	14 124	72 666	43 438	06 010	78 685	32 474	50 318	81 119	23 482
40	49 083	86 721	92 944	64 061	52 605	64 972	96 187	12 566	66 789	36 910
41	22 511	07 760	60 027	85 306	82 524	35 107	96 667	17 819	52 803	78 690
42	94 083	87 865	04 596	23 381	79 582	73 562	72 685	12 882	13 524	01 269
43	83 634	89 939	41 162	20 263	12 401	23 190	14 769	74 397	25 326	86 359
44	44 942	80 177	71 485	79 856	48 403	29 079	24 259	35 037	41 757	65 224
45	11 663	26 827	86 318	88 931	85 599	74 428	52 831	00 505	13 161	76 955
46	11 195	44 112	80 904	37 039	65 630	13 399	02 399	42 596	82 361	37 545
47	33 088	90 839	94 022	29 002	20 707	06 298	13 675	46 191	51 381	78 982
48	18 317	14 764	79 522	01 075	80 977	18 213	65 350	61 732	54 691	82 788
49	98 486	57 840	58 774	96 347	24 953	84 037	23 914	46 812	28 211	31 089
50	06 815	38 577	61 359	40 035	54 729	49 238	50 420	34 964	66 847	83 349
51	95 106	28 832	90 503	63 774	64 014	96 165	28 408	69 822	96 923	43 673
52	13 320	25 478	36 774	91 833	57 724	79 252	23 985	35 602	41 756	57 761
53	52 689	29 724	77 491	19 396	01 112	36 060	22 154	15 068	40 024	39 111
54	62 006	11 045	92 817	28 666	00 894	88 144	12 022	22 957	45 503	24 914
55	09 274	68 125	04 738	92 756	82 824	03 722	94 107	21 854	91 852	89 422
56	89 534	31 371	51 142	82 667	29 088	87 688	67 017	91 275	62 556	68 299
57	70 765	70 037	19 455	91 226	77 318	90 793	52 829	43 853	29 734	77 296
58	64 301	32 528	66 259	39 774	61 932	92 374	75 346	52 088	09 937	50 836
59	02 435	62 353	13 797	85 713	21 901	71 499	42 615	80 378	66 025	12 163
60	01 021	61 858	75 284	51 470	12 167	98 753	39 578	10 825	11 626	01 678
61	02 126	76 439	28 392	02 011	66 119	63 084	60 188	28 105	00 793	39 549
62	32 719	91 212	10 679	09 192	15 037	63 121	71 817	17 267	32 957	19 345
63	50 406	81 155	64 984	49 404	21 268	30 499	62 771	95 247	74 642	70 920
64	29 437	26 591	28 096	39 980	91 477	15 126	43 384	44 077	57 320	83 405

续附表 1

	0～4	5～9	10～14	15～19	20～24	25～29	30～34	35～39	40～44	45～49
65	76 582	25 697	73 104	20 231	58 582	18 759	87 615	90 744	54 904	86 907
66	57 478	45 956	79 372	04 740	25 327	77 127	50 643	87 266	59 325	26 246
67	94 447	99 984	95 869	35 836	80 653	55 773	58 090	60 143	35 034	94 255
68	52 648	62 339	97 183	02 620	84 925	60 543	71 974	46 377	26 275	20 350
69	40 068	57 170	43 084	17 041	72 380	78 565	37 855	12 146	23 698	77 010
70	39 360	70 168	98 544	49 394	73 221	81 597	82 921	46 538	26 247	48 061
71	16 055	23 902	60 160	57 310	14 958	38 767	04 437	19 303	17 339	05 838
72	45 077	34 583	18 022	17 197	32 896	53 890	28 819	32 109	31 877	89 605
73	76 273	72 623	90 072	22 335	46 165	75 739	02 920	06 582	44 497	05 042
74	86 653	60 277	47 043	03 739	48 337	20 909	24 251	96 332	63 839	67 943
75	18 432	01 447	66 910	92 062	64 553	71 577	16 268	59 200	01 129	72 902
76	50 867	97 291	15 047	77 412	91 236	19 279	17 539	02 289	33 053	26 895
77	53 358	03 087	59 853	50 404	46 419	46 229	46 319	72 893	63 286	96 314
78	08 053	85 864	11 702	44 418	78 997	04 915	74 713	16 658	92 623	34 856
79	36 765	42 431	56 411	27 060	34 227	70 897	81 667	12 263	74 293	91 297
80	03 290	94 564	08 250	72 871	48 113	51 110	50 817	31 303	01 342	67 655
81	66 205	11 788	41 580	14 631	93 284	16 031	30 780	72 156	57 655	50 956
82	32 819	30 265	54 408	01 332	31 089	20 972	38 360	56 185	82 169	15 499
83	90 979	77 700	73 358	91 571	08 061	20 186	63 633	03 095	84 859	82 827
84	88 921	89 801	80 110	85 726	72 269	50 765	08 056	19 206	58 491	82 784
85	86 187	63 622	58 033	82 404	41 957	11 139	44 343	21 130	26 622	22 552
86	87 924	00 998	35 784	52 725	47 447	45 965	43 953	96 469	72 909	87 371
87	64 114	25 683	38 995	31 009	40 910	07 955	89 745	22 570	45 402	65 072
88	81 187	72 413	80 944	55 435	20 743	94 384	99 283	57 935	24 047	80 908
89	41 937	71 895	56 727	01 141	70 395	92 134	18 470	47 196	86 882	68 774
90	44 250	38 323	06 694	46 207	02 288	10 380	90 267	96 306	03 793	03 215
91	24 792	84 086	46 878	42 324	72 118	71 229	59 087	14 044	23 970	87 703
92	05 710	34 066	94 264	19 317	99 928	40 553	54 471	17 452	72 262	29 862
93	08 570	29 135	07 927	82 488	58 083	35 783	03 352	08 913	68 049	92 381
94	05 758	08 375	30 553	55 884	71 254	71 756	06 596	30 917	78 233	32 374
95	70 356	27 269	52 909	37 372	97 475	29 257	63 540	76 615	00 995	82 423
96	95 857	62 775	90 114	04 715	58 352	49 129	19 021	95 006	46 513	33 208
97	78 017	47 526	89 247	03 344	00 917	90 394	25 450	17 466	22 717	68 818
98	78 714	42 232	76 779	24 651	20 259	26 320	71 974	34 035	01 493	88 900
99	90 620	39 366	50 797	55 748	04 754	42 454	09 683	35 558	02 286	02 713

续附表 1

	50～54	55～59	60～64	65～69	70～74	75～79	80～84	85～89	90～94	95～99
0	51 756	60 782	81 023	09 595	82 784	21 108	34 328	12 118	87 373	08 711
1	74 300	49 986	18 846	02 589	51 815	87 783	41 513	97 148	82 333	18 287
2	68 035	52 369	18 540	33 186	99 893	17 997	90 110	73 215	85 670	25 604
3	20 919	36 807	44 195	79 910	09 258	85 945	32 334	50 771	44 951	47 067
4	34 590	68 506	25 292	87 351	99 046	70 416	83 795	57 554	18 695	43 388
5	29 870	64 234	85 931	20 620	28 272	27 103	96 340	95 169	54 047	23 281
6	04 735	97 310	37 943	36 178	69 364	81 127	56 048	00 854	16 660	32 568
7	40 844	87 734	68 735	02 333	85 026	49 257	26 623	12 180	27 413	73 488
8	78 433	33 049	99 867	81 578	26 161	36 401	70 242	78 925	37 764	77 777
9	24 897	76 206	56 681	29 431	50 953	86 813	42 623	06 689	98 972	39 355
10	22 338	54 838	11 735	68 642	98 716	29 235	15 279	59 288	24 094	99 267
11	19 442	42 611	76 394	55 838	18 333	97 290	18 649	42 921	73 394	44 809
12	48 959	71 850	54 781	17 435	43 624	12 713	28 622	46 685	98 366	82 302
13	47 063	71 208	70 069	98 935	32 733	35 858	74 266	41 327	64 519	71 376
14	46 073	82 634	13 685	89 028	15 188	80 889	19 762	50 138	43 095	26 222
15	08 545	72 755	61 430	33 578	09 510	83 071	64 357	50 386	81 621	81 869
16	45 947	57 693	69 743	75 749	59 519	96 540	51 721	33 571	40 376	61 627
17	27 331	25 331	28 792	75 219	57 980	34 504	66 670	61 232	99 329	34 744
18	57 608	77 283	68 550	42 350	62 913	08 080	42 207	68 509	46 764	33 035
19	72 284	60 286	21 955	48 267	65 536	23 964	33 839	01 203	25 221	68 581
20	71 405	11 788	39 407	93 756	97 553	79 250	19 853	74 161	25 497	99 476
21	34 462	64 586	66 968	63 255	74 380	69 171	43 053	42 025	53 686	70 174
22	41 001	39 138	42 773	43 430	26 981	44 432	99 689	97 607	87 447	68 255
23	57 108	32 713	17 768	53 947	99 124	95 864	20 797	54 936	45 018	75 352
24	98 326	61 300	82 066	20 512	54 377	68 018	42 144	53 409	25 405	66 211
25	30 588	93 446	63 619	37 905	45 250	28 633	20 733	33 595	19 716	44 460
26	64 725	52 615	08 811	55 353	63 106	91 450	03 728	34 506	04 452	36 627
27	00 351	45 385	38 720	36 511	77 594	37 500	85 805	85 796	31 633	63 592
28	94 354	48 138	21 669	04 795	99 185	95 294	62 416	62 869	00 558	79 370
29	57 244	60 066	59 308	28 789	28 339	12 873	70 658	75 584	54 123	11 795
30	20 222	57 994	72 163	98 855	78 668	25 913	48 264	02 746	12 465	75 220
31	55 178	54 110	16 377	79 699	35 635	27 480	64 467	21 836	61 347	01 401
32	30 288	90 266	70 555	12 637	22 735	14 059	02 882	33 346	21 901	69 243
33	83 604	63 973	26 271	55 712	19 759	13 765	02 547	10 899	58 170	65 903
34	96 986	38 488	79 680	15 055	58 795	51 282	78 415	32 474	61 873	80 119

续附表 1

	50～54	55～59	60～64	65～69	70～74	75～79	80～84	85～89	90～94	95～99
35	38 893	34 464	48 658	48 272	18 581	01 448	37 172	40 784	07 900	85 512
36	05 445	38 508	08 430	11 483	98 299	91 139	11 276	60 289	46 196	34 577
37	29 614	85 339	95 761	81 394	87 119	38 805	00 235	37 547	83 204	58 411
38	52 536	24 773	79 954	62 679	49 401	25 338	42 387	10 589	68 761	09 203
39	47 512	65 001	60 878	67 221	79 207	55 141	84 578	77 750	01 847	57 103
40	05 415	62 092	65 364	25 380	41 306	91 348	28 844	28 404	56 997	17 918
41	44 003	00 307	68 396	20 138	59 824	20 641	16 124	77 307	67 030	31 092
42	82 181	76 883	43 315	80 663	01 961	39 293	15 325	69 525	63 148	69 268
43	39 429	95 751	05 547	97 373	34 078	93 573	39 888	72 441	92 139	45 818
44	79 113	64 079	48 509	58 544	30 627	15 388	69 294	77 246	68 284	01 599
45	95 443	83 158	18 312	79 965	96 198	53 293	91 782	87 641	00 567	95 529
46	09 319	59 150	04 021	75 659	72 351	23 288	42 375	76 276	30 163	57 633
47	67 854	35 025	02 454	90 575	45 257	03 078	28 212	02 118	63 291	08 319
48	83 185	84 831	67 380	30 014	36 376	71 340	84 630	00 593	25 193	83 222
49	59 577	90 210	29 216	49 918	61 229	32 726	70 482	28 472	11 017	84 908
50	58 368	02 126	48 401	28 021	60 854	75 667	66 594	50 991	36 363	39 618
51	06 092	90 114	91 538	59 405	98 023	68 746	14 285	29 526	39 837	16 301
52	54 760	86 290	30 434	33 184	71 236	45 588	06 635	88 319	76 299	34 001
53	65 617	54 825	47 657	84 561	33 598	21 609	77 784	13 922	42 127	38 331
54	15 921	25 686	15 414	26 386	15 355	60 946	68 691	35 693	00 586	02 759
55	09 331	10 966	22 892	06 849	93 088	83 416	50 594	70 992	99 286	82 701
56	21 296	92 475	53 306	48 530	29 771	92 795	93 814	28 756	13 519	25 743
57	46 661	27 750	53 455	56 472	74 715	45 470	36 319	43 800	86 751	55 052
58	01 537	70 230	40 647	71 656	87 739	36 509	83 010	11 531	01 018	18 879
59	26 043	70 972	85 377	34 638	35 949	90 071	03 314	14 709	39 623	33 584
60	01 192	52 170	99 633	80 310	26 626	23 637	94 694	86 016	43 013	15 714
61	40 078	42 383	93 248	89 334	29 320	71 682	32 488	99 324	38 589	84 215
62	25 161	47 936	28 572	77 450	12 219	17 118	03 027	63 877	75 612	64 922
63	24 713	55 748	12 497	06 503	01 395	83 497	31 443	17 662	83 520	57 255
64	11 857	37 471	29 619	63 401	81 175	42 479	53 762	15 883	10 533	99 800
65	52 981	76 808	39 161	20 117	94 489	17 357	66 436	37 067	52 344	80 644
66	64 478	77 461	89 888	04 412	30 649	75 522	21 963	90 617	06 921	16 198
67	17 043	36 944	29 949	24 070	08 830	71 736	01 369	71 379	66 980	59 608
68	20 961	93 920	97 113	43 655	20 626	49 910	66 133	97 513	54 638	69 376
69	02 394	54 750	70 214	96 223	20 349	90 299	51 540	90 720	42 246	05 881

续附表 1

	50～54	55～59	60～64	65～69	70～74	75～79	80～84	85～89	90～94	95～99
70	82 622	88 429	34 592	72 786	38 648	01 702	44 978	62 563	15 423	47 329
71	51 111	79 684	57 597	53 882	83 804	08 900	95 625	99 481	98 014	76 453
72	16 602	73 633	71 248	87 693	64 354	26 281	73 590	10 767	64 600	93 171
73	06 628	50 270	29 422	82 251	37 786	22 622	78 213	06 671	57 786	32 902
74	49 510	99 179	92 938	32 030	45 629	46 372	65 013	45 131	38 921	05 919
75	34 821	24 518	08 196	94 036	76 370	87 851	03 910	77 159	76 252	55 836
76	69 976	50 096	44 668	59 120	83 985	70 935	02 997	62 060	32 944	73 334
77	13 279	38 649	10 682	45 773	00 559	95 034	98 989	68 330	35 431	84 025
78	41 629	47 076	07 558	50 735	88 044	48 780	39 716	16 093	12 764	37 073
79	97 392	48 990	89 864	91 518	25 438	07 430	41 673	64 358	42 070	42 517
80	97 913	48 698	71 573	22 704	82 570	94 934	72 853	00 742	34 948	86 054
81	64 818	71 890	94 092	61 097	07 284	79 581	62 561	15 147	87 726	29 670
82	97 950	76 534	03 301	30 494	97 434	77 811	28 625	42 694	10 120	67 744
83	39 919	28 856	42 760	11 923	86 890	54 692	00 376	61 652	40 955	96 599
84	43 628	25 933	31 177	42 916	38 303	94 761	08 590	88 319	70 165	82 436
85	90 369	04 751	22 896	32 959	87 650	84 662	54 346	98 689	90 887	77 975
86	58 134	84 081	81 312	09 906	88 636	25 441	97 606	00 350	32 980	00 440
87	65 333	55 056	85 496	19 842	79 394	22 870	27 560	22 546	60 115	30 995
88	16 968	01 809	62 444	05 715	89 871	44 854	29 686	14 439	72 665	71 841
89	77 359	85 831	60 333	01 106	81 105	79 535	50 201	34 060	47 320	43 131
90	60 220	34 550	18 669	90 105	36 432	26 111	50 141	85 190	90 172	43 349
91	25 292	06 552	65 466	62 933	84 915	30 662	19 529	91 618	85 940	54 237
92	66 285	02 668	69 005	66 841	46 724	05 523	33 504	87 574	39 871	80 351
93	96 850	99 877	65 088	77 729	04 932	30 567	23 599	10 249	80 538	61 750
94	42 915	63 588	05 474	53 165	22 668	31 607	87 033	67 181	37 940	95 435
95	14 440	42 061	63 504	59 088	13 341	75 938	11 785	75 993	12 201	77 426
96	81 410	90 242	95 555	30 826	15 975	50 556	76 656	95 135	64 544	41 876
97	02 016	29 554	02 265	22 761	02 218	15 269	53 856	18 960	58 160	37 503
98	75 432	19 336	13 693	79 346	33 239	27 470	50 927	99 675	42 531	32 425
99	34 544	27 732	13 186	64 106	16 007	80 687	20 379	82 437	30 681	78 824

附表 2　累积正态分布 $F_N(u)$ 值表

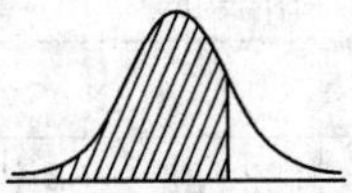

u	−0.09	−0.08	−0.07	−0.06	−0.05	−0.04	−0.03	−0.02	−0.01	−0.00
−3.0	0.00100	0.00104	0.00107	0.00111	0.00114	0.00118	0.00122	0.00126	0.00131	0.00135
−2.9	0.001 39	0.001 44	0.001 49	0.001 54	0.001 59	0.001 64	0.001 69	0.001 75	0.001 81	0.001 87
−2.8	0.001 93	0.001 99	0.002 05	0.002 12	0.002 19	0.002 26	0.002 33	0.002 40	0.002 48	0.002 56
−2.7	0.002 64	0.002 72	0.002 80	0.002 89	0.002 98	0.003 07	0.003 17	0.003 26	0.003 36	0.003 47
−2.6	0.003 57	0.003 68	0.003 79	0.003 91	0.004 02	0.004 15	0.004 27	0.004 40	0.004 53	0.004 66
−2.5	0.004 80	0.004 94	0.005 08	0.005 23	0.005 39	0.005 54	0.005 70	0.005 87	0.006 04	0.006 21
−2.4	0.006 39	0.006 57	0.006 76	0.006 95	0.007 14	0.007 34	0.007 55	0.007 76	0.007 98	0.008 20
−2.3	0.008 42	0.008 66	0.008 89	0.009 14	0.009 39	0.009 64	0.009 90	0.010 17	0.010 44	0.010 72
−2.2	0.011 01	0.011 30	0.011 60	0.011 91	0.012 22	0.012 55	0.012 87	0.013 21	0.013 55	0.013 90
−2.1	0.014 26	0.014 63	0.015 00	0.015 39	0.015 78	0.016 18	0.016 59	0.017 00	0.017 43	0.017 86
−2.0	0.018 31	0.018 76	0.019 23	0.019 70	0.020 18	0.020 68	0.021 18	0.021 69	0.022 22	0.022 75
−1.9	0.023 30	0.023 85	0.024 42	0.025 00	0.025 59	0.026 19	0.026 80	0.027 43	0.028 07	0.028 72
−1.8	0.029 38	0.030 05	0.030 74	0.031 44	0.032 16	0.032 88	0.033 62	0.034 38	0.035 15	0.035 93
−1.7	0.036 73	0.037 54	0.038 36	0.039 20	0.040 06	0.040 93	0.041 82	0.042 72	0.043 63	0.044 57
−1.6	0.045 51	0.046 48	0.047 46	0.048 46	0.049 47	0.050 50	0.051 55	0.052 62	0.053 70	0.054 80
−1.5	0.055 92	0.057 05	0.058 21	0.059 38	0.060 57	0.061 78	0.063 01	0.064 26	0.065 52	0.066 81
−1.4	0.068 11	0.069 44	0.070 78	0.072 15	0.073 53	0.074 93	0.076 36	0.077 80	0.079 27	0.080 76
−1.3	0.082 26	0.083 79	0.085 34	0.086 91	0.088 51	0.090 12	0.091 76	0.093 42	0.095 10	0.096 80
−1.2	0.098 53	0.100 27	0.102 04	0.103 83	0.105 65	0.107 49	0.109 35	0.111 23	0.113 14	0.115 07
−1.1	0.117 02	0.119 00	0.121 00	0.123 02	0.125 07	0.127 14	0.129 24	0.131 36	0.133 50	0.135 67
−1.0	0.137 86	0.140 07	0.142 31	0.144 57	0.146 86	0.149 17	0.151 51	0.153 86	0.156 25	0.158 66
−0.9	0.161 09	0.163 54	0.166 02	0.168 53	0.171 06	0.173 61	0.176 19	0.178 79	0.181 41	0.184 06
−0.8	0.186 73	0.189 43	0.192 15	0.194 89	0.197 66	0.200 45	0.203 27	0.206 11	0.208 97	0.211 86
−0.7	0.214 76	0.217 70	0.220 65	0.223 63	0.226 63	0.229 65	0.232 70	0.235 76	0.238 85	0.241 96
−0.6	0.245 10	0.248 25	0.251 43	0.254 63	0.257 85	0.261 09	0.264 35	0.267 63	0.270 93	0.274 25
−0.5	0.277 60	0.280 96	0.284 34	0.287 74	0.291 16	0.294 60	0.298 06	0.301 53	0.305 03	0.308 54
−0.4	0.312 07	0.315 61	0.319 18	0.322 76	0.326 36	0.329 97	0.333 60	0.337 24	0.340 90	0.344 58
−0.3	0.348 27	0.351 97	0.355 69	0.359 42	0.363 17	0.366 93	0.370 70	0.374 48	0.378 28	0.382 09
−0.2	0.385 91	0.389 74	0.393 58	0.397 43	0.401 29	0.405 17	0.409 05	0.412 94	0.416 83	0.420 74
−0.1	0.424 65	0.428 58	0.432 51	0.436 44	0.440 38	0.444 33	0.448 28	0.452 24	0.456 20	0.460 17
−0.0	0.464 14	0.468 12	0.472 10	0.476 08	0.480 06	0.484 05	0.488 03	0.492 02	0.496 01	0.500 00

续附表 2

u	0.00	0.01	0.02	0.03	0.04	0.05	0.06	0.07	0.08	0.09
0.0	0.500 00	0.503 99	0.507 98	0.511 97	0.515 95	0.519 94	0.523 92	0.527 90	0.531 88	0.535 86
0.1	0.539 83	0.543 80	0.547 76	0.551 72	0.555 67	0.559 62	0.563 56	0.567 49	0.571 42	0.575 35
0.2	0.579 26	0.583 17	0.587 06	0.590 95	0.594 83	0.598 71	0.602 57	0.606 42	0.610 26	0.614 09
0.3	0.617 91	0.621 72	0.625 52	0.629 30	0.633 07	0.636 83	0.640 58	0.644 31	0.648 03	0.651 73
0.4	0.655 42	0.659 10	0.662 76	0.666 40	0.670 03	0.673 64	0.677 24	0.680 82	0.684 39	0.687 93
0.5	0.691 46	0.694 97	0.698 47	0.701 94	0.705 40	0.708 84	0.712 26	0.715 66	0.719 04	0.722 40
0.6	0.725 75	0.729 07	0.732 37	0.735 65	0.738 91	0.742 15	0.745 37	0.748 57	0.751 75	0.754 90
0.7	0.758 04	0.761 15	0.764 24	0.767 30	0.770 35	0.773 37	0.776 37	0.779 35	0.782 30	0.785 24
0.8	0.788 14	0.791 03	0.793 89	0.796 73	0.799 55	0.802 34	0.805 11	0.807 85	0.810 57	0.813 27
0.9	0.815 94	0.818 59	0.821 21	0.823 81	0.826 39	0.828 94	0.831 47	0.833 98	0.836 46	0.838 91
1.0	0.841 34	0.843 75	0.846 14	0.848 49	0.850 83	0.853 14	0.855 43	0.857 69	0.859 93	0.862 14
1.1	0.864 33	0.866 50	0.868 64	0.870 76	0.872 86	0.874 93	0.876 98	0.879 00	0.881 00	0.882 98
1.2	0.884 93	0.886 86	0.888 77	0.890 65	0.892 51	0.894 35	0.896 17	0.897 96	0.899 73	0.901 47
1.3	0.903 20	0.904 90	0.906 58	0.908 24	0.909 88	0.911 49	0.913 09	0.914 66	0.916 21	0.917 74
1.4	0.919 24	0.920 73	0.922 20	0.923 64	0.925 07	0.926 47	0.927 85	0.929 22	0.930 56	0.931 89
1.5	0.933 19	0.934 48	0.935 74	0.936 99	0.938 22	0.939 43	0.940 62	0.941 79	0.942 95	0.944 08
1.6	0.945 20	0.946 30	0.947 38	0.948 45	0.949 50	0.950 53	0.951 54	0.952 54	0.953 52	0.954 49
1.7	0.955 43	0.956 37	0.957 28	0.958 18	0.959 07	0.959 94	0.960 80	0.961 64	0.962 46	0.963 27
1.8	0.964 07	0.964 85	0.965 62	0.966 38	0.967 12	0.967 84	0.968 56	0.969 26	0.969 95	0.970 62
1.9	0.971 28	0.971 93	0.972 57	0.973 20	0.973 81	0.974 41	0.975 00	0.975 58	0.976 15	0.976 70
2.0	0.977 25	0.977 78	0.978 31	0.978 82	0.979 32	0.979 82	0.980 30	0.980 77	0.981 24	0.981 69
2.1	0.982 14	0.982 57	0.983 00	0.983 41	0.983 82	0.984 22	0.984 61	0.985 00	0.985 37	0.985 74
2.2	0.986 10	0.986 45	0.986 79	0.987 13	0.987 45	0.987 78	0.988 09	0.988 40	0.988 70	0.988 99
2.3	0.989 28	0.989 56	0.989 83	0.990 10	0.990 36	0.990 61	0.990 86	0.991 11	0.991 34	0.991 58
2.4	0.991 80	0.992 02	0.992 24	0.992 45	0.992 66	0.992 86	0.993 05	0.993 24	0.993 43	0.993 61
2.5	0.993 79	0.993 96	0.994 13	0.994 30	0.994 46	0.994 61	0.994 77	0.994 92	0.995 06	0.995 20
2.6	0.995 34	0.995 47	0.995 60	0.995 73	0.995 85	0.995 98	0.996 09	0.996 21	0.996 32	0.996 43
2.7	0.996 53	0.996 64	0.996 74	0.996 83	0.996 93	0.997 02	0.997 11	0.997 20	0.997 28	0.997 36
2.8	0.997 44	0.997 52	0.997 60	0.997 67	0.997 74	0.997 81	0.997 88	0.997 95	0.998 01	0.998 07
2.9	0.998 13	0.998 19	0.998 25	0.998 31	0.998 36	0.998 41	0.998 46	0.998 51	0.998 56	0.998 61
3.0	0.998 65	0.998 69	0.998 74	0.998 78	0.998 82	0.998 86	0.998 89	0.998 93	0.998 96	0.999 00

附表 3　正态离差 u_α 值表(两尾)

$$\alpha=1-\frac{1}{\sqrt{2\pi}}\int_{-u_\alpha}^{u_\alpha} e^{-\frac{u^2}{2}}du$$

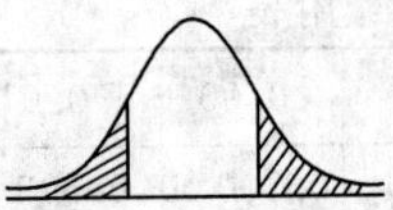

α	0.01	0.02	0.03	0.04	0.05	0.06	0.07	0.08	0.09	0.10
0.00	2.575 829	2.326 348	2.170 090	2.053 749	1.959 964	1.880 794	1.811 911	1.750 686	1.695 398	1.644 854
0.10	1.598 193	1.554 774	1.514 102	1.475 791	1.439 531	1.405 072	1.372 204	1.340 755	1.310 579	1.281 552
0.20	1.253 565	1.226 528	1.200 359	1.174 987	1.150 349	1.126 391	1.103 063	1.080 319	1.058 122	1.036 433
0.30	1.0152 22	0.9944 58	0.9741 14	0.9541 65	0.9345 89	0.9153 65	0.8964 73	0.8778 96	0.8596 17	0.8416 21
0.40	0.823 894	0.806 421	0.789 192	0.772 193	0.755 415	0.738 847	0.722 479	0.706 303	0.690 309	0.674 490
0.50	0.658 838	0.643 345	0.628 006	0.612 813	0.597 760	0.582 842	0.568 051	0.553 385	0.538 836	0.524 401
0.60	0.510 073	0.495 850	0.481 727	0.467 699	0.453 762	0.439 913	0.426 148	0.412 463	0.398 855	0.385 320
0.70	0.371 856	0.358 459	0.345 126	0.331 853	0.318 639	0.305 481	0.292 375	0.279 319	0.266 311	0.253 347
0.80	0.240 426	0.227 545	0.214 702	0.201 893	0.189 118	0.176 374	0.163 658	0.150 969	0.138 304	0.125 661
0.90	0.113 039	0.100 434	0.087 845	0.075 270	0.062 707	0.050 154	0.037 608	0.025 069	0.012 533	0.000 000

附表 4　学生氏 t 值表（两尾）

$P(|t|>t_\alpha)=\alpha$

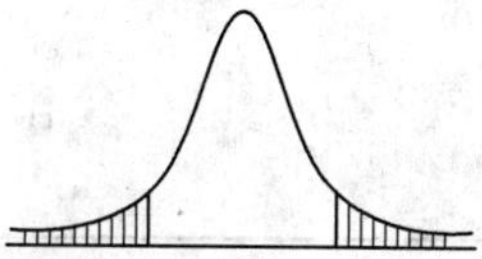

自由度 ν	概率值（P）0.500	0.400	0.200	0.100	0.05	0.025	0.010	0.005	0.001
1	1.000	1.376	3.078	6.314	12.706	25.452	63.657	127.321	636.619
2	0.816	1.061	1.886	2.920	4.303	6.205	9.925	14.089	31.599
3	0.765	0.978	1.638	2.353	3.182	4.177	5.841	7.453	12.924
4	0.741	0.941	1.533	2.132	2.776	3.495	4.604	5.598	8.610
5	0.727	0.920	1.476	2.015	2.571	3.163	4.032	4.773	6.869
6	0.718	0.906	1.440	1.943	2.447	2.969	3.707	4.317	5.959
7	0.711	0.896	1.415	1.895	2.365	2.841	3.499	4.029	5.408
8	0.706	0.889	1.397	1.860	2.306	2.752	3.355	3.833	5.041
9	0.703	0.883	1.383	1.833	2.262	2.685	3.250	3.690	4.781
10	0.700	0.879	1.372	1.812	2.228	2.634	3.169	3.581	4.587
11	0.697	0.876	1.363	1.796	2.201	2.593	3.106	3.497	4.437
12	0.695	0.873	1.356	1.782	2.179	2.560	3.055	3.428	4.318
13	0.694	0.870	1.350	1.771	2.160	2.533	3.012	3.372	4.221
14	0.692	0.868	1.345	1.761	2.145	2.510	2.977	3.326	4.140
15	0.691	0.866	1.341	1.753	2.131	2.490	2.947	3.286	4.073
16	0.690	0.865	1.337	1.746	2.120	2.473	2.921	3.252	4.015
17	0.689	0.863	1.333	1.740	2.110	2.458	2.898	3.222	3.965
18	0.688	0.862	1.330	1.734	2.101	2.445	2.878	3.197	3.922
19	0.688	0.861	1.328	1.729	2.093	2.433	2.861	3.174	3.883
20	0.687	0.860	1.325	1.725	2.086	2.423	2.845	3.153	3.850
21	0.686	0.859	1.323	1.721	2.080	2.414	2.831	3.135	3.819
22	0.686	0.858	1.321	1.717	2.074	2.405	2.819	3.119	3.792
23	0.685	0.858	1.319	1.714	2.069	2.398	2.807	3.104	3.768
24	0.685	0.857	1.318	1.711	2.064	2.391	2.797	3.091	3.754
25	0.684	0.856	1.316	1.708	2.060	2.385	2.787	3.078	3.725
26	0.684	0.856	1.315	1.706	2.056	2.379	2.779	3.067	3.707
27	0.684	0.855	1.314	1.703	2.052	2.373	2.771	3.057	3.690
28	0.683	0.855	1.313	1.701	2.048	2.368	2.763	3.047	3.674
29	0.683	0.854	1.311	1.699	2.045	2.364	2.756	3.038	3.659
30	0.683	0.854	1.310	1.697	2.042	2.360	2.750	3.030	3.646
35	0.682	0.852	1.306	1.690	2.030	2.342	2.724	2.996	3.591
40	0.681	0.851	1.303	1.684	2.021	2.329	2.704	2.971	3.551
45	0.680	0.850	1.301	1.679	2.014	2.319	2.690	2.952	3.520
50	0.679	0.849	1.299	1.676	2.009	2.311	2.678	2.937	3.496
55	0.679	0.848	1.297	1.673	2.004	2.304	2.668	2.925	3.476
60	0.679	0.848	1.296	1.671	2.000	2.299	2.660	2.915	3.460
70	0.678	0.847	1.294	1.667	1.994	2.291	2.648	2.899	3.435
80	0.678	0.846	1.292	1.664	1.990	2.284	2.639	2.887	3.416
90	0.677	0.846	1.291	1.662	1.987	2.280	2.632	2.878	3.402
100	0.677	0.845	1.290	1.660	1.984	2.276	2.626	2.871	3.390
110	0.677	0.845	1.289	1.659	1.982	2.272	2.621	2.865	3.381
120	0.677	0.845	1.289	1.658	1.980	2.270	2.617	2.860	3.373
∞	0.6745	0.8416	1.2816	1.6448	1.9600	2.2414	2.5758	2.8070	3.2905

附表 5　5%(上)和 1%(下)点 F 值表(一尾)

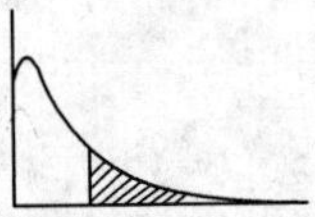

ν_2 \ ν_1	1	2	3	4	5	6	7	8	9	10	11	12
1	161.45	199.50	215.71	224.58	230.16	233.99	236.77	238.88	240.54	241.88	242.98	243.91
	4 052.18	4 999.50	5 403.35	5 624.58	5 763.65	5 858.99	5 928.36	5 981.07	6 022.47	6 055.85	6 083.32	6 106.32
2	18.51	19.00	19.16	19.25	19.30	19.33	19.35	19.37	19.38	19.40	19.40	19.41
	98.50	99.00	99.17	99.25	99.30	99.33	99.36	99.37	99.39	99.40	99.41	99.42
3	10.13	9.55	9.28	9.12	9.01	8.94	8.89	8.85	8.81	8.79	8.76	8.74
	34.12	30.82	29.46	28.71	28.24	27.91	27.67	27.49	27.35	27.23	27.13	27.05
4	7.71	6.94	6.59	6.39	6.26	6.16	6.09	6.04	6.00	5.96	5.94	5.91
	21.20	18.00	16.69	15.98	15.52	15.21	14.98	14.80	14.66	14.55	14.45	14.37
5	6.61	5.79	5.41	5.19	5.05	4.95	4.88	4.82	4.77	4.74	4.70	4.68
	16.26	13.27	12.06	11.39	10.97	10.67	10.46	10.29	10.16	10.05	9.96	9.89
6	5.99	5.14	4.76	4.53	4.39	4.28	4.21	4.15	4.10	4.06	4.03	4.00
	13.75	10.92	9.78	9.15	8.75	8.47	8.26	8.10	7.98	7.87	7.79	7.72
7	5.59	4.74	4.35	4.12	3.97	3.87	3.79	3.73	3.68	3.64	3.60	3.57
	12.25	9.55	8.45	7.85	7.46	7.19	6.99	6.84	6.72	6.62	6.54	6.47
8	5.32	4.46	4.07	3.84	3.69	3.58	3.50	3.44	3.39	3.35	3.31	3.28
	11.26	8.65	7.59	7.01	6.63	6.37	6.18	6.03	5.91	5.81	5.73	5.67
9	5.12	4.26	3.86	3.63	3.48	3.37	3.29	3.23	3.18	3.14	3.10	3.07
	10.56	8.02	6.99	6.42	6.06	5.80	5.61	5.47	5.35	5.26	5.18	5.11
10	4.96	4.10	3.71	3.48	3.33	3.22	3.14	3.07	3.02	2.98	2.94	2.91
	10.04	7.56	6.55	5.99	5.64	5.39	5.20	5.06	4.94	4.85	4.77	4.71
11	4.84	3.98	3.59	3.36	3.20	3.09	3.01	2.95	2.90	2.85	2.82	2.79
	9.65	7.21	6.22	5.67	5.32	5.07	4.89	4.74	4.63	4.54	4.46	4.40
12	4.75	3.89	3.49	3.26	3.11	3.00	2.91	2.85	2.80	2.75	2.72	2.69
	9.33	6.93	5.95	5.41	5.06	4.82	4.64	4.50	4.39	4.30	4.22	4.16
13	4.67	3.81	3.41	3.18	3.03	2.92	2.83	2.77	2.71	2.67	2.63	2.60
	9.07	6.70	5.74	5.21	4.86	4.62	4.44	4.30	4.19	4.10	4.02	3.96
14	4.60	3.74	3.34	3.11	2.96	2.85	2.76	2.70	2.65	2.60	2.57	2.53
	8.86	6.51	5.56	5.04	4.69	4.46	4.28	4.14	4.03	4.94	3.86	3.80
15	4.54	3.68	3.29	3.06	2.90	2.79	2.71	2.64	2.59	2.54	2.51	2.48
	8.68	6.36	5.42	4.89	4.56	4.32	4.14	4.00	3.89	3.80	3.73	3.67
16	4.49	3.63	3.24	3.01	2.85	2.74	2.66	2.59	2.54	2.49	2.46	2.42
	8.53	6.23	5.29	4.77	4.44	4.20	4.03	3.89	3.78	3.69	3.62	3.55
17	4.45	3.59	3.20	2.96	2.81	2.70	2.61	2.55	2.49	2.45	2.41	2.38
	8.40	6.11	5.18	4.67	4.34	4.10	3.93	3.79	3.68	3.59	3.52	3.46

续附表 5

ν_2	ν_1 1	2	3	4	5	6	7	8	9	10	11	12
18	4.41	3.55	3.16	2.93	2.77	2.66	2.58	2.51	2.46	2.41	2.37	2.34
	8.29	6.01	5.09	4.58	4.25	4.01	3.84	3.71	3.60	3.51	3.43	3.73
19	4.38	3.52	3.13	2.90	2.74	2.63	2.54	2.48	2.42	2.38	2.34	2.31
	8.18	5.93	5.01	4.50	4.17	3.94	3.77	3.63	3.52	3.43	3.36	3.30
20	4.35	3.49	3.10	2.87	2.71	2.60	2.51	2.45	2.39	2.35	2.31	2.28
	8.10	5.85	4.94	4.43	4.10	3.87	3.70	3.56	3.46	3.37	3.29	3.23
21	4.32	3.47	3.07	2.84	2.68	2.57	2.49	2.42	2.37	2.32	2.28	2.25
	8.02	5.78	4.87	4.37	3.04	3.81	3.64	3.51	3.40	3.31	3.24	3.17
22	4.30	3.44	3.05	2.82	2.66	2.55	2.46	2.40	2.34	2.30	2.26	2.23
	7.95	5.72	4.82	4.31	3.99	3.76	3.59	3.45	3.35	3.26	3.18	3.12
23	4.28	3.42	3.03	2.80	2.64	2.53	2.44	2.37	2.32	2.27	2.24	2.20
	7.88	5.66	4.76	4.26	3.94	3.71	3.54	3.41	3.30	3.21	3.14	3.07
24	4.26	3.40	3.01	2.78	2.62	2.51	2.42	2.36	2.30	2.25	2.22	2.18
	7.82	5.61	4.72	4.22	3.90	3.67	3.50	3.36	3.26	3.17	3.09	3.03
25	4.24	3.39	2.99	2.76	2.60	2.49	2.40	2.34	2.28	2.24	2.20	2.16
	7.77	5.57	4.68	4.18	3.85	3.63	3.46	3.32	3.22	3.13	3.06	2.99
26	4.23	3.37	2.98	2.74	2.59	2.47	2.39	2.32	2.27	2.22	2.18	2.15
	7.72	5.53	4.64	4.14	3.82	3.59	3.42	3.29	3.18	3.09	3.02	2.96
27	4.21	3.35	2.96	2.73	2.57	2.46	2.37	2.31	2.25	2.20	2.17	2.13
	7.68	5.49	4.60	4.11	3.78	3.56	3.39	3.26	3.15	3.06	2.99	2.93
28	4.20	3.34	2.95	2.71	2.56	2.45	2.36	2.29	2.24	2.19	2.15	2.12
	7.64	5.45	4.57	4.07	3.75	3.53	3.36	3.23	3.12	3.03	2.96	2.90
29	4.18	3.33	2.93	2.70	2.55	2.43	2.35	2.28	2.22	2.18	2.14	2.10
	7.60	5.42	4.54	4.04	3.73	3.50	3.33	3.20	3.09	3.00	2.93	2.87
30	4.17	3.32	2.92	2.69	2.53	2.42	2.33	2.27	2.21	2.16	2.13	2.09
	7.56	5.39	4.51	4.02	3.70	3.47	3.30	3.17	3.07	2.98	2.91	2.84
32	4.15	3.29	2.90	2.67	2.51	2.40	2.31	2.24	2.19	2.14	2.10	2.07
	7.50	5.34	4.46	3.97	3.65	3.43	3.26	3.13	3.02	2.93	2.86	2.80
34	4.13	3.28	2.88	2.65	2.49	2.38	2.29	2.23	2.17	2.12	2.08	2.05
	7.44	5.29	4.42	3.93	3.61	3.39	3.22	3.09	2.98	2.89	2.82	2.76
36	4.11	3.26	2.87	2.63	2.48	2.36	2.28	2.21	2.15	2.11	2.07	2.03
	7.40	5.25	4.38	3.89	3.57	3.35	3.18	3.05	2.95	2.86	2.79	2.72
38	4.10	3.24	2.85	2.62	2.46	2.35	2.26	2.19	2.14	2.09	2.05	2.02
	7.35	5.21	4.34	3.86	3.54	3.32	3.15	3.02	2.92	2.83	2.75	2.69
40	4.08	3.23	2.84	2.61	2.45	2.34	2.25	2.18	2.12	2.08	2.04	2.00
	7.31	5.18	4.31	3.83	3.51	3.29	3.12	2.99	2.89	2.80	2.73	2.66
42	4.07	3.22	2.83	2.59	2.44	2.32	2.24	2.17	2.11	2.06	2.03	1.99
	7.28	5.15	4.29	3.80	3.49	3.27	3.10	2.97	2.86	2.78	2.70	2.64

续附表 5

ν_2	ν_1: 1	2	3	4	5	6	7	8	9	10	11	12
44	4.06	3.21	2.82	2.58	2.43	2.31	2.23	2.16	2.10	2.05	2.01	1.98
	7.25	5.12	4.26	3.78	3.47	3.24	3.08	2.95	2.84	2.75	2.68	2.62
46	4.05	3.20	2.81	2.57	2.42	2.30	2.22	2.15	2.09	2.04	2.00	1.97
	7.22	5.10	4.24	3.76	3.44	3.22	3.06	2.93	2.82	2.73	2.66	2.60
48	4.04	3.19	2.80	2.57	2.41	2.29	2.21	2.14	2.08	2.03	1.99	1.96
	7.19	5.08	4.22	3.74	3.43	3.20	3.04	2.91	2.80	2.71	2.64	2.58
50	4.03	3.18	2.79	2.56	2.40	2.29	2.20	2.13	2.07	2.03	1.99	1.95
	7.17	5.06	4.20	3.72	3.41	3.19	3.02	2.89	2.78	2.70	2.63	2.56
55	4.02	3.16	2.77	2.54	2.38	2.27	2.18	2.11	2.06	2.01	1.97	1.93
	7.12	5.01	4.16	3.68	3.37	3.15	2.98	2.85	2.75	2.66	2.59	2.53
60	4.00	3.15	2.76	2.53	2.37	2.25	2.17	2.10	2.04	1.99	1.95	1.92
	7.08	4.98	4.13	3.65	3.34	3.12	2.95	2.82	2.72	2.63	2.56	2.50
65	3.99	3.14	2.75	2.51	2.36	2.24	2.15	2.08	2.03	1.98	1.94	1.90
	7.04	4.95	4.10	3.62	3.31	3.09	2.93	2.80	2.69	2.61	2.53	2.47
70	3.98	3.13	2.74	2.50	2.35	2.23	2.14	2.07	2.02	1.97	1.93	1.89
	7.01	4.92	4.07	3.60	3.29	3.07	2.91	2.78	2.67	2.59	2.51	2.45
80	3.96	3.11	2.72	2.49	2.33	2.21	2.13	2.06	2.00	1.95	1.91	1.88
	6.96	4.88	4.04	3.56	3.26	3.04	2.87	2.74	2.64	2.55	2.48	2.42
100	3.94	3.09	2.70	2.46	2.31	2.19	2.10	2.03	1.97	1.93	1.89	1.85
	6.90	4.82	3.98	3.51	3.21	2.99	2.82	2.69	2.59	2.50	2.43	2.37
125	3.92	3.07	2.68	2.44	2.29	2.17	2.08	2.01	1.96	1.91	1.87	1.83
	6.84	4.78	3.94	3.47	3.17	2.95	2.79	2.66	2.55	2.47	2.39	2.33
150	3.90	3.06	2.66	2.43	2.27	2.16	2.07	2.00	1.94	1.89	1.85	1.82
	6.81	4.75	3.91	3.45	3.14	2.92	2.76	2.63	2.53	2.44	2.37	2.31
200	3.89	3.04	2.65	2.42	2.26	2.14	2.06	1.98	1.93	1.88	1.84	1.80
	6.76	4.71	3.88	3.41	3.11	2.89	2.73	2.60	2.50	2.41	2.34	2.27
400	3.86	3.02	2.63	2.39	2.24	2.12	2.03	1.96	1.90	1.85	1.81	1.78
	6.70	4.66	3.83	3.37	3.06	2.85	2.68	2.56	2.45	2.37	2.29	2.23
1 000	3.85	3.00	2.61	2.38	2.22	2.11	2.02	1.95	1.89	1.84	1.80	1.76
	6.66	4.63	3.80	3.34	3.04	2.82	2.66	2.53	2.43	2.34	2.27	2.20
∞	3.84	3.00	2.61	2.37	2.22	2.10	2.01	1.94	1.88	1.83	1.79	1.76
	6.64	4.61	3.79	3.33	3.02	2.81	2.65	2.52	2.41	2.33	2.25	2.19

续附表 5

ν_2	ν_1											
	14	16	20	24	30	40	50	75	100	200	500	2 000
1	245.36	246.46	248.01	249.05	250.10	251.14	251.77	252.62	253.04	253.68	254.06	254.19
	6 142.67	6 170.10	6 208.63	6 234.63	6 260.65	6 286.78	6 302.52	6 323.56	6 334.11	6 349.97	6 359.50	6 362.68
2	19.42	19.43	19.45	19.45	19.46	19.47	19.48	19.48	19.49	19.49	19.49	19.49
	99.43	99.44	99.45	99.46	99.47	99.47	99.48	99.49	99.49	99.49	99.50	99.50
3	8.71	8.69	8.66	8.64	8.62	8.59	8.58	8.56	8.55	8.54	8.53	8.53
	26.92	26.83	26.69	26.60	26.50	26.41	26.35	26.28	26.24	26.18	26.15	26.14
4	5.87	5.84	5.80	5.77	5.75	5.72	5.70	5.68	5.66	5.65	5.64	5.63
	14.25	14.15	14.02	13.93	13.84	13.75	13.69	13.61	13.58	13.52	13.49	13.47
5	4.64	4.60	4.56	4.53	4.50	4.46	4.44	4.42	4.41	4.39	4.37	4.37
	9.77	9.68	9.55	9.47	9.38	9.29	9.24	9.17	9.13	9.08	9.04	9.03
6	3.96	3.92	3.87	3.84	3.81	3.77	3.75	3.73	3.71	3.69	3.68	3.67
	7.60	7.52	7.40	7.31	7.23	7.14	7.09	7.02	6.99	6.93	6.90	6.89
7	3.53	3.49	3.44	3.41	3.38	3.34	3.32	3.29	3.27	3.25	3.24	3.23
	6.36	6.28	6.16	6.07	5.99	5.91	5.86	5.79	5.75	5.70	5.67	5.66
8	3.24	3.20	3.15	3.12	3.08	3.04	3.02	2.99	2.97	2.95	2.94	2.93
	5.56	5.48	5.36	5.28	5.20	5.12	5.07	5.00	4.96	4.91	4.88	4.87
9	3.03	2.99	2.94	2.90	2.86	2.83	2.80	2.77	2.76	2.73	2.72	2.71
	5.01	4.92	4.81	4.73	4.65	4.57	4.52	4.45	4.41	4.36	4.33	4.32
10	2.86	2.83	2.77	2.74	2.70	2.66	2.64	2.60	2.59	2.56	2.55	2.54
	4.60	4.52	4.41	4.33	4.25	4.17	4.12	4.05	4.01	3.96	3.93	3.92
11	2.74	2.70	2.65	2.61	2.57	2.53	2.51	2.47	2.46	2.43	2.42	2.41
	4.29	4.21	4.10	4.02	3.94	3.86	3.81	3.74	3.71	3.66	3.62	3.61
12	2.64	2.60	2.54	2.51	2.47	2.43	2.40	2.37	2.35	2.32	2.31	2.30
	4.05	3.97	3.86	3.78	3.70	3.62	3.57	3.50	3.47	3.41	3.38	3.37
13	2.55	2.51	2.46	2.42	2.38	2.34	2.31	2.28	2.26	2.23	2.22	2.21
	3.86	3.78	3.66	3.59	3.51	3.43	3.38	3.31	3.27	3.22	3.19	3.18
14	2.48	2.44	2.39	2.35	2.31	2.27	2.24	2.21	2.19	2.16	2.14	2.14
	3.70	3.62	3.51	3.43	3.35	3.27	3.22	3.15	3.11	3.06	3.03	3.02
15	2.42	2.38	2.33	2.29	2.25	2.20	2.18	2.14	2.12	2.10	2.08	2.07
	3.56	3.49	3.37	3.29	3.21	3.13	3.08	3.01	2.98	2.92	2.89	2.88
16	2.37	2.33	2.28	2.24	2.19	2.15	2.12	2.09	2.07	2.04	2.02	2.02
	3.45	3.37	3.26	3.18	3.10	3.02	2.97	2.90	2.86	2.81	2.78	2.76
17	2.33	2.29	2.23	2.19	2.15	2.10	2.08	2.04	2.02	1.99	1.97	1.97
	3.35	3.27	3.16	3.08	3.00	2.92	2.87	2.80	2.76	2.71	2.68	2.66
18	2.29	2.25	2.19	2.15	2.11	2.06	2.04	2.00	1.98	1.95	1.93	1.92
	3.27	3.19	3.08	3.00	2.92	2.84	2.78	2.71	2.68	2.62	2.59	2.58

续附表 5

ν_2	ν_1=14	16	20	24	30	40	50	75	100	200	500	2 000
19	2.26	2.21	2.16	2.11	2.07	2.03	2.00	1.96	1.94	1.91	1.89	1.88
	3.19	3.12	3.00	2.92	2.84	2.76	2.71	2.64	2.60	2.55	2.51	2.50
20	2.22	2.18	2.12	2.08	2.04	1.99	1.97	1.93	1.91	1.88	1.86	1.85
	3.13	3.05	2.94	2.86	2.78	2.69	2.64	2.57	2.54	2.48	2.44	2.43
21	2.20	2.16	2.10	2.05	2.01	1.96	1.94	1.90	1.88	1.84	1.83	1.82
	3.07	2.99	2.88	2.80	2.72	2.64	2.58	2.51	2.48	2.42	2.38	2.37
22	2.17	2.13	2.07	2.03	1.98	1.94	1.91	1.87	1.85	1.82	1.80	1.79
	3.02	2.94	2.83	2.75	2.67	2.58	2.53	2.46	2.42	2.36	2.33	2.32
23	2.15	2.11	2.05	2.01	1.96	1.91	1.88	1.84	1.82	1.79	1.77	1.76
	2.97	2.89	2.78	2.70	2.62	2.54	2.48	2.41	2.37	2.32	2.28	2.27
24	2.13	2.09	2.03	1.98	1.94	1.89	1.86	1.82	1.80	1.77	1.75	1.74
	2.93	2.85	2.74	2.66	2.58	2.49	2.44	2.37	2.33	2.27	2.24	2.22
25	2.11	2.07	2.01	1.96	1.92	1.87	1.84	1.80	1.78	1.75	1.73	1.72
	2.89	2.81	2.70	2.62	2.54	2.45	2.40	2.33	2.29	2.23	2.19	2.18
26	2.09	2.05	1.99	1.95	1.90	1.85	1.82	1.78	1.76	1.73	1.71	1.70
	2.86	2.78	2.66	2.58	2.50	2.42	2.36	2.29	2.25	2.19	2.16	2.14
27	2.08	2.04	1.97	1.93	1.88	1.84	1.81	1.76	1.74	1.71	1.69	1.68
	2.82	2.75	2.63	2.55	2.47	2.38	2.33	2.26	2.22	2.16	2.12	2.11
28	2.06	2.02	1.96	1.91	1.87	1.82	1.79	1.75	1.73	1.69	1.67	1.66
	2.79	2.72	2.60	2.52	2.44	2.35	2.30	2.23	2.19	2.13	2.09	2.08
29	2.05	2.01	1.94	1.90	1.85	1.81	1.77	1.73	1.71	1.67	1.65	1.65
	2.77	2.69	2.57	2.49	2.41	2.33	2.27	2.20	2.16	2.10	2.06	2.05
30	2.04	1.99	1.93	1.89	1.84	1.79	1.76	1.72	1.70	1.66	1.64	1.63
	2.74	2.66	2.55	2.47	2.39	2.30	2.25	2.17	2.13	2.07	2.03	2.02
32	2.01	1.97	1.91	1.86	1.82	1.77	1.74	1.69	1.67	1.63	1.61	1.60
	2.70	2.62	2.50	2.42	2.34	2.25	2.20	2.12	2.08	2.02	1.98	1.97
34	1.99	1.95	1.89	1.84	1.80	1.75	1.71	1.67	1.65	1.61	1.59	1.58
	2.66	2.58	2.46	2.38	2.30	2.21	2.16	2.08	2.04	1.98	1.94	1.92
36	1.98	1.93	1.87	1.82	1.78	1.73	1.69	1.65	1.62	1.59	1.56	1.56
	2.62	2.54	2.43	2.35	2.26	2.18	2.12	2.04	2.00	1.94	1.90	1.89
38	1.96	1.92	1.85	1.81	1.76	1.71	1.68	1.63	1.61	1.57	1.54	1.54
	2.59	2.51	2.40	2.32	2.23	2.14	2.09	2.01	1.97	1.90	1.86	1.85
40	1.95	1.90	1.84	1.79	1.74	1.69	1.66	1.61	1.59	1.55	1.53	1.52
	2.56	2.48	2.37	2.29	2.20	2.11	2.06	1.98	1.94	1.87	1.83	1.82
42	1.94	1.89	1.83	1.78	1.73	1.68	1.65	1.60	1.57	1.53	1.51	1.50
	2.54	2.46	2.34	2.26	2.18	2.09	2.03	1.95	1.91	1.85	1.80	1.79

续附表 5

ν_2	ν_1 14	16	20	24	30	40	50	75	100	200	500	2 000
44	1.92	1.88	1.81	1.77	1.72	1.67	1.63	1.59	1.56	1.52	1.49	1.49
	2.52	2.44	2.32	2.24	2.15	2.07	2.01	1.93	1.89	1.82	1.78	1.76
46	1.91	1.87	1.80	1.76	1.71	1.65	1.62	1.57	1.55	1.51	1.48	1.47
	2.50	2.42	2.30	2.22	2.13	2.04	1.99	1.91	1.86	1.80	1.76	1.74
48	1.90	1.86	1.79	1.75	1.70	1.64	1.61	1.56	1.54	1.49	1.47	1.46
	2.48	2.40	2.28	2.20	2.12	2.02	1.97	1.89	1.84	1.78	1.73	1.72
50	1.89	1.85	1.78	1.74	1.69	1.63	1.60	1.55	1.52	1.48	1.46	1.45
	2.46	2.38	2.27	2.18	2.10	2.01	1.95	1.87	1.82	1.76	1.71	1.70
55	1.88	1.83	1.76	1.72	1.67	1.61	1.58	1.53	1.50	1.46	1.43	1.42
	2.42	2.34	2.23	2.15	2.06	1.97	1.91	1.83	1.78	1.71	1.67	1.65
60	1.86	1.82	1.75	1.70	1.65	1.59	1.56	1.51	1.48	1.44	1.41	1.40
	2.39	2.31	2.20	2.12	2.03	1.94	1.88	1.79	1.75	1.68	1.63	1.62
65	1.85	1.80	1.73	1.69	1.63	1.58	1.54	1.49	1.46	1.42	1.39	1.38
	2.37	2.29	2.17	2.09	2.00	1.91	1.85	1.77	1.72	1.65	1.60	1.59
70	1.84	1.79	1.72	1.67	1.62	1.57	1.53	1.48	1.45	1.40	1.37	1.36
	2.35	2.27	2.15	2.07	1.98	1.89	1.83	1.74	1.70	1.62	1.57	1.56
80	1.82	1.77	1.70	1.65	1.60	1.54	1.51	1.45	1.43	1.38	1.35	1.34
	2.31	2.23	2.12	2.03	1.94	1.85	1.79	1.70	1.65	1.58	1.53	1.51
100	1.79	1.75	1.68	1.63	1.57	1.52	1.48	1.42	1.39	1.34	1.31	1.30
	2.27	2.19	2.07	1.98	1.89	1.80	1.74	1.65	1.60	1.52	1.47	1.45
125	1.77	1.73	1.66	1.60	1.55	1.49	1.45	1.40	1.36	1.31	1.27	1.26
	2.23	2.15	2.03	1.94	1.85	1.76	1.69	1.60	1.55	1.47	1.41	1.39
150	1.76	1.71	1.64	1.59	1.54	1.48	1.44	1.38	1.34	1.29	1.25	1.24
	2.20	2.12	2.00	1.92	1.83	1.73	1.66	1.57	1.52	1.43	1.38	1.35
200	1.74	1.69	1.62	1.57	1.52	1.46	1.41	1.35	1.32	1.26	1.22	1.21
	2.17	2.09	1.97	1.89	1.79	1.69	1.63	1.53	1.48	1.39	1.33	1.30
400	1.72	1.67	1.60	1.54	1.49	1.42	1.38	1.32	1.28	1.22	1.17	1.15
	2.13	2.05	1.92	1.84	1.75	1.64	1.58	1.48	1.42	1.32	1.25	1.22
1 000	1.70	1.65	1.58	1.53	1.47	1.41	1.36	1.30	1.26	1.19	1.13	1.11
	2.10	2.02	1.90	1.81	1.72	1.61	1.54	1.44	1.38	1.28	1.19	1.16
∞	1.70	1.65	1.57	1.52	1.46	1.40	1.35	1.29	1.25	1.18	1.12	1.09
	2.09	2.01	1.88	1.80	1.70	1.60	1.53	1.43	1.37	1.26	1.17	1.13

附表 6 Duncan's 新复极差测验 5%(上)和 1%(下) *SSR* 值表(两尾)

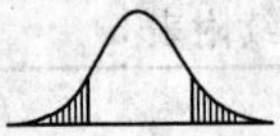

自由度 ν	概率 P	测验极差的平均数个数(k)													
		2	3	4	5	6	7	8	9	10	12	14	16	18	20
1	0.05	18.0	18.0	18.0	18.0	18.0	18.0	18.0	18.0	18.0	18.0	18.0	18.0	18.0	18.0
	0.01	90.0	90.0	90.0	90.0	90.0	90.0	90.0	90.0	90.0	90.0	90.0	90.0	90.0	90.0
2	0.05	6.09	6.09	6.09	6.09	6.09	6.09	6.09	6.09	6.09	6.09	6.09	6.09	6.09	6.09
	0.01	14.0	14.0	14.0	14.0	14.0	14.0	14.0	14.0	14.0	14.0	14.0	14.0	14.0	14.0
3	0.05	4.50	4.50	4.50	4.50	4.50	4.50	4.50	4.50	4.50	4.50	4.50	4.50	4.50	4.50
	0.01	8.26	8.5	8.6	8.7	8.8	8.9	8.9	9.0	9.0	9.0	9.1	9.2	9.3	9.3
4	0.05	3.93	4.01	4.02	4.02	4.02	4.02	4.02	4.02	4.02	4.02	4.02	4.02	4.02	4.02
	0.01	6.51	6.8	6.9	7.0	7.1	7.1	7.2	7.2	7.3	7.3	7.4	7.4	7.5	7.5
5	0.05	3.64	3.74	3.79	3.83	3.83	3.83	3.83	3.83	3.83	3.83	3.83	3.83	3.83	3.83
	0.01	5.70	5.96	6.11	6.18	6.26	6.33	6.40	6.44	6.5	6.6	6.6	6.7	6.7	6.8
6	0.05	3.46	3.58	3.64	3.68	3.68	3.68	3.68	3.68	3.68	3.68	3.68	3.68	3.68	3.68
	0.01	5.24	5.51	5.65	5.73	5.81	5.88	5.95	6.00	6.0	6.1	6.2	6.2	6.3	6.3
7	0.05	3.35	3.47	3.54	3.58	3.60	3.61	3.61	3.61	3.61	3.61	3.61	3.61	3.61	3.61
	0.01	4.95	5.22	5.37	5.45	5.53	5.61	5.69	5.73	5.8	5.8	5.9	5.9	6.0	6.0
8	0.05	3.26	3.39	3.47	3.52	3.55	3.56	3.56	3.56	3.56	3.56	3.56	3.56	3.56	3.56
	0.01	4.74	5.00	5.14	5.23	5.32	5.40	5.47	5.51	5.5	5.6	5.7	5.7	5.8	5.8
9	0.05	3.20	3.34	3.41	3.47	3.50	3.52	3.52	3.52	3.52	3.52	3.52	3.52	3.52	3.52
	0.01	4.60	4.86	4.99	5.08	5.17	5.25	5.32	5.36	5.4	5.5	5.5	5.6	5.7	5.7
10	0.05	3.15	3.30	3.37	3.43	3.46	3.47	3.47	3.47	3.47	3.47	3.47	3.47	3.47	3.48
	0.01	4.48	4.73	4.88	4.96	5.06	5.13	5.20	5.24	5.28	5.36	5.42	5.48	5.54	5.55
11	0.05	3.11	3.27	3.35	3.39	3.43	3.44	3.45	3.46	4.46	3.46	3.46	3.46	3.47	3.48
	0.01	4.39	4.63	4.77	4.86	4.94	5.01	5.06	5.12	5.15	5.24	5.28	5.34	5.38	5.39
12	0.05	3.08	3.23	3.33	3.36	3.40	3.42	3.44	3.44	3.46	3.46	3.46	3.46	3.47	3.48
	0.01	4.32	4.55	4.68	4.76	4.84	4.92	4.96	5.02	5.07	5.13	5.17	5.99	5.24	5.26
13	0.05	3.06	3.21	3.30	3.35	3.38	3.41	3.42	3.44	3.45	3.45	3.46	3.46	3.47	3.47
	0.01	4.26	4.48	4.62	4.69	4.74	4.84	4.88	4.96	4.98	5.04	5.08	5.13	5.14	5.15
14	0.05	3.03	3.18	3.27	3.33	3.37	3.39	3.41	3.42	3.44	3.45	3.46	3.46	3.47	3.47
	0.01	4.21	4.42	4.55	4.63	4.70	4.78	4.83	4.87	4.91	4.96	5.08	5.04	5.06	5.07
15	0.05	3.01	3.16	3.25	3.31	3.36	3.38	3.40	3.42	3.43	3.44	3.45	3.46	3.47	3.47
	0.01	4.17	4.37	4.50	4.58	4.64	4.72	4.77	4.81	4.84	4.90	4.94	4.97	4.99	5.00

续附表 6

自由度 ν	概率 P	测验极差的平均数个数(k)													
		2	3	4	5	6	7	8	9	10	12	14	16	18	20
16	0.05	3.00	3.15	3.23	3.30	3.34	3.37	3.39	3.41	3.43	3.44	3.45	3.46	3.47	3.47
	0.01	4.13	4.34	4.45	4.54	4.60	4.67	4.72	4.76	4.79	4.84	4.88	4.91	4.93	4.94
17	0.05	2.98	3.13	3.22	3.28	3.33	3.36	3.38	3.40	3.42	3.44	3.45	3.46	3.47	3.47
	0.01	4.10	4.30	4.41	4.50	4.56	4.63	4.68	4.72	4.75	4.80	4.83	4.86	4.88	4.89
18	0.05	2.97	3.12	3.21	3.27	3.32	3.35	3.37	3.39	3.41	3.43	3.45	3.46	3.47	3.47
	0.01	4.07	4.27	4.38	4.46	4.53	4.59	4.64	4.68	4.71	4.76	4.79	4.82	4.84	4.85
19	0.05	2.96	3.11	3.19	3.26	3.31	3.35	3.37	3.39	3.41	3.43	3.44	3.46	3.47	3.47
	0.01	4.05	4.24	4.35	4.43	4.50	4.56	4.61	4.64	4.67	4.72	4.76	4.79	4.81	4.82
20	0.05	2.95	3.10	3.18	3.25	3.30	3.34	3.36	3.38	3.40	7.43	3.44	3.46	3.46	3.47
	0.01	4.02	4.22	4.33	4.40	4.47	4.53	4.58	4.61	4.65	4.69	4.73	4.76	4.78	4.79
22	0.05	2.93	3.08	3.17	3.24	3.29	3.32	3.35	3.37	3.39	3.42	3.44	3.45	3.46	3.47
	0.01	3.99	4.17	4.28	4.36	4.42	4.48	4.53	4.57	4.60	4.65	4.68	4.71	4.74	4.75
24	0.05	2.92	3.07	3.15	3.22	3.28	3.31	3.34	3.37	3.38	3.41	3.44	3.45	3.46	3.47
	0.01	3.96	4.14	4.24	4.33	4.39	4.44	4.49	4.53	4.57	4.62	4.64	4.67	4.70	4.72
26	0.05	2.91	3.06	3.14	3.21	3.27	3.30	3.34	3.36	3.38	3.41	3.43	3.45	3.46	3.47
	0.01	3.93	4.11	4.21	4.30	4.36	4.41	4.46	4.50	4.53	4.58	4.62	4.65	4.67	4.69
28	0.05	2.90	3.04	3.13	3.20	3.26	3.30	3.33	3.35	3.37	3.40	3.43	3.45	3.46	3.47
	0.01	3.91	4.08	4.18	4.28	4.34	4.39	4.43	4.47	4.51	4.56	4.60	4.62	4.65	4.67
30	0.05	2.89	3.04	3.12	3.20	3.25	3.29	3.32	3.35	3.37	3.40	3.43	3.44	3.46	3.47
	0.01	3.89	4.06	4.16	4.22	4.32	4.36	4.41	4.45	4.48	4.54	4.58	4.61	4.63	4.65
40	0.05	2.86	3.01	3.10	3.17	3.22	3.27	3.30	3.33	3.35	3.39	3.42	3.44	3.46	3.47
	0.01	3.82	3.99	4.10	4.17	4.24	4.30	4.34	4.37	4.51	4.46	4.51	4.54	4.57	4.59
60	0.05	2.83	2.98	3.08	3.14	3.20	3.24	3.28	3.31	3.33	3.37	3.40	3.43	3.45	3.47
	0.01	3.76	3.92	4.03	4.12	4.17	4.23	4.27	4.31	4.34	4.39	4.44	4.47	4.50	4.53
100	0.05	2.80	2.95	3.05	3.12	3.18	3.22	3.26	3.29	3.32	3.36	3.40	3.42	3.45	3.47
	0.01	3.71	3.96	3.98	4.06	4.11	4.17	4.21	4.25	4.29	4.35	4.38	4.42	4.45	4.48
∞	0.05	2.77	2.92	3.02	3.09	3.15	3.19	3.23	3.26	3.29	3.34	3.38	3.41	3.44	3.47
	0.01	3.64	3.80	3.90	3.98	4.04	4.09	4.14	4.17	4.20	4.26	4.31	4.34	4.38	4.41

附表 7　*r* 值表

df	0.05	0.01	*df*	0.05	0.01
1	0.997	1.000	21	0.413	0.526
2	0.950	0.990	22	0.404	0.515
3	0.878	0.959	23	0.396	0.505
4	0.811	0.917	24	0.388	0.496
5	0.754	0.874	25	0.381	0.487
6	0.707	0.834	26	0.374	0.478
7	0.666	0.798	27	0.367	0.470
8	0.632	0.765	28	0.361	0.463
9	0.602	0.735	29	0.355	0.456
10	0.576	0.708	30	0.349	0.449
11	0.553	0.684	35	0.325	0.418
12	0.532	0.661	40	0.304	0.393
13	0.514	0.641	45	0.288	0.372
14	0.497	0.623	50	0.273	0.354
15	0.482	0.606	60	0.250	0.325
16	0.468	0.590	70	0.232	0.302
17	0.456	0.575	80	0.217	0.283
18	0.444	0.561	100	0.195	0.254
19	0.433	0.549	200	0.138	0.181
20	0.423	0.537	300	0.113	0.148

附表 8　χ^2 值表(右尾)

$$P(\chi^2 > \chi^2_{\nu,\alpha}) = \alpha$$

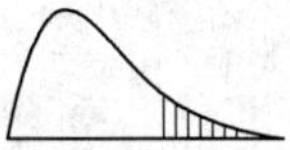

自由度 ν	概率值(P)												
	0.995	0.990	0.975	0.950	0.900	0.750	0.500	0.250	0.100	0.050	0.025	0.010	0.005
1	0.00	0.00	0.00	0.04	0.02	0.10	0.45	1.47	2.71	3.84	5.02	6.63	7.88
2	0.01	0.02	0.05	0.10	0.21	0.58	1.39	2.98	4.61	5.99	7.38	9.21	10.60
3	0.07	0.11	0.22	0.35	0.58	1.21	2.37	4.36	6.25	7.81	9.35	11.34	12.84
4	0.21	0.30	0.48	0.71	1.06	1.92	3.36	5.67	7.78	9.49	11.14	13.28	14.86
5	0.41	0.55	0.83	1.15	1.61	2.67	4.35	6.94	9.24	11.07	12.83	15.09	16.75
6	0.68	0.87	1.24	1.64	2.20	3.45	5.35	8.18	10.64	12.59	14.45	16.81	18.55
7	0.99	1.24	1.69	2.17	2.83	4.25	6.35	9.40	12.02	14.07	16.01	18.48	20.28
8	1.34	1.65	2.18	2.73	3.49	5.07	7.34	10.61	13.36	15.51	17.53	20.09	21.95
9	1.73	2.09	2.70	3.33	4.17	5.90	8.34	11.80	14.68	16.92	19.02	21.67	23.59
10	2.16	2.56	3.25	3.94	4.87	6.74	9.34	12.98	15.99	18.31	20.48	23.21	25.19
11	2.60	3.05	3.82	4.57	5.58	7.58	10.34.	14.15	17.28	19.68	21.92	24.72	26.76
12	3.07	3.57	4.40	5.23	6.30	8.44	11.34	15.31	18.55	21.03	23.34	26.22	28.30
13	3.57	4.11	5.01	5.89	7.04	9.30	12.34	16.46	19.81	22.36	24.74	27.69	29.82
14	4.07	4.66	5.63	6.57	7.79	10.17	13.34	17.61	21.06	23.68	26.12	29.14	31.32
15	4.60	5.23	6.26	7.26	8.55	11.04	14.34	18.76	22.31	25.00	27.49	30.58	32.80
16	5.14	5.81	6.91	7.96	9.31	11.91	15.34	19.89	23.54	26.30	28.85	32.00	34.27
17	5.70	6.41	7.56	8.67	10.09	12.79	16.34	21.03	24.77	27.59	30.19	33.41	35.72
18	6.26	7.01	8.23	9.39	10.86	13.68	17.34	22.16	25.99	28.87	31.53	34.81	37.16
19	6.84	7.63	8.91	10.12	11.65	14.56	18.34	23.29	27.20	30.14	32.85	36.19	38.58
20	7.43	8.26	9.59	10.85	12.44	15.45	19.34	24.41	28.41	31.41	34.17	37.57	40.00
21	8.03	8.90	10.28	11.59	13.24	16.34	20.34	25.53	29.62	32.67	35.48	38.93	41.40
22	8.64	9.54	10.98	12.34	14.04	17.24	21.34	26.65	30.81	33.92	36.78	40.29	42.80
23	9.26	10.20	11.69	13.09	14.85	18.14	22.34	27.76	32.01	35.17	38.08	41.64	44.18
24	9.89	10.86	12.40	13.85	15.66	19.04	23.34	28.87	33.30	36.42	29.36	42.98	45.56
25	10.52	11.52	13.12	14.61	16.47	19.94	24.34	29.98	34.38	37.65	40.65	44.31	46.93
26	11.16	12.20	13.84	15.38	17.29	20.84	25.34	31.09	35.56	38.89	41.92	45.64	48.29
27	11.81	12.88	14.57	16.15	18.11	21.75	26.34	32.19	36.74	40.11	43.19	46.96	49.64
28	12.46	13.56	15.31	16.93	18.94	22.66	27.34	33.30	37.92	41.34	44.46	48.28	50.99
29	13.12	14.26	16.05	17.71	19.77	25.57	28.34	34.40	39.09	42.56	45.72	49.59	52.34
30	13.79	14.95	16.79	18.49	20.60	24.48	29.34	35.50	40.26	43.77	46.98	59.89	53.67
40	20.71	22.16	24.43	26.51	29.05	33.66	39.34	46.41	51.81	55.76	59.34	63.69	66.77
50	27.99	29.71	32.36	34.76	37.69	42.94	49.33	57.21	63.17	67.50	71.42	76.15	79.49
60	35.53	37.48	40.48	43.19	46.46	52.29	59.33	67.94	74.40	79.08	83.30	88.38	91.95
70	43.28	45.44	48.76	51.74	55.33	61.70	69.33	78.61	85.53	90.53	95.02	100.43	104.21
80	51.17	53.54	57.15	60.39	64.28	71.14	79.33	89.23	96.58	101.88	106.63	112.33	116.32
90	59.20	61.75	65.65	69.13	73.29	80.62	89.33	99.81	107.57	113.15	118.14	124.12	128.30
100	67.33	70.06	74.22	77.93	82.36	90.13	99.33	110.36	118.50	124.34	129.56	135.81	140.17

附表 9　常用正交表(部分)

(1)$L_4(2^3)$正交表

处理号	列号		
	1	2	3
1	1	1	1
2	1	2	2
3	2	1	2
4	2	2	1

注:任意两列间的交互作用为剩下一列。

(2)$L_8(2^7)$正交表

处理号	列号						
	1	2	3	4	5	6	7
1	1	1	1	1	1	1	1
2	1	1	1	2	2	2	2
3	1	2	2	1	1	2	2
4	1	2	2	2	2	1	1
5	2	1	2	1	2	1	2
6	2	1	2	2	1	2	1
7	2	2	1	1	2	2	1
8	2	2	1	2	1	1	2

$L_8(2^7)$表头设计

因素数	列号						
	1	2	3	4	5	6	7
3	A	B	A×B	C	A×C	B×C	
4	A	B	A×B C×D	C	A×C B×D	B×C A×D	D
5	A	B C×D	A×B	C B×D	A×C	D B×C	A×D

(3)$L_{12}(2^{11})$正交表

处理号	列号										
	1	2	3	4	5	6	7	8	9	10	11
1	1	1	1	1	1	1	1	1	1	1	1
2	1	1	1	1	1	2	2	2	2	2	2
3	1	1	2	2	2	1	1	1	2	2	2
4	1	2	1	2	2	1	2	2	1	1	2
5	1	2	2	1	2	2	1	2	1	2	1
6	1	2	2	2	1	2	2	1	2	1	1

续表

处理号	列号										
	1	2	3	4	5	6	7	8	9	10	11
7	2	1	2	2	1	1	2	2	1	2	1
8	2	1	2	1	2	2	2	1	1	1	2
9	2	1	1	2	2	2	1	2	2	1	1
10	2	2	2	1	1	1	1	2	2	1	2
11	2	2	1	2	1	2	1	1	1	2	2
12	2	2	1	1	2	1	2	1	2	2	1

注:任意两列间的交互作用都不在表内。

(4)$L_{16}(4^5)$正交表

处理号	列号				
	1	2	3	4	5
1	1	1	1	1	1
2	1	2	2	2	2
3	1	3	3	3	3
4	1	4	4	4	4
5	2	1	2	3	4
6	2	2	1	4	3
7	2	3	4	1	2
8	2	4	3	2	1
9	3	1	3	4	2
10	3	2	4	3	1
11	3	3	1	2	4
12	3	4	2	1	3
13	4	1	4	2	3
14	4	2	3	1	4
15	4	3	2	4	1
16	4	4	1	3	2

注:任意两列间的交互作用为另外三列。

(5)$L_8(4\times2^4)$正交表

处理号	列号				
	1	2	3	4	5
1	1	1	1	1	1
2	1	2	2	2	2
3	2	1	1	2	2
4	2	2	2	1	1
5	3	1	2	1	2
6	3	2	1	2	1
7	4	1	2	2	1
8	4	2	1	1	2

注:第1列与另外任意一列的交互作用为其余三列。

(6)$L_9(3^4)$正交表

处理号	列号			
	1	2	3	4
1	1	1	1	1
2	1	2	2	2
3	1	3	3	3
4	2	1	2	3
5	2	2	3	1
6	2	3	1	2
7	3	1	3	2
8	3	2	1	3
9	3	3	2	1

注:任意两列间的交互作用为另外两列。

(7)$L_{27}(3^{13})$正交表

处理号	列号												
	1	2	3	4	5	6	7	8	9	10	11	12	13
1	1	1	1	1	1	1	1	1	1	1	1	1	1
2	1	1	1	1	2	2	2	2	2	2	2	2	2
3	1	1	1	1	3	3	3	3	3	3	3	3	3
4	1	2	2	2	1	1	1	2	2	2	3	3	3
5	1	2	2	2	2	2	2	3	3	3	1	1	1
6	1	2	2	2	3	3	3	1	1	1	2	2	2
7	1	3	3	3	1	1	1	3	3	3	2	2	2
8	1	3	3	3	2	2	2	1	1	1	3	3	3
9	1	3	3	3	3	3	3	2	2	2	1	1	1
10	2	1	2	3	1	2	3	1	2	3	1	2	3
11	2	1	2	3	2	3	1	2	3	1	2	3	1
12	2	1	2	3	3	1	2	3	1	2	3	1	2
13	2	2	3	1	1	2	3	2	3	1	3	1	2
14	2	2	3	1	2	3	1	3	1	2	1	2	3
15	2	2	3	1	3	1	2	1	2	3	2	3	1
16	2	3	1	2	1	2	3	3	1	2	2	3	1
17	2	3	1	2	2	3	1	1	2	3	3	1	2
18	2	3	1	2	3	1	2	2	3	1	1	2	3
19	3	1	3	2	1	3	2	1	3	2	1	3	2
20	3	1	3	2	2	1	3	2	1	3	2	1	3
21	3	1	3	2	3	2	1	3	2	1	3	2	1
22	3	2	1	3	1	3	2	2	1	3	3	2	1
23	3	2	1	3	2	1	3	3	2	1	1	3	2
24	3	2	1	3	3	2	1	1	3	2	2	1	3
25	3	3	2	1	1	3	2	3	2	1	2	1	3
26	3	3	2	1	2	1	3	1	3	2	3	2	1
27	3	3	2	1	3	2	1	2	1	3	1	3	2

$L_{27}(3^{13})$表头设计

因素数	列号												
	1	2	3	4	5	6	7	8	9	10	11	12	13
3	A	B	$(A\times B)_1$	$(A\times B)_2$	C	$(A\times C)_1$	$(A\times C)_2$	$(B\times C)_1$			$(B\times C)_2$		
4	A	B	$(A\times B)_1$ $(C\times D)_2$	$(A\times B)_2$	C	$(A\times C)_1$ $(B\times D)_2$	$(A\times C)_2$		D	$(A\times D)_1$	$(B\times C)_2$	$(B\times D)_1$	$(C\times D)_1$

参考文献

[1] 盖钧镒.试验统计方法.北京:中国农业出版社,2000.

[2] 霍志军,尚文艳.试验统计方法.北京:中国农业大学出版社,2011.

[3] 霍志军.试验统计方法.北京:中国农业出版社,2011.

[4] 宋志伟,曹雯梅.实用农业试验与统计分析.北京:中国农业出版社,2013.

[5] 黄亚群,等.田间试验与统计分析上机实习指导:利用 Excel 进行统计分析.河北:河北农业大学教材出版社,2003.

[6] 霍志军,等.田间试验与生物统计.北京:中国农业大学出版社,2007.

[7] 李春喜,等.生物统计学.2 版.北京:科学出版社,1998.

[8] 刘佩瑛.蔬菜研究法.河南:河南科学技术出版社,1986.

[9] 马育华.田间试验和统计方法.北京:农业出版社,1993.

[10] 明道绪.生物统计附试验设计.北京:中国农业出版社,2002.

[11] 莫惠栋.农业试验统计.2 版.上海:上海科学技术出版社,1992.

[12] 南京农业大学.田间试验和统计方法.2 版.北京:农业出版社,1992.

[13] 宋代军.生物统计附试验设计.北京:中国农业出版社,2003.

[14] 王宝山.试验统计方法.2 版.北京:中国农业出版社,2008.

[15] 王宝山.田间试验与统计方法.北京:中国农业出版社,2002.

[16] 王芳,等.田间试验与生物统计.北京:化学工业出版社,2009.

[17] 王福海.农业科学试验与新技术推广.北京:中国农业出版社,2005.

[18] 徐继初.生物统计及试验设计.北京.中国农业出版社,1992.

[19] 张勤,等.生物统计学.北京:中国农业大学出版社,2002.

[20] 赵仁镕,等.田间试验方法.北京:农业出版社,1979.

[21] 朱明哲.田间试验和统计分析.北京:中国农业出版社,1990.